Erweiterte virtuelle Prototypen für heterogene Systeme

Muhammad Hassan · Daniel Große ·
Rolf Drechsler

Erweiterte virtuelle Prototypen für heterogene Systeme

Springer Vieweg

Muhammad Hassan
DFKI GmbH
Bremen, Deutschland

Daniel Große
Johannes Kepler University of Linz
Linz, Österreich

Rolf Drechsler
University of Bremen and DFKI GmbH
Bremen, Deutschland

ISBN 978-3-031-53151-4 ISBN 978-3-031-53152-1 (eBook)
https://doi.org/10.1007/978-3-031-53152-1

Die Deutsche Nationalbibliothek verzeichnet diese Publikation in der Deutschen Nationalbibliografie; detaillierte bibliografische Daten sind im Internet über https://portal.dnb.de abrufbar.

Übersetzung der englischen Ausgabe: „Enhanced Virtual Prototyping for Heterogeneous Systems" von Muhammad Hassan et al., © The Editor(s) (if applicable) and The Author(s), under exclusive license to Springer Nature Switzerland AG 2023. Veröffentlicht durch Springer International Publishing. Alle Rechte vorbehalten.

Dieses Buch ist eine Übersetzung des Originals in Englisch „Enhanced Virtual Prototyping for Heterogeneous Systems" von Muhammad Hassan, publiziert durch Springer Nature Switzerland AG im Jahr 2023. Die Übersetzung erfolgte mit Hilfe von künstlicher Intelligenz (maschinelle Übersetzung). Eine anschließende Überarbeitung im Satzbetrieb erfolgte vor allem in inhaltlicher Hinsicht, so dass sich das Buch stilistisch anders lesen wird als eine herkömmliche Übersetzung. Springer Nature arbeitet kontinuierlich an der Weiterentwicklung von Werkzeugen für die Produktion von Büchern und an den damit verbundenen Technologien zur Unterstützung der Autoren.

Planung/Lektorat: Charles Glaser
Springer Vieweg ist ein Imprint der eingetragenen Gesellschaft Springer Nature Switzerland AG und ist ein Teil von Springer Nature.
Die Anschrift der Gesellschaft ist: Gewerbestrasse 11, 6330 Cham, Switzerland

Das Papier dieses Produkts ist recycelbar.

An Khushboo und Maryam,
Marie,
und
Anna.

Vorwort

Die erfolgreiche Co-Design und Verifizierung von sicheren multidisziplinären heterogenen *Systemen-auf-Chips* (SOCs) mit engen Interaktionen zwischen *Hardware/Software* (HW/SW) Systemen und ihrer analogen physischen Umgebung ist eine zunehmend entmutigende Aufgabe. In dieser Hinsicht hat das Aufkommen von *virtuellen Prototypen* (VPs) auf der Abstraktionsebene des *elektronischen Systemlevels* (ESL) das Design und die Verifizierung von heterogenen SOCs modernisiert. Ein VP ist im Wesentlichen ein ausführbares abstraktes Modell der gesamten HW-Plattform und wird vorwiegend in der C++-basierten Systemmodellierungssprache SystemC zusammen mit *Transaktionslevel-Modellierung* (TLM) Techniken und seiner Mixed-Signal-Erweiterung SystemC AMS erstellt. Die deutlich frühere Verfügbarkeit sowie die signifikant schnellere Simulation im Vergleich zu den *Register Transfer Level* (RTL) Modellen und SPICE-Level-Modellen gehören zu den Hauptvorteilen von VPs. Daher ermöglicht das virtuelle Prototyping das HW/SW Co-Design und die Verifizierung sehr früh im Designprozess. Als Referenz für die (frühe) eingebettete SW-Entwicklung und HW-Verifizierung ist die funktionale Korrektheit und Sicherheitsvalidierung von VPs sehr wichtig. Daher wird ein VP einer rigorosen funktionalen Verifizierung unterzogen. Allerdings hat der moderne VP-basierte Verifizierungsfluss immer noch Schwächen, insbesondere aufgrund des Fehlens von Methoden zur Erfassung der komplexen Interaktionen zwischen digitalen und analogen Designs sowie der Nichtverfügbarkeit von Sicherheitsvalidierungstechniken. Dieses Buch schlägt mehrere neuartige Ansätze vor, die verschiedene Verifizierungsaspekte abdecken, um den modernen VP-basierten Verifizierungsfluss stark zu verbessern. Die Kapitel des Buches sind im Wesentlichen in vier Teile gegliedert: Der erste Teil führt eine neue Verifizierungsperspektive für VPs ein, indem er *metamorphes Testing* (MT) verwendet, da keine Referenzmodelle/Werte für die Verifizierung benötigt werden, im Gegensatz zum modernen VP-basierten Verifizierungsfluss. Der zweite Teil verbessert die Code-Coverage-Closure-Methoden im modernen VP-basierten Verifizierungsfluss durch Berücksichtigung von *Mutationsanalyse* und stärkeren Coverage-Metriken wie *Datenfluss*-Coverage. Der dritte Teil behandelt eine Reihe von neuartigen, systematischen und leichtgewichtigen funktionalen Coverage-getriebenen Verifizierungsmethoden zur Verbesserung der Coverage-Closure. Der vierte und letzte Teil des Buches präsentiert neuartige Ansätze zur frühzeitigen Sicherheitsvalidierung von VPs. Alle Ansätze werden detailliert vorgestellt und umfangreich mit mehreren Experimenten bewertet, die ihre Wirksamkeit bei der starken Verbesserung des modernen VP-basierten Verifizierungsflusses deutlich demonstrieren.

Bremen, Deutschland
Linz, Österreich
Bremen, Germany
November 2021

Muhammad Hassan
Daniel Große
Rolf Drechsler

Danksagungen

Zunächst möchten wir den Mitgliedern der Forschungsgruppe für *Computerarchitektur* (AGRA) an der Universität Bremen sowie den Mitgliedern der Forschungsabteilung für *Cyber-Physische Systeme* (CPS) am *Deutschen Forschungszentrum für Künstliche Intelligenz* (DFKI) in Bremen danken. Wir schätzen die großartige Atmosphäre und anregende Umgebung. Darüber hinaus möchten wir allen Mitautoren der Arbeiten danken, die den Ausgangspunkt für dieses Buch bildeten: Hoang M. Le, Vladimir Herdt, Mingsong Chen und Mehran Goli. Wir danken insbesondere Karsten Einwich und Thilo Vörtler von COSEDA Technologies GmbH für viele interessante Diskussionen und erfolgreiche Zusammenarbeiten.

Inhaltsverzeichnis

Liste der Algorithmen

Abbildungsverzeichnis

Tabellenverzeichnis

Kapitel 1
Einleitung

Internet der Dinge (IOT) und *5G* (fünfte Generation der Technologiestandards für Breitband-Mobilfunknetze) haben eine Fülle von Möglichkeiten ermöglicht, die einst undenkbar waren. Während *5G* die Hochgeschwindigkeitsverbindung und die allgegenwärtige Abdeckung bietet, sind es die intelligenten IOT-Geräte, die die Daten sammeln und transportieren, die das Versprechen und das Potenzial von IOT antreiben. Diese intelligenten Geräte sind ein hervorragendes Beispiel für heterogene *System-On-Chips* (SOCs), die aus zwei Teilen bestehen: (1) Mixed-Signal *Hardware* (HW), wo die analoge Welt auf die digitale Welt trifft, (2) und *Software* (SW), die unsichtbare Schicht, die uns mit der physischen Realität verbindet. Heterogene SOCs gehören zu den am schnellsten wachsenden Marktsegmenten in der Elektronik- und Halbleiterindustrie. Getrieben durch Wachstumschancen in verschiedenen Anwendungsbereichen, passen viele Halbleiterhersteller ihre Strategie an und verlagern ihren Fokus von separaten *Integrierten Schaltkreisen* (ICs), die eine Funktion ausführen, hin zu einer stärker integrierten Lösung von *Radiofrequenz* (RF) und leistungsstarken *Analog/Mixed-Signal* (AMS) Designs. Aufgrund dieser Branchenverschiebung enthalten die meisten SOCs heute heterogene Elemente wie analoge Sensoren, Mixed-Signal-Wandler, digitale Prozessoren, die SW ausführen, und RF-Transceiver, die eng auf einem einzigen Die integriert sind. Während diese Verschiebung zu leistungsstarken, effizienten und platzsparenden Geräten geführt hat, z. B. Apple M1 SOC [6], hat sie den Aufwand für die Entwicklung und Verifizierung dieser hochkomplexen Geräte erheblich erhöht und gleichzeitig die erforderliche *Time-To-Market* (TTM) erreicht.

Die erste Herausforderung in diesem Zusammenhang ist die Abhängigkeit von HW und SW. Traditionell wurden HW und SW isoliert entwickelt und trafen erst in den späten Integrations- und Testphasen aufeinander. Infolgedessen bestand immer eine sequenzielle Abhängigkeit zwischen den Entwicklungsphasen von HW und SW, wie in Abb. 1.1a dargestellt. Daher konnte die SW erst ordnungsgemäß getestet werden, wenn die ersten Siliziumprototypen des SOC verfügbar waren. Insbesondere HW-abhängige SW wie Gerätetreiber und Low-Level-Kernel-Code

M. Hassan et al., *Erweiterte virtuelle Prototypen für heterogene Systeme*,
https://doi.org/10.1007/978-3-031-53152-1_1

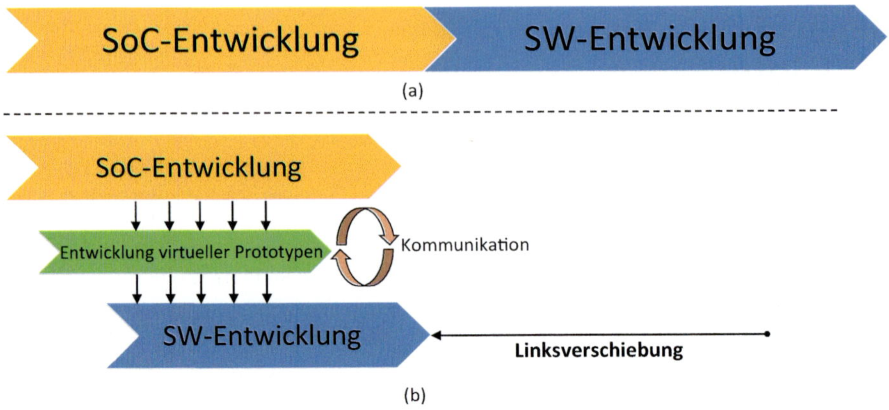

Abb. 1.1 Frühe SW-Entwicklung unter Nutzung des Shift-Left-Konzepts

konnten erst geschrieben werden, nachdem das Siliziumdesign abgeschlossen war. Eine Lösung zur Verringerung der TTM, die von der Industrie weitgehend übernommen wurde, besteht darin, von der vollständigen internen HW-Entwicklung abzurücken und stattdessen größere Mengen an vorverifiziertem Drittanbieter-*Geistigem Eigentum* (IP) zu verwenden. Dies ermöglicht es ihnen, sich stärker auf das *Alleinstellungsmerkmal* (USP) ihrer HW und SW zu konzentrieren. Mit der zunehmenden SW-Funktionalität und den komplexen Interaktionen zwischen verschiedenen HW-Komponenten hat die Designkomplexität um ein Vielfaches zugenommen, was die Designverifizierung von heterogenen SOCs zu einer zunehmend entmutigenden Aufgabe macht.

Die zweite Herausforderung bei der Verifizierung von heterogenen SOCs ist die langsame gemeinsame Simulation von *Register Transfer Level* (RTL) und SPICE (Simulation Program with Integrated Circuit Emphasis) Modellen für den digitalen und analogen/RF-Teil des SOC [9]. Traditionell war die Verifizierungsmethodik für analoge/RF-IPs ad hoc und diese IPs wurden immer von separaten Teams verifiziert. Sie wurde durch gerichtete Tests über Sweeps, Ecken und Monte-Carlo-Analysen gesteuert. Leider hat sich dies bis heute nicht viel geändert und schafft einen Engpass im Design- und Verifizierungsprozess. Auf der anderen Seite hatten digitale IPs formalisierte Verifizierungsmethoden, die von separaten Teams verwendet wurden. Dazu gehörten ausführbare Verifizierungspläne, erzeugung von beschränkt-zufälligen Stimuli [119], Testbench-Automatisierung, Assertions und Abdeckungsmetriken. Diese vorverifizierten analogen, RF- und digitalen IPs wurden später in einem größtenteils digitalen SOC-Design integriert und SW wurde darauf ausgeführt, um zu testen, ob alles wie erwartet funktioniert. Aufgrund der multifunktionalen Natur der heterogenen SOCs sind jedoch insbesondere die analogen und RF-IPs sehr komplex geworden und enthalten erhebliche digitale Steuerlogik. Darüber hinaus hat die Interaktion von analogen/RF- und digitalen IPs, insbesondere wenn man die darauf laufende SW berücksichtigt, erheblich zugenommen [77]. Daher sind die traditionellen Verifizierungsansätze nicht mehr ausreichend. Die gemeinsame Simulation, obwohl langsam, gilt immer noch als Goldstandard aufgrund ihrer hohen Genauigkeit und kann nicht ignoriert werden. Sie ist jedoch zu langsam für Chip-Level-Simulationen, es sei denn, sie wird äußerst selektiv eingesetzt.

Drittens ist die Designraum- und Architekturerkundung eingeschränkt. Angesichts der Systemanforderungen ist die Suche nach der optimalen Systemkonfiguration eine mühsame Aufgabe. Jede Parameteränderung, egal wie gering, kann den Designer ein paar Tage in der Designphase kosten. Daher ist die Erkundung sehr selektiv.

Schließlich hat die weit verbreitete Praxis der Integration von Drittanbieter-IPs die modernen SOCs berüchtigt unsicher gemacht, da sie als Fahrzeug für Boshaftigkeit genutzt werden können. Zum Beispiel der jüngste Sicherheitskompromiss von SOCs, die Intels Mikroprozessor-IPs und Actel ProASIC3-IPs verwenden. Die ersteren wurden durch die *„Meltdown und Spectre"* Schwachstellen [79, 89] ausgenutzt und die letzteren durch die JTAG-Schwachstelle [108]. Dies unterstreicht die Tatsache, dass legitime kommerzielle Off-the-Shelf-IPs Benutzerinformationen auf eine Weise manipulieren oder bei der Manipulation helfen können, die ihre Benutzer weder erwarten noch schätzen. Darüber hinaus kann ein SOC nach der Fertigung nicht gepatcht werden und erfordert daher ein neues Design.

Nach einer Schätzung kann die traditionelle funktionale Verifizierung von heterogenen SOCs bis zu 70 % der Projektzeit in Anspruch nehmen. Dennoch resultiert sie in vielen Neudrehungen, die hauptsächlich aus Mixed-Signal-Verifizierungsproblemen resultieren [77]. Dies geschieht hauptsächlich aufgrund schwächerer Verifizierungsmethoden, Tools oder Bibliotheken, die nicht in der Lage sind, *vermeidbare* HW- und SW-Fehler frühzeitig in der Designphase zu erkennen. Daher sind Tools, Bibliotheken und komplexe AMS-Verifizierungsmethoden erforderlich, die (1) die *HW/SW-serielle Abhängigkeit* im Design und der Verifizierung von heterogenen SOCs entfernen und stattdessen HW/SW-Co-Design ermöglichen (2) die *Simulationgeschwindigkeit erhöhen* und gleichzeitig eine gute Genauigkeit bieten (3) eine *schnelle Designraum- und Architekturerkundung* ermöglichen (4) eine *frühe Sicherheitsvalidierung* bieten

Zusammenfassend lässt sich sagen, dass das erfolgreiche Co-Design von sicheren multidisziplinären heterogenen SOCs, die enge Interaktionen zwischen HW/SW-Systemen und ihrer analogen physischen Umgebung aufweisen, eine Herausforderung darstellt. Da die TTM kürzer wird, wird die Fähigkeit, komplexe heterogene SOCs zu modellieren und zu simulieren, bei denen digitale HW/SW funktional mit AMS-IPs verflochten ist, d. h. RF-Schnittstellen, Leistungselektronik, Sensoren und Aktuatoren, immer wichtiger. Wenn solche Gesamtsystem- und Architekturebenenmodelle so früh wie möglich im Designzyklus verfügbar sind, werden die Architekturerkundung und Designprobleme sowie Sicherheitslücken drastisch reduziert.

1.1 Design und Verifizierung auf elektronischer Systemebene

In dieser Hinsicht hat das Aufkommen von *Virtuellen Prototypen* (VPs) auf der Abstraktionsebene des *Electronic System Level* (ESL) das Design und die Verifizierung von heterogenen SOCs in vielerlei Hinsicht modernisiert [10, 33, 43, 45, 63–66, 91, 94]. Die grundlegende Idee besteht darin, ein abstraktes Referenzmodell des SOC aus schriftlichen Spezifikationen zu erstellen. Infolgedessen wird eine ausführbare Beschreibung bereitgestellt, die als goldener Referenzpunkt für die HW- und SW-Entwicklung dient. Daher bietet *virtuelles Prototyping* SW-Entwicklern und Systemarchitekten eine Umgebung für die SW-Entwicklung, Architekturerkundung oder HW/SW-Co-Design. In einem vollständigen SOC-Designfluss fällt das virtuelle Prototyping zwischen die funktionale Ebene und die Implementierungsebene, wie in Abb. 1.2 gezeigt.

Auf dieser Abstraktionsebene nutzt das virtuelle Prototyping das Konzept des *Shifting Left* aufgrund seiner frühen Verfügbarkeit, wie in Abb. 1.1b gezeigt, d. h., das HW-Architekturdesign und der SW-Entwicklungsfluss werden parallel und verflochten durchgeführt. Folglich erleichtert dieses HW/SW-Co-Design und die Verifizierung die Integration, reduziert die Entwicklungskosten und verkürzt die

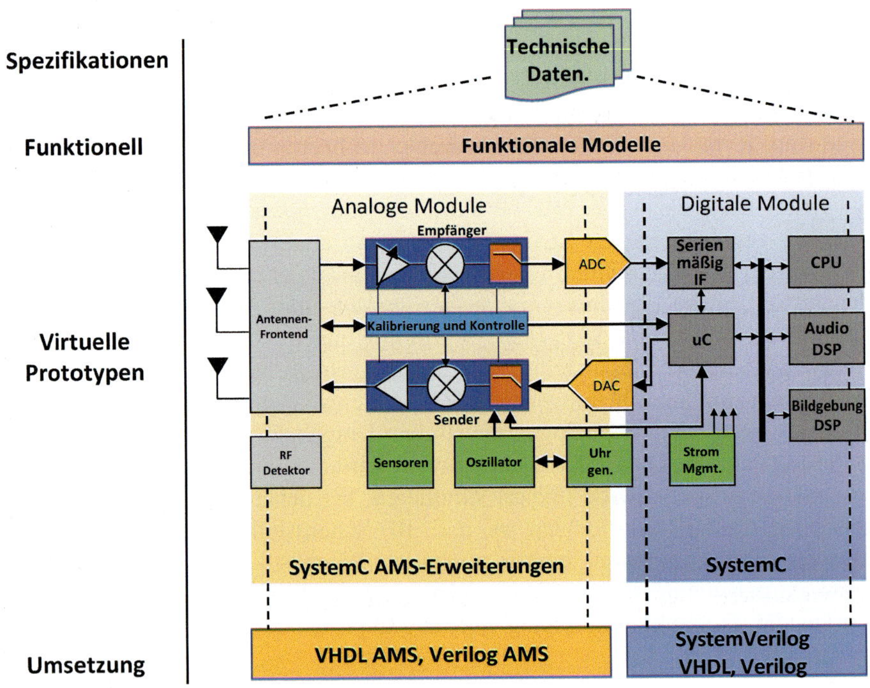

Abb. 1.2 Platzierung von VP im vollständigen SOC-Designfluss

Markteinführungszeit. Darüber hinaus ermöglicht die Verflechtung des HW/SW-Flusses einen Feedback-Pfad, bei dem Beobachtungen aus dem SW-Bereich zur Verbesserung und Optimierung der HW genutzt werden können. Darüber hinaus sind VPs hochgeschwindigkeitsfähige, voll funktionsfähige SW-Modelle von physischen HW-Systemen, die ein komplettes elektronisches System modellieren können und dabei einen guten Kompromiss zwischen Designgenauigkeit und Simulationsschnelligkeit bieten [67, 68]. Die hohe Geschwindigkeit ermöglicht eine *schnelle Designraum- und Architekturerkundung*. Darüber hinaus ermöglicht die SW-Natur der VPs kosteneffektive, leistungsstarke Debugging-Mechanismen durch nicht-intrusive Introspektion in das gesamte heterogene SOC, die auf einem realen HW-System nahezu undenkbar sind [39, 42]. Dies führt zu einer höheren Produktqualität und einem geringeren Unterstützungsaufwand. Für das ESL-Design ist die aktuelle Modellierungssprache die C++-basierte Systemmodellierungssprache SystemC zusammen mit *Transaction-Level Modeling* (TLM) Techniken (IEEE Standard 1666) [73] und ihre Mixed-Signal-Erweiterung SystemC AMS [11] mit vorwiegend *Timed Data Flow* (TDF) Modellentwicklung [9, 10, 12, 44, 94]. Eine detaillierte Beschreibung dieser Modellierungssprachen finden Sie in Kap. 2 .

Zusammenfassend hat die Einführung von SystemC/AMS-basierten VPs zu erheblichen Verbesserungen beim Design und der Verifizierung von heterogenen SOCs geführt. Die deutlich frühere Verfügbarkeit sowie die deutlich schnellere Simulation im Vergleich zu den RTL-Modellen (für Digital) und SPICE-Level-Modellen (für AMS) gehören zu den Hauptvorteilen von VPs. Daher ermöglicht das virtuelle Prototyping das HW/SW-Co-Design und die Verifizierung sehr früh im Designfluss. Als Referenz für die (frühe) eingebettete SW-Entwicklung und HW-Verifizierung ist die funktionale Korrektheit und Sicherheitsvalidierung von VPs sehr wichtig. Daher wird ein gesamter VP sowie seine einzelnen Komponenten, d. h., Hochgeschwindigkeits-RF, AMS und digitale IPs, einer rigorosen funktionalen Verifizierung unterzogen.

Die funktionale Verifizierung der VPs kann im Wesentlichen mit Methoden aus zwei Kategorien bestimmt werden: (1) formale Verifizierungsmethoden und (2) simulationsbasierte Verifizierungsmethoden. Beide haben sich in der digitalen Designverifizierung als wirksam erwiesen, jedoch ist die erstere noch in den Anfängen der AMS-SOC-Verifizierung [8, 49, 109, 110, 120–123]. Die formale Verifizierung überprüft die Korrektheit des *Design Under Verification* (DUV) auf der Grundlage bestimmter formaler Methoden der Mathematik, z. B. Model Checking, Equivalence Checking usw. Diese Art von Verifizierungsmethoden setzt eine Voraussetzung für das zu verifizierende System voraus: Die Anzahl der Zustände, Wertkandidaten oder Zeitpunkte muss endlich sein. Im Gegensatz zu den digitalen Signalen sind die analogen Signale kontinuierlich und haben potenziell unendlich viele Werte. Ihre Diskretisierung kann eine riesige Anzahl von Zuständen und Zeitpunkten erzeugen, was zu einem Problem der Zustandsraumexplosion führen

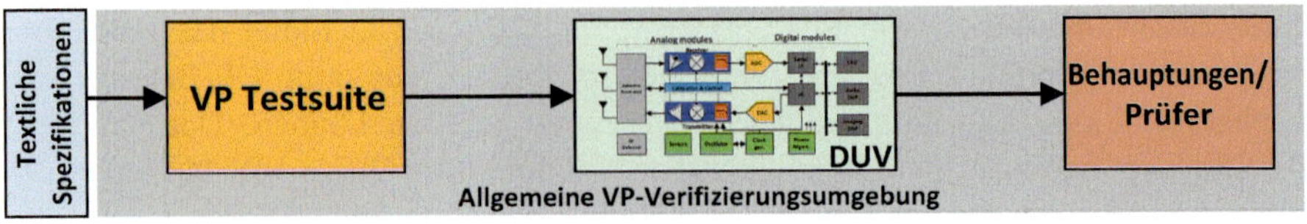

Abb. 1.3 Allgemeine AMS VP Verifizierungsumgebung

kann [95]. Als Konsequenz sind praktische Anwendungen der formalen Verifizierungsmethode für das großskalige AMS-SOC noch in den Kinderschuhen.[1]

Andererseits ist trotz des jüngsten Fortschritts bei der formalen Verifizierung von SystemC/AMS-Modellen (siehe z. B. [22, 24, 45, 49, 69, 70, 85, 86, 120]), die simulationsbasierte Verifizierung immer noch die Methode der Wahl für SystemC/AMS-basierte VPs, dank ihrer Skalierbarkeit und Benutzerfreundlichkeit. Eine allgemeine simulationsbasierte AMS VP Verifizierungsumgebung wird in Abb. 1.3 gezeigt. Sie folgt den Prinzipien des *Directed Testing*. Grundsätzlich werden die *textuellen Spezifikationen* verwendet, um manuell einen Satz von Stimuli (*VP Testsuite*) zu erstellen, der auf das AMS DUV (das entweder ein ganzes VP, eine Reihe von Komponenten oder eine einzelne Komponente sein kann) angewendet wird, um spezifische Szenarien zu testen. Für jeden Stimulus wird das tatsächliche Verhalten gegen das erwartete Verhalten geprüft (z. B. durch Referenzausgaben in Form von *Assertions/Checkers* oder zeitlichen Eigenschaften). Wenn die Assertions/Checkers fehlschlagen, wird das DUV als fehlerhaft erklärt.

Während dieser allgemeine simulationsbasierte Verifizierungsablauf (Directed Testing) wichtig für die anfängliche Verifizierung eines einfacheren DUV ist, ist er nicht effektiv für komplexe Designs und gründliche Verifizierung [23]. Daher wird der moderne VP-Verifizierungsablauf heutzutage weit verbreitet mit verschiedenen Methoden verwendet, um den allgemeinen Verifizierungsablauf zu ergänzen. Dies wird in Abb. 1.4 gezeigt. Die *x-Achse* zeigt vier farbige Balken, die die Methoden des modernen Verifizierungsablaufs von *Start* bis *Signoff* darstellen, und die *y-Achse* repräsentiert die entsprechende Verifizierungsqualität, die durch jede Methode erreicht wird. Die grundlegende Idee besteht darin, mit dem *Directed Testing* zu beginnen, wie zuvor beschrieben. Dies wird als grauer Farbbalken dargestellt. Die Verifizierungsqualität ist in dieser Phase sehr schlecht, da die Teststimuli nur spezifische Szenarien überprüfen. Danach wird der anfängliche Satz von Stimuli aus dem Directed Testing zusätzlich zu den beschränkt-zufälligen Techniken [50, 119] für das *Regression Testing* verwendet. Regression Testing erfasst effektiv (1) Fehler, die während der DUV-Entwicklung eingeführt wurden und (2) Code-Coverage (ausgeführte Codezeilen) Baselines und Trends.

[1] Formale Methoden werden nicht im Detail diskutiert, da sie nicht im Fokus dieses Buches stehen.

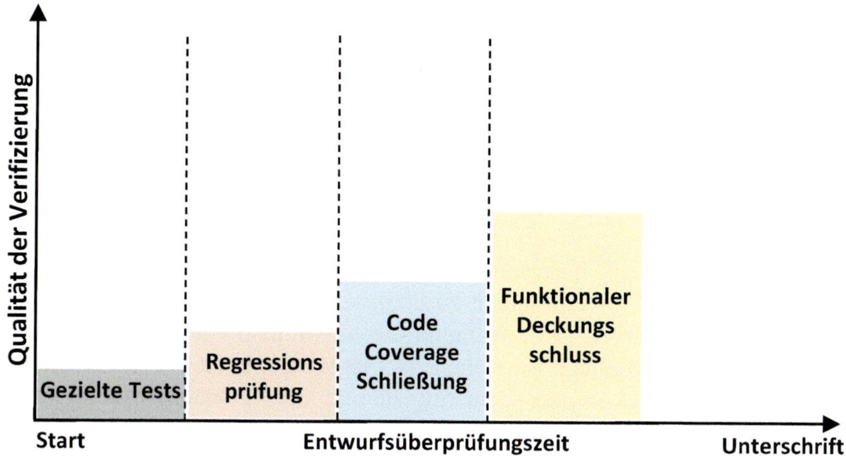

Abb. 1.4 Vier Stufen des modernen simulationsbasierten VP-Verifizierungsablaufs

Dies wird durch den orangefarbenen Balken dargestellt. Die durch das Regression Testing erreichte Verifizierungsqualität ist besser als beim Directed Testing, aber immer noch schlecht, da der Fokus auf der Entwicklung von Stimuli liegt. Danach, unter Ausnutzung der Code-Coverage-Baselines, wechselt der Verifizierungsablauf, um die Code-Coverage-Schließung zu erreichen, und daher erhöht sich die Verifizierungsqualität. Dies wird durch den blauen Balken dargestellt. Am Ende wird die Coverage-Metrik auf die funktionale Coverage (ausgeübte Funktionen eines DUV) geändert und die Stimuli werden verbessert, um die Schließung zu erreichen (gelber Balken). Zu diesem Zeitpunkt wird die Verifizierungsqualität als sehr gut angesehen und die Verifizierung wird abgeschlossen. Allerdings hat der moderne VP-Verifizierungsablauf immer noch Schwächen, die zu einer schlechten Qualität der Teststimuli und des VP führen. Die Schwächen werden im Folgenden kurz diskutiert:

1. Während des Regression Testing ist die Verfügbarkeit von Referenzmodellen für den Output-Vergleich immer eine große Herausforderung. Für komplexe DUVs ist ein erheblicher Aufwand erforderlich, um das Referenzverhalten auf ausführbare Weise zu spezifizieren. Insbesondere hat die Interaktion von analogen Designs und digitaler Logik in modernen AMS SOCs erheblich zugenommen. Das Formalisieren solcher Interaktionen ist nicht trivial und sehr zeitaufwendig. Daher sind Verifizierungsansätze erforderlich, die keine Referenzmodelle benötigen, um die Korrektheit der DUVs zu bestimmen.
2. Obwohl die bestehenden Methoden zur Code-Coverage-Schließung gut sind, haben sie zwei Schwachstellen. Erstens verwenden sie nur schwache Coverage-Metriken, z. B. Statement Coverage und Branch Coverage usw. Die schwachen Coverage-Metriken sind unempfindlich gegenüber Variableninteraktionen im VP, d. h. wie die Berechnungen in einem Teil des VP die anderen Teile

beeinflussen. Zweitens berücksichtigen sie nicht die HW/SW-Interaktionen, die später zu einer großen Anzahl von IP-Integrationsproblemen führen. Als Konsequenz kann eine umfassende Verifizierung der VPs nicht erreicht werden. Daher ist ein ganzheitlicherer Ansatz erforderlich, der systemlevel Software in Kombination mit stärkeren Code-Coverage-Metriken verwendet, um die VPs zu verifizieren.

3. Für eine gründliche Verifizierung des DUV ist eine Nachverfolgung des Verifizierungsfortschritts erforderlich. In der digitalen Designverifizierung ist die funktionale Coverage, insbesondere, die Metrik, die für diese Aufgabe verwendet wird, da sie es ermöglicht zu messen, ob alle Spezifikationen des Designs verifiziert wurden [96]. Während die funktionale Coverage im digitalen Design sehr gut verstanden ist (siehe z. B. [46, 93, 114]), ist dies bei AMS nicht der Fall [37, 54] da kontinuierliche Signale und ihre Veränderung über die Zeit viel schwerer zu erfassen sind. Dennoch wurden auch für AMS Methoden in Betracht gezogen, die von der funktionalen Coverage angetrieben werden. Allerdings leiden die bestehenden Methoden für AMS unter drei großen Mängeln: (1) sie sind nicht systematisch, (2) sie berücksichtigen nur lineare Verhaltensweisen von AMS-Systemen, und (3) komplexe mathematische Modelle sind erforderlich, um Spezifikationen zu erfassen. Dies ist eindeutig ein Problem, da die wahre Komplexität und die Eckfälle von nicht-linearen und instabilen (Überschwingen und Unterschwingen) Verhaltensweisen herrühren. Darüber hinaus ist das Erfassen dieser Verhaltensweisen nicht trivial und erfordert viel Aufwand. Daher sind fortschrittliche Verifizierungsmethoden erforderlich, um die verschiedenen Verhaltensweisen der DUVs systematisch zu verifizieren.
4. Sicherheit ist eines der brennendsten Probleme im Embedded-System-Design heutzutage. Die Mehrheit der Strategien zur Sicherung von Embedded-Systemen wird in der Software implementiert. Allerdings würde eine potenzielle Hardware-Backdoor, die unprivilegierter Software Zugang zu vertraulichen Daten ermöglicht, selbst die perfekt sichere Software nutzlos machen. Da das zugrunde liegende SOC nach der Bereitstellung nicht gepatcht werden kann, ist es sehr wichtig, SOC-Hardware-Sicherheitsprobleme in der Designphase zu erkennen und zu korrigieren. Um kostspielige Korrekturen in späteren Stadien zu vermeiden, sollte die Sicherheitsvalidierung so früh wie möglich beginnen. Allerdings fehlen im modernen VP-basierten Verifizierungsablauf frühe Sicherheitsvalidierungsmethoden.

Im nächsten Abschnitt werden die Beiträge dieses Buches diskutiert, die die Qualität des modernen VP-Verifizierungsablaufs stark verbessern.

1.2 Buchbeitrag

Die VP-basierte Modellierung und Verifizierung wird heute intensiv genutzt [43, 57–59, 63–66, 91, 94, 119]. Sie hat den gesamten SOC-Design- und Verifizierungsprozess erheblich verbessert. Wie jedoch bereits erwähnt, hat der moderne VP-basierte Verifizierungsfluss immer noch Schwächen. Dieses Buch schlägt mehrere neuartige Ansätze und Methoden vor, um den modernen VP-Verifizierungsfluss stark zu verbessern. Die Beiträge werden in vier Hauptbereichen nach den *gerichteten Tests* vorgeschlagen, wie in Abb. 1.5 gezeigt. Zunächst schlägt dieses Buch eine neue Verifizierungsperspektive für die VP-Verifizierung vor: *Metamorphic Testing,* um die VPs effektiv zu verifizieren, ohne dass Referenzmodelle benötigt werden. Es wird durch die grüne Farbleiste in Abb. 1.5 dargestellt. Dann schlägt dieses Buch starke Verbesserungen von bis zu 30 % in den Methoden zur Codeabdeckung und funktionalen Abdeckung vor (blaue und gelbe Farbleisten). Schließlich wird die Sicherheitsvalidierung der VPs eingeführt (rosa Farbleiste), um Sicherheitsprobleme frühzeitig in der Designphase zu identifizieren. In diesem Zusammenhang konzentrieren wir uns auf digitale Aspekte, da sie in den letzten Jahren Kompromisse eingegangen sind, z. B. Sicherheitskompromisse von SOCs mit Intel's Mikroprozessor-IPs (*„Meltdown und Spectre“* Schwachstellen [79, 89]) und Actel ProASIC3 IPs (JTAG-Schwachstelle [108]). Daher kann die frühzeitige Identifizierung solcher Sicherheitslücken für den SOC von entscheidender Bedeutung sein. Eine detailliertere Übersicht über die Beiträge des Buches ist auf der linken Seite von Abb. 1.6 dargestellt. Die vier Beitragbereiche nutzen die allgemeine VP-Verifizierungsumgebung als Basis und bauen darauf stark verbesserte Verifizierungsumgebungen auf:

1. AMS Metamorphic Testing Umgebung
2. AMS Enhanced Code Coverage Verifizierungsumgebung
3. AMS Enhanced Functional Coverage Verifizierungsumgebung
4. Digitale Early Security Validation

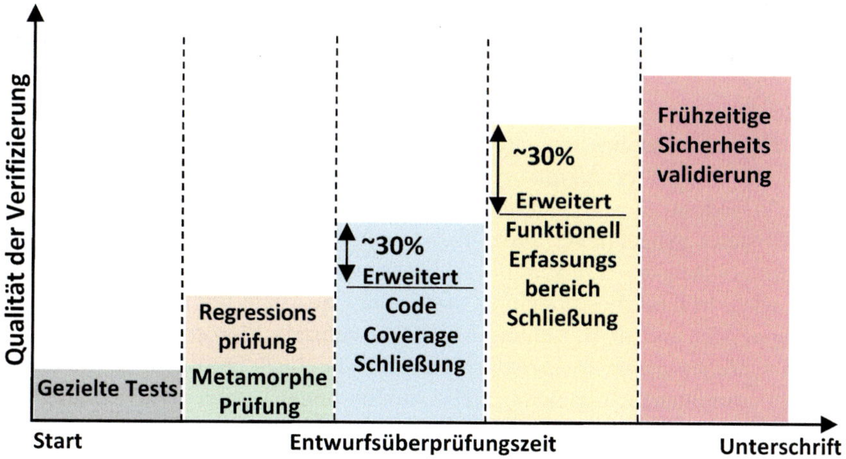

Abb. 1.5 Vorgeschlagene Verbesserungen im VP-Verifizierungsfluss

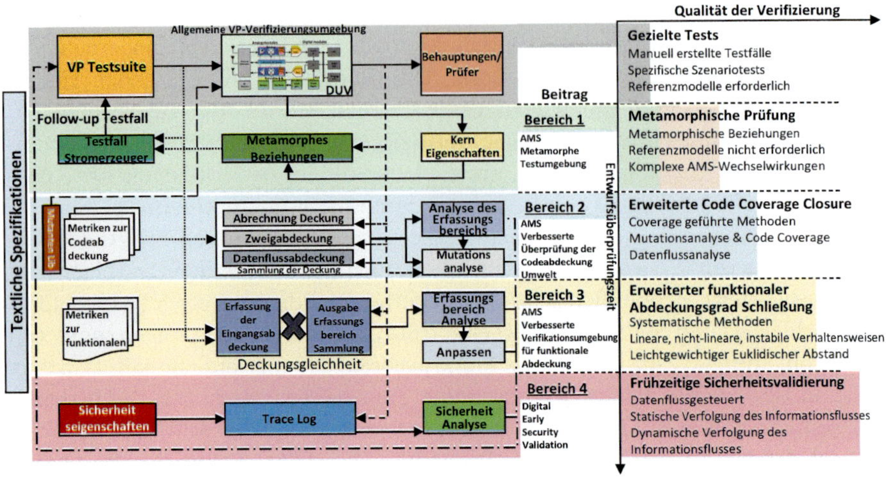

Abb. 1.6 Beiträge des Buches: Verbesserter VP-Verifizierungsfluss

Jeder Beitrag erhöht signifikant die Verifizierungsqualität von VP. Dies spiegelt sich auf der *x-Achse* in Abb. 1.6 (auf der rechten Seite) wider. Die *y-Achse* repräsentiert die entsprechende Verifizierungsumgebung und Methoden von *Start* bis *Signoff* im VP-Verifizierungsfluss. Die Beiträge erreichen eine hochwertige Testbank und einen gründlich verifizierten VP und werden im Folgenden detailliert beschrieben:

1.2.1 Beitragsbereich 1: AMS Metamorphic Testing Umgebung

Der erste Beitrag dieses Buches überwindet die *erste Schwäche - Verfügbarkeit von Referenzmodellen*. Der Beitrag führt eine neue Verifizierungsperspektive für VPs ein, indem er *Metamorphic Testing* (MT) verwendet. MT verifiziert eine DUV, indem es die bereits vorhandenen Testfälle aus gerichteten oder Regressionstests (sogenannte *Basis-Test-Stimuli*) verwendet, um neue Testfälle (sogenannte *Follow-up-Test-Stimuli*) zu generieren, ohne dass ein Referenzmodell benötigt wird. MT tut dies, indem es vorhandene Testfälle mit neu erstellten Testfällen verwendet und in Beziehung setzt. Das zentrale Element von MT ist eine Reihe von *Metamorphic Relations* (MRs), die die Beziehung der Eingaben und Ausgaben aufeinanderfolgender DUV-Ausführungen unter Verwendung der Kerneigenschaften der DUV beschreiben. Da in MT keine Referenzmodelle benötigt werden, ergänzt es effektiv das *Regressionstesting*. Infolgedessen stellen die identifizierten MRs die Richtigkeit der DUV über mehrere DUV-Versionen während des Designs und der Verifizierung sicher. Die vorgeschlagene AMS

Metamorphic Testing Umgebung ist in Abb. 1.6 auf grünem Hintergrund dargestellt. Sie besteht aus (1) Testfallgenerator, (2) metamorphen Beziehungen und (3) Kerneigenschaften der DUV. Die grundlegende Idee besteht darin, MRs unter Verwendung der Kerneigenschaften der DUV zu erstellen. Anschließend werden die MRs im Modul zur Generierung von Testfällen verwendet, um neue Testfälle zu erstellen, die Fehler aufdecken können.

Daher stellen wir in diesem Buch einen neuartigen MT-basierten Verifizierungsansatz vor, um das lineare und nichtlineare Verhalten von RF-Verstärkern auf Systemebene zu verifizieren. Für die Klasse der RF-Verstärker identifizieren wir hochwertige MRs, um das lineare und nichtlineare Verhalten zu verifizieren. Darüber hinaus gehen wir über reine analoge/RF-Systeme hinaus, d. h., wir erweitern MT, um AMS-Systeme zu verifizieren. Hochgeschwindigkeits-RF- oder reine Analogsysteme erfahren nur eine Art von Signalen. Dies ist eindeutig nicht ausreichend, da die wahre Komplexität aus den Wechselwirkungen zwischen analogen und digitalen Komponenten resultiert. Folglich betrachten wir als herausforderndes AMS-System eine industrielle PLL und entwickeln eine Reihe von hochwertigen MRs. Diese MRs ermöglichen die Verifizierung des PLL-Verhaltens auf Komponentenebene und auf Systemebene. Daher schlägt dieses Buch einen MT-basierten Verifizierungsansatz vor, der analog-analog, analog-digital, digital-analog sowie digital-digital Verhalten berücksichtigt.

1.2.2 Beitrag Bereich 2: Verbesserte AMS Code Coverage Verifizierungsumgebung

Als zweiter Beitrag verbessert dieses Buch die Methoden zur Code Coverage Schließung in modernen VP-basierten Verifizierungsabläufen erheblich. Die Methoden erreichen eine signifikante Verbesserung von bis zu 30 % in der Verifizierungsqualität. Die vorgeschlagene verbesserte AMS Code Coverage Verifizierungsumgebung ist in Abb. 1.6 auf blauem Hintergrund dargestellt. Sie umfasst verschiedene Code Coverage Metriken und neuartige Coverage Analysen. Zusätzlich nutzt sie die Mutationsbibliothek und die *Mutationsanalyse,* um eine hohe Qualität VP zu erreichen.

Wie bereits erwähnt, sind die viel frühere Verfügbarkeit und die deutlich schnellere Simulation von VP-basierten Designs im Vergleich zu RTL einige der Hauptvorteile von SystemC/AMS-basierten VPs. Diese ermöglichen HW/SW Co-Design und damit die *Software Driven Verification* (SDV), die das Potenzial hat, die Gesamtzeit und den Aufwand für die Aufgabe der IP-Integration und Verifizierung erheblich zu reduzieren. Mit Hilfe von SystemC VPs können SW-Tests zur Verifizierung der (neuen) integrierten IP-Blöcke und der HW/SW-Integration in einem frühen Designstadium entwickelt und in den nachfolgenden Schritten wiederverwendet werden. Zu diesem Zweck schlagen wir in diesem Buch eine neuartige *qualitätsgetriebene Methodik* basierend auf der Mutationsanalyse vor. Durch die Übertragung der Hauptkonzepte der mutationsbasierten Qualifikation in den Kontext der SDV ist unsere Methodik in der Lage, ernsthafte Qualitätsprobleme in den SW-Tests zu erkennen. Im Mittelpunkt steht eine neuartige Konsistenzanalyse, die die Abdeckung der IP in der HW/SW-Co-Simulation auf leichte Weise misst und diese Abdeckung mit den SW-Testergebnissen in Beziehung setzt, um eindeutiges Feedback darüber zu geben, wie die Qualität der Tests weiter verbessert werden kann. Allerdings haben Aussagen- und Verzweigungsabdeckung im Kontext der SDV einige bekannte Einschränkungen in ihrer Fähigkeit, Fehler zu erkennen und die Gründlichkeit der Verifizierung widerzuspiegeln. Sie sind unzureichend, wenn man die Interaktionen zwischen verschiedenen Elementen (Variablen) in einem VP berücksichtigt.

In diesem Zusammenhang verbessert das *Data Flow Testing* (DFT) die Verifizierungsqualität, indem es berücksichtigt, wie ein syntaktisches Element die Berechnung eines anderen beeinflussen kann. Daher schlagen wir in diesem Buch vor, DFT für SystemC/AMS VPs anzuwenden, da die modernen VPs nicht mehr nur digital sind, sondern multifunktionale AMS SOCs. Wir entwickeln zunächst einen Satz von SystemC/AMS spezifischen Abdeckungskriterien für DFT. Dies erfordert die Berücksichtigung (1) der SystemC Semantik der Verwendung von nicht-präemptivem Thread-Scheduling mit Shared-Memory-Kommunikation und ereignisbasierter Synchronisation und (2) der SystemC AMS Semantik des Signalflusses im Allgemeinen und zeitgesteuerter Datenflussmodelle im Besonderen. Danach erklären wir, wie man die Datenflussabdeckungsergebnisse für einen gegebenen VP automatisch berechnet, indem man eine Kombination von statischen und dynamischen Analysetechniken verwendet. Die Abdeckungsergebnisse geben dem Verifizierungsingenieur klare Anregungen, um neue Testfälle hinzuzufügen und das Abdeckungsergebnis zu verbessern.

1.2.3 Beitrag Bereich 3: Verbesserte AMS Funktionsabdeckungs-Verifizierungsumgebung

Der dritte Beitrag dieses Buches verbessert die Methoden zur Funktionsabdeckungsschließung in modernen VP-Verifizierungsabläufen erheblich, indem er die Verifizierungsqualität um bis zu 30% erhöht. Die verbesserte AMS Funktionsabdeckungs-Verifizierungsumgebung ist in Abb. 1.6 auf gelbem Hintergrund dargestellt. Sie umfasst Abdeckungssammlungsbehälter am Eingang und Ausgang des DUV sowie Abdeckungsanalysen. Darüber hinaus führt sie das *adapt* Modul ein, um die Stimuli-Generierung automatisch zu steuern.

Dieses Buch schlägt einen funktionsabdeckungsgetriebenen Verifizierungsansatz als systematische Lösung für die Klasse der RF-Verstärker vor, um das lineare und nicht-lineare Verhalten zu verifizieren. Es überträgt die Hauptkonzepte der digitalen Funktionsabdeckung auf den Kontext von SystemC AMS im Besonderen und systemweiten Simulationen im Allgemeinen. Um eine AMS funktionsabdeckungsgetriebene Verifizierung zu ermöglichen, führt es zwei Abdeckungsverfeinerungsparameter auf der Eingangs- und Ausgangsseite ein, um systematisch Eingangsreize zu erzeugen und Spezifikationen zu erfassen. Im Mittelpunkt des Ansatzes steht die Abdeckungsanalyse, die die funktionale Abdeckung des DUV misst und dem Verifizierungsingenieur eindeutiges Feedback gibt, um die Abdeckungsschließung zu erreichen. Allerdings müssen die Abdeckungsverfeinerungsparameter manuell angepasst werden, was einen Engpass für komplexe Systeme und instabile Verhaltensweisen schafft.

In diesem Zusammenhang wird ein *Lightweight Coverage-Directed Stimuli Generation* (LCDG) Ansatz in Betracht gezogen. CDG ist eine Verifizierungsmethodik, die darauf abzielt, die Abdeckungsschließung automatisch zu erreichen, indem sie Abdeckungsdaten und mathematische Funktionen verwendet, um die nächsten Iterationen der Teststimuli-Generierung zu steuern. Im Mittelpunkt des vorgeschlagenen LCDG-Ansatzes steht eine Abdeckungsanalyse, die funktionale Abdeckungsdaten von Eingang, Ausgang und Prüfern in Kombination mit der *Euklidischen Distanz* nutzt, um die Abdeckungsschließung zu erreichen. Die viel einfachere *Euklidische Distanz* im Gegensatz zu *Bayesschen Netzwerken* oder komplexen Wahrscheinlichkeitsverteilungsfunktionen macht sie leichtgewichtig. Im Falle von Abdeckungslücken passt die Analyse automatisch die Abdeckungsverfeinerungsparameter an, um die Abdeckung des DUV zu erhöhen. Als Konsequenz stellen diese leichtgewichtigen und systematischen Ansätze eine effiziente Konvergenz und gründliche Verifizierung des VP sicher.

1.2.4 Beitrag Bereich 4: Frühe digitale Sicherheitsvalidierung

Der letzte Beitrag dieses Buches ist die frühe Sicherheitsvalidierung des funktional verifizierten VP. Die digitale frühe Sicherheitsvalidierungsumgebung ist in Abb. 1.6 auf rosa Hintergrund dargestellt. Sie umfasst drei Hauptkomponenten: (1) Sicherheitseigenschaften, (2) Trace-Logs und (3) Kombination von statischer und dynamischer Sicherheitsanalyse. Unter Ausnutzung dieser Komponenten schlägt dieses Buch einen neuartigen Ansatz zur SOC-Sicherheitsvalidierung auf Systemebene unter Verwendung von VPs vor. Im Mittelpunkt des Ansatzes steht eine skalierbare statische Informationsflussanalyse, die potenzielle Sicherheitsverletzungen wie Datenlecks und unautorisierten Zugriff, *Vertraulichkeits* und *Integritäts* probleme, erkennen kann.

Darüber hinaus ergänzt dieses Buch den statischen Ansatz durch die Darstellung der dynamischen Informationsflussanalyse für VPs. Insbesondere betrachtet es das Sicherheitsmerkmal der IP-Isolation, das heutzutage weit verbreitet ist, z. B. *gesicherte Memory Mapped IOs* (MMIOs), oder gesicherte Adressbereiche im Falle von Speichern, die als nicht zugänglich markiert sind. Eine Möglichkeit, eine starke Sicherheitsgewährleistung zu bieten, besteht darin, die

Isolation als Informationsflussrichtlinie in der Hardware unter Verwendung des Konzepts der Nicht-Interferenz zu definieren. Der vorgeschlagene Ansatz ermöglicht es, das Laufzeitverhalten eines gegebenen SOC, das mit VPs implementiert wurde, gegen Sicherheitsbedrohungsmodelle zu validieren, wie z. B. Informationslecks *(Vertraulichkeit)* und unbefugten Zugriff auf Daten in einem Speicher *(Integrität)*.

1.2.5 Zusammenfassung der Beiträge

Alle genannten Beiträge wurden implementiert und ausgiebig mit mehreren Experimenten an realen industriellen Modellen evaluiert. Detaillierte Beschreibungen und Ergebnisse werden in den folgenden Kapiteln vorgestellt. Zusammenfassend verbessern diese Beiträge den modernen VP-basierten Verifizierungsablauf erheblich, wie die Experimente zeigen. Einer der Hauptvorteile ist die drastisch verbesserte Verifizierungsqualität in Kombination mit einem deutlich geringeren Verifizierungsaufwand. Dies reduziert einerseits die Anzahl der nicht erkannten Fehler und erhöht die Gesamtqualität des AMS SOC. Andererseits wird eine hochwertige VP-Testsuite erstellt, die zur Verifizierung der niedrigeren Abstraktionen verwendet werden kann.

1.3 Buchorganisation

Das Buch ist wie folgt strukturiert: Kap. 2 liefert relevante Hintergrundinformationen zu SystemC TLM und SystemC AMS. Danach stellt Kap. 3 metamorphe Testansätze zur Verifizierung von AMS VPs vor. Anschließend präsentiert Kap. 4 die verbesserten Code-Coverage-Schließungsmethoden mit stärkeren Coverage-Metriken zur Erzielung hochwertiger VP. Kap. 5 stellt verbesserte funktionale Coverage-Schließungsmethoden zur Erfassung linearer, nichtlinearer und instabiler Verhaltensweisen von RF-Verstärkern vor. Kap. 6 betrachtet Sicherheitsaspekte der VP statisch und dynamisch, um eine frühzeitige Sicherheitsvalidierung zu ermöglichen. Schließlich schließt Kap. 7 das Buch ab.

Kapitel 2
Vorarbeiten

Dieses Kapitel bietet einen Hintergrund zu den gängigen Themen, um das Buch in sich abgeschlossen zu halten und Duplikationen zu vermeiden. Da der Fokus dieses Buches auf der VP-Verifizierung mit Hilfe von neuartigen Methoden liegt, ist es sinnvoll, kurz *SystemC* und seine Mixed-Signal-Erweiterung zu diskutieren, die im gesamten Buch verwendet wird. Wie in der Einleitung motiviert, ist *SystemC* die aktuellste Modellierungssprache für VPs. *SystemC* bietet eine einzige, einheitliche Design- und Verifizierungssprache, die HW und SW umfasst, um architektonische und systemweite Attribute von AMS SOCs in Form von Standard C++ Klassen auszudrücken. Die Architektur von *SystemC* ist in Abb. 2.1 dargestellt. Sie umfasst die SystemC-Kernsprache zusammen mit ihren *Transaction-Level Modeling* (TLM) Techniken (IEEE Standard 1666−2011) [73] und ihrer Mixed-Signal-Erweiterung SystemC AMS (IEEE Standard 1666.1−2016) [11].

Zunächst werden die SystemC-Kernsprache und ihr TLM-Standard kurz in Abschn. 2.1 besprochen. Dann werden SystemC AMS und seine *Models Of Computation* (MOC) in Abschn. 2.2 vorgestellt. Bitte beachten Sie, dass Teile der folgenden Vorüberlegungen zu *SystemC* bereits in ähnlicher Form in den in der Einleitung erwähnten, vom Buchautor mitverfassten Artikeln erschienen sind.

2.1 SystemC

SystemC ist eine Bibliothek, die auf der Standard C++ Sprache aufbaut. Sie ermöglicht die Modellierung von elektronischen Systemen, die sowohl HW als auch SW umfassen, über ihren ereignisgesteuerten Simulationskern. Um dies zu erreichen, ermöglicht SystemC die Implementierung von C++ Klassen (Module) und Funktionen (Prozesse), die über einen nicht-präemptiven Prozessplaner überwacht werden. Der Planer ist verantwortlich für die Prozessplanung in Bezug auf die simulierte Zeit, die Synchronisation der Prozesse und die Kommunikation zwi-

M. Hassan et al., *Erweiterte virtuelle Prototypen für heterogene Systeme*,
https://doi.org/10.1007/978-3-031-53152-1_2

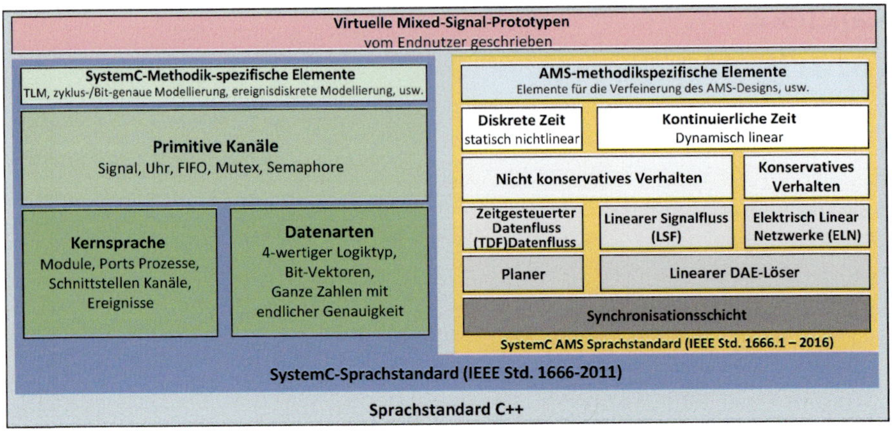

Abb. 2.1 SystemC-Architektur mit TLM- und AMS-Erweiterungen [1, 71]

schen den Prozessen über Ereignisse. Diese Prozesse definieren das Verhalten des SystemC-Modells und Ereignisse werden zu spezifischen Zeitpunkten in der simulierten Zeit benachrichtigt. Sie sind in einem Modul eingekapselt, das die strukturellen und Konnektivitätsaspekte der elektronischen Systeme über Ports, Kanäle, Schnittstellen usw. handhabt. Die Architektur von SystemC ist in Abb. 2.1 (blauer Hintergrund) dargestellt. Im Groben enthält sie vier Komponenten: (1) Kernsprache, (2) Datentypen, (3) primitive Kanäle und (4) methodenspezifische Elemente.

Im nächsten Abschn. werden die Grundlagen von SystemC kurz mit Hilfe eines Beispiels besprochen. Danach wird die TLM-basierte Kommunikation vorgestellt und am Ende werden die Simulationssprachen diskutiert.

2.1.1 Grundlagen

Um die Grundlagen der Modellierung von HW mit SystemC zu verstehen, wird ein *Zähler*-Beispiel in Auflistung 2.1 gezeigt. Der *Zähler* zählt bei jedem positiven Takt des Taktsignals hoch und gibt nur gerade Werte aus. Der *Zähler* hat die folgenden Elemente:

1. Ein **Modul** ist der grundlegende Baustein des SystemC-Modells, definiert als *SC_MODULE (Zähler)* (Zeile 1). Ein größeres System, z. B. SOC, kann durch Instanziierung mehrerer Module innerhalb eines Moduls dargestellt werden. Ein Modul enthält Ports, Schnittstellen, Kanäle, Prozesse, Ereignisse usw.
2. **Ports, Kanäle und Schnittstellen** werden zur Kommunikation zwischen Modulen oder zwischen Prozessen verwendet. In diesem Fall sind drei Eingangsports, *sc_in_clk clock*, *sc_in<bool> rst* und *sc_in<bool> en* und ein Ausgangsport *sc_out<sc_uint<4> > count_out* definiert (Zeilen 2–5).

3. **Prozesse** implementieren die Verhaltensfunktionalität des Systems. Es gibt drei Arten von Prozessen, *SC_THREAD, SC_METHOD* und *SC_CTHREAD*. In diesem Beispiel gibt es zwei Prozesse: *count_up* (Zeile 20) und *print_count* (Zeile 36). Die Prozesse sind empfindlich gegenüber Ereignissen, die ihre Ausführung auslösen, z. B. ist *count_up* empfindlich gegenüber der positiven Flanke des *Taktsignals* (Zeile 13).
4. **Ereignisse** ermöglichen Nebenläufigkeit und ereignisbasierte Synchronisation für HW-Modelle. In diesem Fall wartet der Prozess *print_count* auf das Ereignis *print_event*, *wait(print_event)* (Zeile 38). Sobald das Ereignis vom Prozess *count_up* gemeldet wird, druckt der Prozess den Zählerwert aus.
5. **Taktgeber** sind spezielle Signale, die periodisch laufen und getaktete Prozesse auslösen können, z. B. ist der Prozess *count_up* empfindlich gegenüber der positiven Flanke des *Taktsignals*.
6. Die **Hardware-Modellierung** erfolgt mit verschiedenen Semantiken, z. B. *sc_signal*, *sc_logic*, *sc_bv* usw.
7. Die **Software-Modellierung** erfolgt mit den Kommunikationsprimitiven, *sc_mutex* und *sc_semaphore*.

Für weitere Details zur SystemC-Grundlagen und -Anwendung, siehe bitte *SystemC Benutzerhandbuch* [71]. Im nächsten Abschn. wird kurz auf das *Transaction-Level Modeling* (TLM) eingegangen.

```
1  SC_MODULE (counter) {
2    sc_in_clk clock ; // Clock input of the design
3    sc_in<bool> rst ; // active high, synchronous Reset input
4    sc_in<bool> en;   // Active high enable signal for counter
5    sc_out<sc_uint<4> > count_out; // 4 bit vector output of the
         counter
6
7    sc_uint<4> count;
8    sc_event print_event; // Event to print only even numbers
9
10   SC_CTOR(counter) {
11     // Clock positive edge sensitive
12     SC_THREAD(count_up);
13     sensitive << clock.pos();
14
15     SC_THREAD(print_count);
16   } // End of CTOR
17
18
19   // counter logic
20   void count_up () {
21     while (true) {
22       wait();
23       if (rst.read()) {
24         count = 0;
25         count_out.write(count);
26       } else if (en.read()) {
27         count++;
28         count_out.write(count);
29         if ((count % 2) == 0)
30           print_event.notify();
31       }
32     }
33   } // Function end
34
35   // prints value\texttt{}
36   void print_count () {
37     while (true) {
38       wait(print_event);
39       cout<<"Counter Value: "<< count_out.read()<<endl;
40     }
41   }
42 }; // End of Module
```

Auflistung 2.1 SystemC-Beispiel

2.1.2 Transaktions-Level-Modellierung (TLM)

Transaktions-Level-Modellierung (TLM) im Allgemeinen und TLM-2.0,[1] bietet einen abstrakten Ansatz zur Modellierung der Kommunikation zwischen SystemC-Modulen mit hoher Geschwindigkeit (im Vergleich zu Pin-Schnittstellen). Auf diese Weise bietet TLM eine Plattform für die SW-Entwicklung, bei der sich der Designer nicht um die Low-Level-Semantik der Ports kümmern muss. Es ist am wenigsten mit der Implementierung von Modulen und Threads innerhalb eines Moduls beschäftigt, sondern eher damit, wie verschiedene Module kommunizieren. TLM bietet mehrere Schnittstellen, Sockets, generische Nutzlast und Dienstprogramme für die Kommunikation (abhängig von der Anwendung).

Die Schnittstellen können blockierend und nicht blockierend sein, *Direct Memory Interface* (DMI) oder die Debug-Transport-Schnittstelle. Die blockierenden und nicht blockierenden Schnittstellen bieten unterschiedliche Ebenen von Timing-Details. Die blockierende Schnittstelle modelliert nur den Start und das Ende einer Transaktion mit einem einzigen Funktionsaufruf und erwartet keinen Rückgabewert, während die nicht blockierende Schnittstelle mehrere Funktionsaufrufe für eine einzelne Transaktion erfordert und einen Rückgabewert hat. DMI bietet einen direkten Zugriff auf einen Speicherbereich und umgeht somit Funktionsaufrufe der Schnittstelle. Die Debug-Transport-Schnittstelle ermöglicht eine Introspektion des Speichers ohne Fortschreiten der Simulationszeit. DMI soll die Simulation während normaler Transaktionen beschleunigen, während die Debug-Transport-Schnittstelle ausschließlich für das Debugging vorgesehen ist.

TLM verwendet Sockets, um Transaktionen zwischen *Initiator* und *Ziel* zu übertragen (siehe Abb. 2.2). Ein *Initiator* (z. B. CPU) erstellt und sendet die Transaktionen über den Initiator-Socket, während das *Ziel* (z. B. Speicher) die eingehenden Transaktionen über den Ziel-Socket empfängt und als endgültiges Ziel der Transaktion fungiert. Mehrere Module sind über eine *Verbindung* (Bus) verbunden, die als Router für die Transaktionen fungiert. Die generische Nutzlast

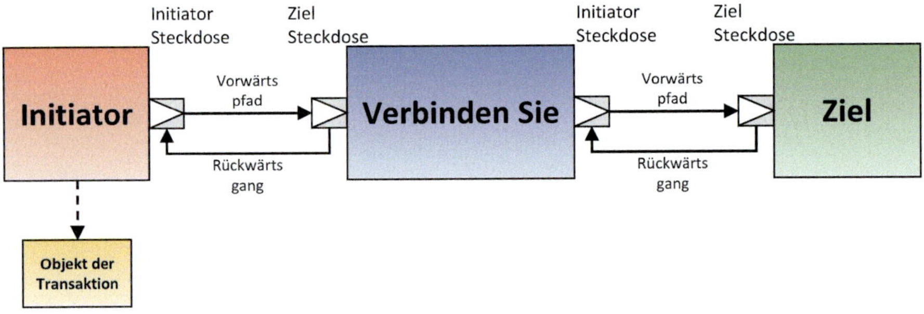

Abb. 2.2 TLM: Initiator, Ziel, Socket und Verbindung

[1] TLM wird ab diesem Punkt auf TLM-2.0 verweisen.

ist ein wichtiger Teil von TLM, da sie die Interoperabilität zwischen Modellen ermöglicht. Sie ist besonders wichtig für speicherabbildende Busse, kann jedoch auch als Grundlage für die Modellierung anderer Protokolle verwendet werden. Ihre Attribute umfassen *Befehl, Adresse, Daten, Antwortstatus* usw. Der Vorwärtspfad in Abb. 2.2 bezieht sich auf die Weitergabe des Transaktionsobjekts vom Initiator zum Ziel über die Verbindung, während der Rückwärtspfad in die entgegengesetzte Richtung verläuft. Schließlich kann TLM in zwei Codierungsstilen implementiert werden: *Locker Zeitlich* (LT) und *Ungefähr Zeitlich* (AT). Der LT-Stil konzentriert sich auf die Funktionalität mit hoher Geschwindigkeit und verfolgt daher die Zeit mit einfachen Techniken. Andererseits ist AT nützlich für die architektonische Erkundung und Leistungsanalyse, da es ungefähre Zeitangaben enthält. AT-Modelle sind deutlich langsamer als LT-Modelle, sind jedoch immer noch deutlich schneller als RTL.

Einige Elemente werden in den folgenden Kapiteln ausführlicher besprochen. Für eine vertiefende Lektüre verweisen wir auf [71].

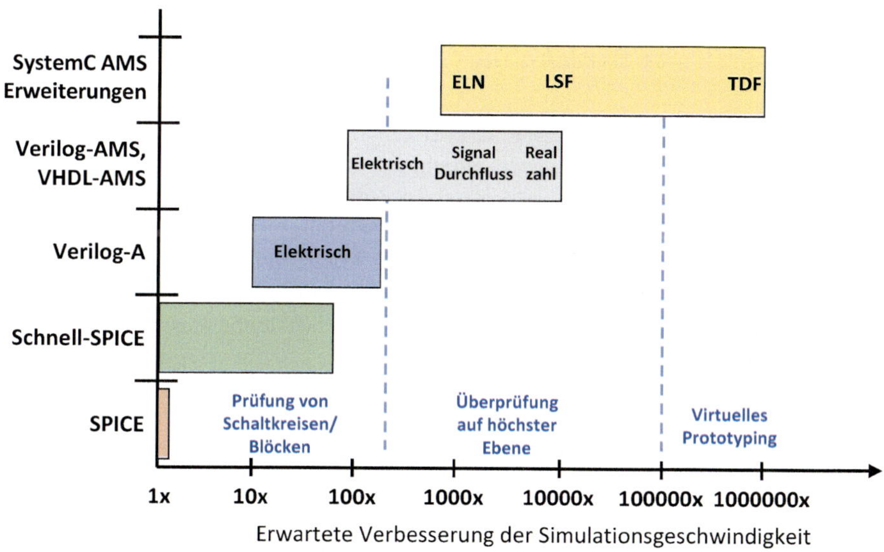

Abb. 2.3 Simulationsgeschwindigkeit von Modellierungssprachen im Vergleich zu SPICE [9]

2.2 SystemC AMS

SystemC zusammen mit TLM ist geeignet für rein digitale Modelle. Es bietet jedoch keine effizienten Möglichkeiten zur Gestaltung von *Analog/Mixed-Signal* (AMS) und Signalverarbeitungssystemen auf funktionaler und architektonischer Ebene. Dieser Nachteil wird durch die AMS-Erweiterung von SystemC, genannt *SystemC AMS* (dargestellt in Abb. 2.1 auf der rechten Seite mit gelbem Hintergrund), behoben. Sie sind auf dem SystemC-Standard aufgebaut. Es ermöglicht hochgeschwindigkeits AMS-Simulationen bis zu 1000000× im Vergleich zu SPICE-Simulationen (Abb. 2.3) und kann für architektonische Erkundung, Integrationsverifikation und virtuelles Prototyping verwendet werden. Zusätzlich bietet SystemC AMS neue Techniken zur Frequenzdomänenanalyse von Kleinsignalen, Datentypen und AMS-Signalverfolgung.

Im nächsten Abschn. diskutieren wir kurz die von SystemC AMS unterstützten *Modelle der Berechnung* (MOC), gefolgt von dem *Zeitgesteuerten Datenfluss* MOC, der für AMS VP empfohlen wird.

2.2.1 Modelle der Berechnung (MOC)

Die SystemC AMS-Erweiterung bietet drei verschiedene MOC zur Unterstützung von AMS VPs: (1) *Zeitgesteuerter Datenfluss* (TDF), (2) *Linearer Signalfluss* (LSF) und (3) *Elektrische Lineare Netzwerke* (ELNs). Die drei MOCs sind in Abb. 2.1 dargestellt. TDF ist nützlich für die Modellierung und Simulation von Modellen auf funktionaler und architektonischer Ebene in diskreter Zeit. LSF konzentriert sich auf die Modellierung von Steuerungssystemen in kontinuierlicher Zeit, und ELN ermöglicht die Modellierung von elektrischen Lasten und Bussen bei hohen Frequenzen in kontinuierlicher Zeit.

2.2.2 Zeitgesteuerte Datenfluss (TDF)

Die TDF MOC ist die empfohlene MOC für die Erstellung von AMS-Modellen in der virtuellen Prototypenerstellung. TDF definiert die Zeitdomänenverarbeitung und wird verwendet, um die rein algorithmische oder prozedurale Beschreibung des zugrunde liegenden Designs zu modellieren. Aufgrund der früheren Verfügbarkeit und der deutlich schnelleren Simulation (siehe Abb. 2.3), bieten die TDF-Modelle eine Designverfeinerungsmethodik und ermöglichen eine frühe Verifizierung für AMS-Systeme. Mehrere TDF-Modelle verbinden sich zu einem TDF-Cluster. Die TDF-Modelle in einem Cluster kommunizieren miteinander über TDF-Kanäle und TDF-Ports. Das Verhalten eines TDF-Modells wird in vordefinierten Funktionen beschrieben: (1) *Verarbeitung,* (2) *Initialisierung,* (3) und *Attributsetzung.*

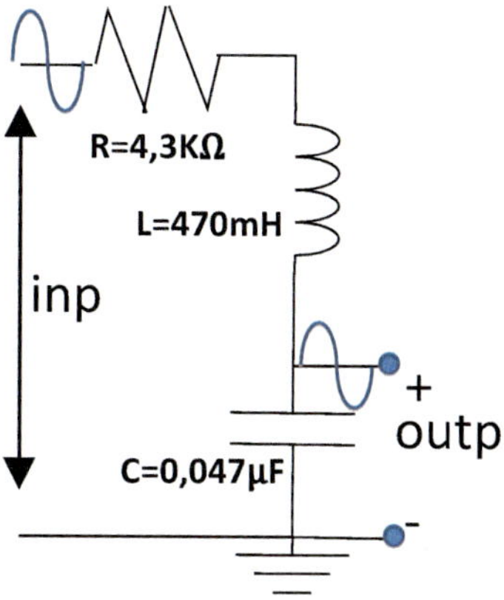

Abb. 2.4 Tiefpassfilter zweiter Ordnung

Verarbeitung implementiert das funktionale Verhalten, *Initialisierung* spezifiziert die Anfangsbedingungen des Modells, falls vorhanden, und *Attributsetzung* beschreibt die Timing-Informationen der TDF-Ports, z. B. Zeitschritte. Im nächsten Abschn. wird ein kleines Beispiel für ein TDF-Modell vorgestellt: ein passives Tiefpassfilter zweiter Ordnung (*Low Pass Filter,* LPF) [58].

Beispiel: Tiefpassfilter (LPF)

Ein strukturelles Modell des LPF zweiter Ordnung ist in Abb. 2.4 dargestellt und besteht aus einem Widerstand (R), einem Kondensator (C) und einer Induktivität (L). Die entsprechenden Werte sind $R = 4{,}3$ KΩ, $L = 470$ mH und $C = 0{,}047$ µF. LPF ist so konzipiert, dass es Signale mit einer Frequenz unterhalb einer bestimmten Grenzfrequenz (F_c) durchlässt und Signale mit einer Frequenz oberhalb der Grenzfrequenz abschwächt. Die Grenzfrequenz $F_c = 1$ KHz. Das Filter wird in SystemC AMS TDF MOC implementiert, wobei seine Laplace-Übertragungsfunktion (beschrieben durch die Zähler- und Nennerkoeffizienten) in Gleichung 2.1 dargestellt ist.

$$H(s) = \frac{1}{LCs^2 + RCs + 1} \tag{2.1}$$

Das TDF-Modell des LPF ist in Listing 2.2 dargestellt. SystemC AMS bietet einen speziellen Solver für kontinuierliche lineare Übertragungsfunktionen im Laplace-Bereich unter der Klasse *sca_tdf::sca_ltf_nd*, hier definiert als *ltf* (Listing 2.2 Zeile 22). Das Makro *SCA_CTOR* definiert den Konstruktor (Zeile 8). Die Member-Funktion *Attributsetzung* definiert den Zeitschritt der TDF-Modulaktivierung (Zeile 10). Die Bibliotheksfunktion *Initialisierung* setzt die Anfangswerte der Member-Variablen, d. h., *num* und *den* (Zeile 14). Dies spiegelt sich auch in Gl. 2.2 mit ausgetauschten Komponentenwerten wider.

$$H(s) = \frac{1}{22e^{-9}s^2 + 202.1e^{-6}s + 1} \tag{2.2}$$

Die Callback-Methode *Verarbeitung* definiert das Verhalten des LPF (Zeile 21). Die *num*, *den* und *inp* werden dem Solver (*ltf*) als Eingaben gegeben, und *ltf* gibt die kontinuierliche Ausgabe zurück und weist sie *outp* zu. Für weitere Details und Beispiele von SystemC TDF-Modellen, siehe bitte [1, 13].

```
1  SCA_TDF_MODULE (lpf_tdf) {
2    sca_tdf::sca_in <double> inp;    // TDF input port
3    sca_tdf::sca_out <double> outp;    // TDF output port
4
5    sca_tdf::sca_ltf_nd ltf;       // laplace transform function
6    sca_util::sca_vector <double> num, den;  // coefficients
7
8    SCA_CTOR (lpf_tdf) { } // constructor
9
10   void set_attributes () { // executed only once in start
11     set_timestep(1.0, SC_UC); // time between activations
12   }
13
14   void initialize () {  // executed only once in start
15     num(0) = 1.0;
16     den(0) = 1.0;
17     den(1) = 202.1e^{-6};
18     den(2) = 22e^{-9};
19   }
20
21   void processing () { // activated at each activation
22     outp.write ( ltf(num, den, inp) );
23   }
24
25 };
```

Auflistung 2.2 SystemC AMS Implementierung des Tiefpassfilters zweiter Ordnung [58]

Kapitel 3
AMS Metamorphic Testing Umgebung

Dieses Kapitel führt eine neue Verifizierungsperspektive für AMS VPs ein, die keine Referenzmodelle benötigt, um die Korrektheit von VP zu überprüfen. Abb. 3.1 zeigt einen Teil von Abb. 1.6 mit einer *allgemeinen VP-Verifizierungsumgebung* auf dunkelgrauem Hintergrund. Die allgemeine VP-Verifizierungsumgebung erfordert ein *Referenzmodell* für *Assertions/Prüfer,* um zu überprüfen, ob die VP-Testsuite das *Design Under Verification* (DUV) wie erwartet ausführt. Die Hauptproblematik in diesem Zusammenhang ist jedoch die Verfügbarkeit von Referenzmodellen zur Verifizierung. Wenn wir von Referenzmodellen sprechen, umfasst dies im Allgemeinen Ansätze wie Co-Simulation (zum Beispiel mit Matlab/Simulink) oder fortgeschrittene Testbench-Konzepte basierend auf der *Universal Verification Methodology* (UVM) und in Zukunft sogar noch abstrakter basierend auf der *Portable Stimulus Specification* (PSS). Unabhängig von der spezifischen Lösung ist ein erheblicher Aufwand erforderlich, um effektive Test-Stimuli zu erstellen und das Referenzverhalten auf ausführbare Weise zu spezifizieren. Um dieses Problem zu überwinden, betrachten wir in diesem Kapitel das *Metamorphic Testing*. MT wurde zuerst im Softwarebereich in Betracht gezogen, und ein großer Vorteil dieser Technik ist, dass kein Referenzmodell/Wert benötigt wird, was bei klassischen Softwaretests der Fall sein muss. Die Kernidee von MT besteht darin, aufeinanderfolgende Ausführungen des zu testenden Programms durch die sogenannten *Metamorphic Relations* (MRs) zu verknüpfen. Daher wird die allgemeine VP-Verifizierungsumgebung durch mehrere Komponenten erweitert, wie im grünen Bereich dargestellt. Sie bilden die Grundlage für den MT-basierten Verifizierungsansatz für AMS VPs, der in diesem Kapitel detailliert beschrieben wird.

Zunächst diskutiert Abschn. 3.1 den MT-basierten systemweiten Verifizierungsansatz. Danach stellt Abschn. 3.2 einen neuen MT-basierten Verifizierungsansatz vor, um das lineare und nichtlineare Verhalten von *Radiofrequenz* (RF) Verstärkern auf Systemebene zu verifizieren. Für die Klasse der *Low Noise Amplifiers* (LNAs) werden 12 hochwertige MRs identifiziert. Die Wirksamkeit des vorgeschlagenen

M. Hassan et al., *Erweiterte virtuelle Prototypen für heterogene Systeme*,
https://doi.org/10.1007/978-3-031-53152-1_3

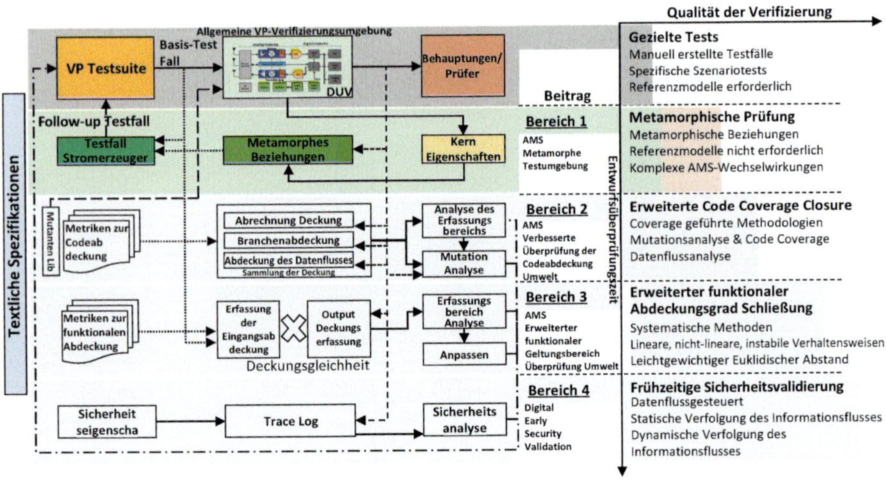

Abb. 3.1 Aufkommende Verifizierungstechniken

MT-basierten Verifizierungsansatzes wird in einem umfangreichen Satz von Experimenten an einem industriellen systemweiten LNA-Modell ohne die Notwendigkeit eines Referenzmodells demonstriert. Dieser Ansatz wurde in [55] veröffentlicht.

Darüber hinaus geht dieses Kapitel über rein analoge Systeme hinaus, d. h., es erweitert MT, um AMS-Systeme in Abschn. 3.3 zu verifizieren. Als herausforderndes AMS-System wird ein industrieller *Phase-Locked Loop* (PLL) betrachtet. Es wird ein Satz von acht generischen MRs entwickelt. Diese MRs ermöglichen die Verifizierung des PLL-Verhaltens auf Komponenten- und Systemebene. Daher werden MRs erstellt, die sowohl analoges als auch digitales Verhalten berücksichtigen. Die Qualität und das Potenzial von MT für die AMS-Verifizierung werden anhand des industriellen PLL demonstriert. Dieser Ansatz wurde in [56] veröffentlicht.

3.1 MT-basierter System-Level-Verifizierungsansatz

Kürzlich wurde eine neue Verifizierungsperspektive im Softwarebereich eingeführt: MT [20, 101, 102], die keine Referenzmodelle zur Verifizierung benötigt. Anstatt sich auf den Referenzwert zu verlassen, der aus Referenzmodellen berechnet wird, betrachtet MT MRs, d. h., wie die Eingaben und Ausgaben mehrerer DUV-Ausführungen zusammenhängen.

MRs unterscheiden sich von Eigenschaften, wie sie in klassischen Verifizierungsumgebungen im AMS-Bereich definiert und verwendet werden, wie z. B. [15, 32, 35, 62, 78, 80, 92, 97]. Betrachten Sie zum Beispiel eine DUV, die eine

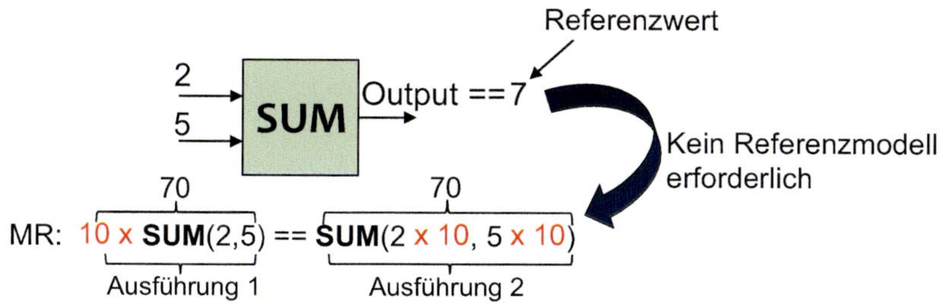

Abb. 3.2 Beispiel für metamorphes Testen – SUM-Funktion

Summe-Funktion für das Addieren von zwei Zahlen implementiert (Abb. 3.2). Sie nimmt als Eingabe zwei Zahlen, 2 und 5, und erwartet als Ausgabe 7 (Referenzwert). Eine MR kann $10 \times$ *Summe* $(2, 5) =$ *Summe* $(10 \times 2, 10 \times 5)$ sein, wobei die erste Ausführung von *Summe* (*linke Seite* (LHS) der MR) die Eingaben 2 und 5 hat (sogenannter Basistestfall), und die zweite Ausführung (*rechte Seite* (RHS) der MR) die Eingaben 2×10 und 5×10 hat (sogenannter Folgetestfall). Anstatt zu überprüfen, was die Ausgabe jeder Ausführung wäre, überprüft MT nur, ob beide Seiten der MR gleich sind, d. h., die DUV-Ausgabe der ersten Ausführung, wenn sie mit 10 multipliziert wird, sollte der DUV-Ausgabe der zweiten Ausführung entsprechen. Wenn die MR nicht erfüllt ist, d. h., *LHS≠RHS*, hat MT einen Fehler gefunden. Als Konsequenz benötigt MT kein Referenzmodell. Darüber hinaus erzeugt jede MR inhärent Folgetestfälle mit erfolgreichen Basistestfällen. Als Konsequenz kann MT die Regressionstests auf zwei Arten effektiv ergänzen: (1) Generierung von Folgetestfällen und (2) die gegebenen Teststimuli aus Regressionstests benötigen keine Referenzmodelle zur Überprüfung des DUV-Verhaltens. Durch den Einsatz von MT wurden eine große Anzahl von realen Fehlern in komplexer Software gefunden, für die keine Referenzmodelle verfügbar waren, siehe z. B. [31, 74, 113]. Zuerst präsentieren wir einen Überblick, der die Hauptkomponenten für den MT-basierten Verifizierungsansatz beschreibt. Danach werden die verschiedenen Komponenten kurz erklärt.

3.1.1 Überblick

Ein hochrangiges Blockdiagramm des vorgeschlagenen MT-basierten Verifizierungsansatzes ist in Abb. 3.1 (grüner Bereich) dargestellt. Es besteht aus drei Hauptkomponenten: (1) Testfallgenerator, (2) metamorphe Beziehungen und (3) Kerneigenschaften von DUV. Der *Testfallgenerator* verwendet die gegebenen Teststimuli (Basistestfälle), d. h., Teststimuli, die durch *gerichtete Tests* und *Regressionstests* erstellt wurden, und MRs, um Folgetestfälle zu generieren. Die gegebenen Basistestfälle und die Folgetestfälle werden als Eingabe an die DUV gegeben, um verschiedene Verhaltensweisen des Modells auszuführen. Bitte beachten Sie, dass Basistestfälle und Basisteststimuli ab diesem Punkt synonym verwendet werden. Ebenso werden Folgetestfälle und Folgeteststimuli ab diesem Punkt synonym verwendet. Der Block *metamorphe Beziehungen* sammelt DUV-Ausgaben zur Durchführung von Beziehungsprüfungen, d. h., zum Vergleich von LHS und RHS gemäß den MRs. Die Komponente *Kerneigenschaften* skizziert die notwendigen Eigenschaften der DUV, die in einer funktionalen DUV immer erfüllt sein sollten. In den nächsten Abschnitten werden die Komponenten des MT-basierten Ansatzes kurz erklärt.

3.1.2 Testfallgenerator

Wie in Abschn. 3.1 gezeigt, erfordern MRs mehrere Ausführungen der DUV mit variierenden Eingaben. Daher sind mehrere Teststimuli erforderlich, die auf einem Basisteststimulus aufbauen. Daher ist die Auswahl des Basisteststimulus von größter Bedeutung, da er die Grundlage für die Folgetestfälle legt. Die Teststimuli aus dem während des regulären Verifizierungsprozesses erstellten Verifizierungsplan *(gerichtete Tests)* sind gute Kandidaten als Basisteststimuli. Ebenso können Teststimuli aus Regressionstests verwendet werden.

3.1.3 Metamorphe Beziehungen

Die Basistestfälle und die Folgetestfälle üben verschiedene Verhaltensweisen der DUV aus. Die Überprüfung des korrekten DUV-Verhaltens erfolgt im Block *Metamorphe Beziehungen.* Wie bereits motiviert, benötigen MRs keine Referenzmodelle. Daher führt dieser Block Beziehungsprüfungen durch, d. h., er vergleicht die LHS und RHS der MRs. Wenn beide Seiten der MR gleich sind, besteht die MR; andernfalls scheitert sie.

3.1.4 Kerneigenschaften

Die MRs werden unter Verwendung der notwendigen Kerneigenschaften einer DUV in Bezug auf Eingaben und ihre entsprechenden Ausgaben erstellt, die immer erfüllt sein sollten. Bei der Extraktion der Kerneigenschaften sollten jedoch die folgenden zwei Dinge berücksichtigt werden:

1. Nicht alle Kerneigenschaften der DUV können in eine MR umgewandelt werden.
2. MRs beschränken sich nicht nur auf *Gleichheits*-Beziehungen. Sie können *Ungleichheits*-Beziehungen haben, oder die Ausgabe einer Ausführung kann eine

Teilmenge der zweiten Ausführung sein. Daher können auch die Kerneigenschaften, die keine Gleichheitsbeziehung befolgen, in eine MR umgewandelt werden.

Da Referenzmodelle nicht erforderlich sind, um die Korrektheit bei der Durchführung von MT zu gewährleisten, ist die Investition, um den vorgeschlagenen MT-Ansatz zu nutzen, gering. Das potenzielle Nutzen in der Designverifizierung ist jedoch enorm, wie bereits motiviert. Im nächsten Abschnitt diskutieren wir den MT-Ansatz für RF-Verstärker.

3.2 Metamorphes Testen für RF-Verstärker

Dieser Abschnitt diskutiert einen MT-basierten Verifizierungsansatz, um das lineare und nichtlineare Verhalten von RF-Verstärkern auf Systemebene effektiv zu verifizieren. Als Vertreter von RF-Verstärkern werden *Low Noise Amplifiers* (LNAs) betrachtet. Ein hochwertiger Satz von 12 MRs für die Klasse der RF-Verstärker wird vorgestellt. In einem umfangreichen Satz von Experimenten an einem industriellen konfigurierbaren System-Level-LNA-Modell fand der MT-Ansatz einen schwerwiegenden Fehler, der während des regulären Verifizierungsprozesses übersehen wurde. Darüber hinaus wird eine Fehlerinjektionskampagne an dem industriellen LNA durchgeführt. Sie demonstriert die Fehlererkennungsqualität unseres MT-basierten Verifizierungsansatzes. Folglich verifiziert der MT-basierte Verifizierungsansatz erfolgreich das lineare und nichtlineare Verhalten des LNA ohne die Notwendigkeit eines Referenzmodells.

Zusammenfassend sind die Hauptbeiträge dieses Abschnitts:

- Neuartiger MT-basierter Verifizierungsansatz für AMS-Verifizierung auf Systemebene
- Ein hochwertiger Satz von MRs (anwendbar für alle Varianten von RF-Verstärkern)
- Demonstration der MT-Effektivität am industriellen LNA-Modell ohne die Notwendigkeit von Referenzmodellen

Zunächst stellt Abschn. 3.2.1 dar, wie die MT-Prinzipien auf den Bereich der RF-Verstärker übertragen werden. Dann identifiziert Abschn. 3.2.2 generische MRs als Grundlage für den gesamten MT-Ansatz, der in Abschn. 3.1 eingeführt wird.

3.2.1 MT-Prinzip für RF-Verstärker

Um MT für die Verifizierung von RF-Verstärkern zu nutzen, muss das zentrale Element von MT, d. h. ein Satz von MRs, identifiziert werden. Denken Sie daran, dass eine MR eine notwendige Eigenschaft der Ziel-Funktion (in unserem

Fall ein RF-Verstärker) in Bezug auf mehrere Eingaben und ihre erwarteten Ausgaben ist. Die Linearität eines RF-Verstärkers ist eine solche Eigenschaft, bei der der RF-Verstärker das Leistungsniveau eines Eingangssignals erhöht, ohne den Inhalt des Signals zu verändern. Wir demonstrieren das MT-Prinzip für RF-Verstärker anhand eines Beispiels. Betrachten wir einen konkreten RF-Verstärker und sein Verhalten, das als $Ausgang = 7 \times Eingang$ definiert ist, d. h. der Verstärkereingang wird um das 7-fache verstärkt (ein Verstärkungsfaktor von 7). Um die Funktionalität des RF-Verstärkers zu verifizieren, wird die Linearitätseigenschaft in die folgende konkrete MR umgewandelt: $3 \times Amp_{vout}\ (x(t)) = Amp_{vout}\ (3 \times x(t))$.[1] Die MR besagt, dass die Ausgangsspannung der ersten Ausführung, skaliert mit einem Faktor von 3, immer gleich der Ausgangsspannung der zweiten Ausführung mit einem Eingang sein sollte, der mit einem Faktor von 3 skaliert ist. Betrachten wir dies grafisch: Der Basistest-Stimulus $x(t) = sin(2\pi 5000t)$ ist in Abb. 3.3a dargestellt, und das entsprechende Ausgangssignal ist in Abb. 3.3b dargestellt, das 7-mal $x(t)$ ist, d. h. $7 \times sin(2\pi 5000t)$. Das Ausgangssignal des Nachfolgetest-Stimulus $3 \times x(t) = 3 \times sin(2\pi 5000t)$ (Abb. 3.3c) ist in Abb. 3.3d dargestellt. Gemäß der oben genannten MR sollte nun gelten, dass $3 \times Amp_{vout}\ (x(t))$, d. h. $3 \times$ Abb. 3.3b, gleich Abb. 3.3d ist, das ist $Amp_{vout}\ (3 \times x(t))$. Dies ist hier offensichtlich erfüllt. Falls die MR nicht erfüllt ist, wird der Verstärker als fehlerhaft bezeichnet.

Im nächsten Abschnitt verallgemeinern wir dieses Prinzip und identifizieren 12 MRs für RF-Verstärker als Grundlage für den vorgeschlagenen MT-Ansatz.

3.2.2 *Identifizierung von Metamorphen Beziehungen*

Vor der Einführung von MRs werden die Konventionen skizziert, die für alle im folgenden Text detaillierten MRs verwendet werden. Eine Funktion $f(x(t))$ wird in Gl. 3.1 definiert als

$$\begin{aligned} f(x(t)) &= Amp_{char}(x(t)) \\ x(t) &= A\ sin(2\pi Ft + \varphi). \end{aligned} \tag{3.1}$$

wo Amp_{char} der Verstärkerausgang für eine charakteristische *char* bei einem Eingangssignal $x(t)$ ist, A ist die Amplitude, F ist die Frequenz und φ ist die Phase von $x(t)$. Für zukünftige Referenzen wird $x(t)$ austauschbar als x verwendet. *char* kann eine der folgenden sein:

$$char = \begin{cases} pout & \text{output power of amplifier (dBm)} \\ gain & \text{gain of amplifier (dB)} \\ vout & \text{output signal voltage (V)} \\ freq & \text{output signal frequency (Hz)} \end{cases}$$

[1] Der konkrete Amplitudenfaktor von 3 wird später verallgemeinert.

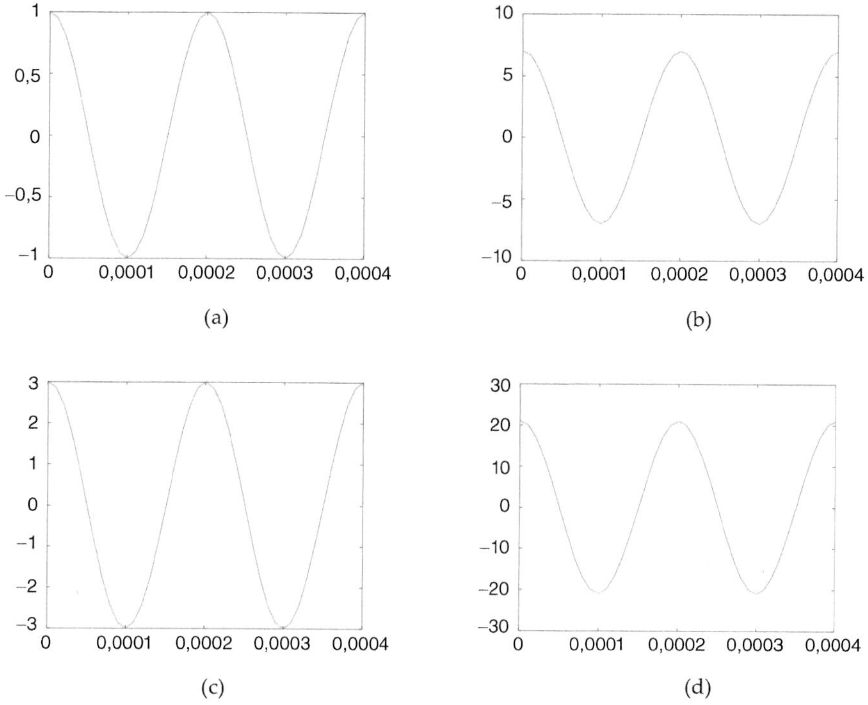

Abb. 3.3 Grafische Darstellung der MR für Verstärker *Ausgang* $= 7 \times$ *Eingang*. (**a**) Basistest-Stimulus: $x(t) = sin(2\pi\ 5000t)$. (**b**) Verstärkerausgang beim Basistest-Stimulus. (**c**) Der Nachfolgetest-Stimulus: $3 \times x(t) = 3\ sin(2\pi\ 5000t)$. (**d**) Verstärkerausgang beim Nachfolgetest-Stimulus

Zusätzlich variieren die Übertragungseigenschaften von Verstärkern bei kleinen Signalpegeln und hohen Leistungspegeln, und als Konsequenz sollten die MRs unter Berücksichtigung dieses Verhaltens entwickelt werden. Daher werden einige der identifizierten MRs für sowohl die linearen als auch die nichtlinearen Betriebsbereiche unten vorgestellt.

MR1 Die Ausgangsspannung des RF-Verstärkers skaliert mit demselben Faktor, mit dem die Eingangsspannung skaliert wird. Sei x_1 der Basistestfall, x_2 ist ein nachfolgender Testfall und N ist der Skalierungsfaktor, wobei $x_2 = N \times x_1$, so dass beide Signale den Verstärker im linearen Bereich antreiben, und dann sollte immer folgendes gelten:

$$N \times Amp_{vout}(x_1) = Amp_{vout}(x_2).$$

MR2 Die Ausgangsspannung, die der Summe von zwei Eingangssignalen entspricht, ist die Summe der beiden Ausgänge. Wenn x_1 ein Basistestfall und x_2 ein nachfolgender Testfall ist, so dass beide Signale den Verstärker linear antreiben, dann sollte immer folgendes gelten

$$Amp_{vout}(x_1 + x_2) = Amp_{vout}(x_1) + Amp_{vout}(x_2).$$

MR3 Die Ausgangsleistung des Verstärkers bei x_1 wird immer niedriger sein als die Ausgangsleistung des gleichen Verstärkers bei x_2. Wenn x_1 ein Basistestfall und x_2 ein nachfolgender Testfall ist, so dass $x_1 < x_2$, und beide Signale den Verstärker im linearen Bereich antreiben, dann sollte immer folgendes gelten:

$$Amp_{pout}(x_1) < Amp_{pout}(x_2).$$

MR4 Die Ausgangsleistung des Verstärkers bei x_1 wird immer größer sein als die Ausgangsleistung des gleichen Verstärkers bei x_2. Wenn x_1 ein Basistestfall und x_2 ein nachfolgender Testfall ist, so dass $x_1 > x_2$, und beide Signale den Verstärker im linearen Bereich antreiben, dann sollte immer folgendes gelten:

$$Amp_{pout}(x_1) > Amp_{pout}(x_2).$$

MR5 Die Verstärkung des Verstärkers sollte für eine Reihe von Eingangssignalen konstant sein. Wenn x_1 ein Basistestfall und x_2 ein Nachfolgetestfall ist, so dass beide Signale den Verstärker linear antreiben, dann sollte das Folgende immer gelten:

$$Amp_{gain}(x_1) = Amp_{gain}(x_2)$$
$$\forall\, x_1 < x_2, x_1 > x_2.$$

MR6 Die Ausgangsleistung des Verstärkers sollte für eine Reihe von Eingangssignalen konstant sein. Wenn x_1 ein Basistestfall und x_2 ein Nachfolgetestfall ist, so dass sowohl x_1 als auch x_2 sehr hoch sind und der Verstärker im Sättigungsbereich arbeitet, dann sollte das Folgende gelten:

$$Amp_{pout}(x_1) = Amp_{pout}(x_2)$$
$$\forall\, x_1 < x_2, x_1 > x_2.$$

MR7 Die Verstärkung des Verstärkers sollte abnehmen, wenn die Leistung des Eingangssignals zunimmt, für eine Reihe von Eingangssignalen. Wenn x_1 ein Basistestfall und x_2 ein Nachfolgetestfall ist, wobei x_1 und x_2 sehr hoch sind und der Verstärker im Sättigungsbereich arbeitet, dann sollte das Folgende gelten:

$$Amp_{gain}(x_1) > Amp_{gain}(x_2)$$
$$\forall\, x_1 < x_2.$$

MR8 Alle harmonischen Verzerrungen des RF-Verstärkers sollten sich verschieben, wenn die Frequenz des Eingangssignals zunimmt. Wenn x_1 ein Basistestfall mit der Frequenz F_1 ist, der zu Ausgangsharmonischen bei F_1, $2F_1$, $4F_1$ führt, und das Signal x_2 ein Nachfolgetestfall mit $F_2 = N\times\ F_1$ ist, dann sollte das Folgende gelten:

$$Amp_{freq}(x_2) = Amp_{freq}(x_1(NF_1))\ ,\ Amp_{freq}(x_1(2NF_1))\ ,\ Amp_{freq}(x_1(4NF_1)).$$

MR9 Intermodulationsverzerrungen dritter Ordnung können Störungen für die gewünschten Signal-Frequenzen (F_1 und F_1') verursachen, da ihre Produkte höher in der Größe und nahe an den gewünschten Frequenzen sind. Lassen Sie x_1 ein Zwei-Ton-Basistestfall mit Signal-Frequenzen F_1 und F_1' sein, wo F_1' etwas niedriger/höher als F_1 ist. Die Intermodulationsverzerrung dritter Ordnung für x_1 liegt bei $2F_1 - F_1'$ und $2F_1' - F_1$. Lassen Sie x_2 ein Zwei-Ton-Folgetestfall mit Frequenz $F_2 = N \times [F_1 + F_1']$ sein, d. h., die Frequenzen von x_1 werden um einen Faktor N skaliert. Dann sollte folgendes gelten:

$$Amp_{pout}(x_2) \approxeq Amp_{pout}(x_1).$$

MR10 Der Triple-Beat-Test bezieht sich auf Drei-Ton-Intermodulationsverzerrungen dritter Ordnung und hat einen bedeutenden Platz in der Verstärkerüberprüfung. Drei-Ton-IMD beinhaltet Terme der Form $F_1 \pm F_1' \pm F_1''$. Wenn x_1 ein Zwei-Ton-Basistestfall mit Frequenzen $F_1 + F_1'$ ist und das Signal x_2 mit Frequenzen $F_1 + F_1' - F_1''$ ein Folgetestfall ist, dann ist die Drei-Ton-Intermodulationsverzerrung dritter Ordnung 6 dB höher als die Zwei-Ton-Intermodulationsverzerrung dritter Ordnung [118], und folgendes sollte immer gelten:

$$Amp_{pout}(x_2) = Amp_{pout}(x_1) + 6dB.$$

MR11 Das grundlegende Prinzip des *Dritten Ordnungs Schnittpunkts* (TOI) ist, dass für jede 1 dB Erhöhung der Leistung der Eingangstöne die dritten Ordnungsprodukte um 3 dB auf dem Ausgang erhöhen werden. Wenn x_1 ein Basistestfall ist und $x_2 = x_1$ + 1 dB, $x_3 = x_2$ + 1 dB Nachfolgetestfälle sind, so dass Amp_{pout} (x_1) dritte Ordnung IMD von x_1 gibt [118], dann

$$Amp_{pout}(x_1) + Amp_{pout}(x_2) + Amp_{pout}(x_3) = 3 \times Amp_{pout}(x_1) + 9\ dB.$$

MR12 Wenn x_1 ein Basistestfall mit Leistung P_{x1dBm} ist und x_2 ein Nachfolgetestfall mit Leistung P_{x2dBm} ist, dann sollte der Unterschied in der Leistung am Eingang dem Unterschied in der Leistung am Ausgang entsprechen, d. h.,

$$P_{x2dBm} - P_{x1dBm} = Amp_{pout}(x_2) - Amp_{pout}(x_1).$$

Bitte beachten Sie, dass die identifizierten MRs keineswegs einen vollständigen Satz von MRs für die Verstärker darstellen und prinzipiell mehr MRs identifiziert werden können. Der nächste Abschnitt präsentiert einen umfangreichen Satz von Experimenten an einem industriellen System-Level-Modell mit dem MT-basierten Ansatz.

3.2.3 Experimentelle Bewertung

Dieser Abschnitt präsentiert die Experimente zur Demonstration der Wirksamkeit des MT-Ansatzes für die Überprüfung des linearen und nichtlinearen Verhaltens von RF-Verstärkern. Die Experimente verwenden ein konfigurierbares System-Level-Modell eines industriellen LNA. Abschn. 3.2.3 gibt die Details zum LNA-Modell (einschließlich der verschiedenen möglichen Konfigurationen) sowie zum experimentellen Aufbau. Dann präsentiert Abschn. 3.2.3 die mit dem vorgeschlagenen MT-Ansatz erzielten Überprüfungsergebnisse. Die Experimente enthüllten einen schweren Fehler im LNA mit den vorgestellten MRs, der während der umfangreichen Überprüfung, die zuvor durchgeführt wurde, übersehen wurde. Schließlich zeigt Abschn. 3.2.3 die allgemeine Qualität des MT-Ansatzes zur Überprüfung. Hierfür wird eine Fehlerinjektionskampagne am LNA-Modell durchgeführt. Dies zeigt, dass die entwickelten MRs in der Lage sind, alle injizierten Fehler ohne die Notwendigkeit eines Referenzmodells zu erkennen.

LNA-Modell und experimenteller Aufbau

Im Allgemeinen verstärkt ein LNA ein schwaches Eingangssignal mit geringer Leistung, ohne das *Signal-Rausch-Verhältnis* (SNR) signifikant zu beeinflussen. LNAs finden sich in verschiedenen Anwendungen in RF-Frontends, z. B. in Mobiltelefonen, schlüssellosen Eingabegeräten für Autos, drahtlosen LANs usw. Ein industrielles System-Level-LNA-Modell (im Folgenden als *I_LNA* bezeichnet) wird als DUV betrachtet. Es handelt sich um ein Verhaltensmodell, das von der Industrie mit den bekannten Konzepten aus [19, 81] implementiert wurde. Die spezifische Konfiguration des *I_LNA* entspricht den folgenden Spezifikationen:

- *Verstärkung* (G) (min., typisch, max.) = 16,5 dB, 18,2 dB, 20 dB.
- Eingangssignalamplitude = 0 V bis 2 V.
- 1 dB Kompressionspunkt = 30 dBm.
- Ausgang *Dritter Ordnungs Schnittpunkt* (IP3) = 70 dBm.
- Betriebsfrequenz = 5 KHz bis 20 KHz.
- Eingangsimpedanz = 50 Ohm.
- Ausgangsimpedanz = 50 Ohm.

Das *I_LNA* wurde in SystemC-AMS als abstrakte statische nichtlineare Beschreibung als TDF-Modell implementiert. Das Modell kommt mit einem Satz von Teststimuli, die entsprechend dem Überprüfungsplan erstellt wurden, d. h., eine intensive Überprüfung des linearen und nichtlinearen Verhaltens des *I_LNA* wurde bereits von unserem industriellen Partner durchgeführt. Daher werden in dem Modell keine Fehler erwartet.

Ergebnisse der MT-basierten Überprüfung

Dieses Experiment verwendet die Test-Stimuli des *I_LNA*, die zusammen mit dem Modell versandt wurden, wie im vorherigen Abschnitt erwähnt. Die standardmäßigen RF-Spezifikationen von Interesse waren *Verstärkung, 1dB Kompressionspunkt* und die Schnittpunkte – *Eingangs-Zweiter/Dritter-Ordnung-Schnittpunkt*

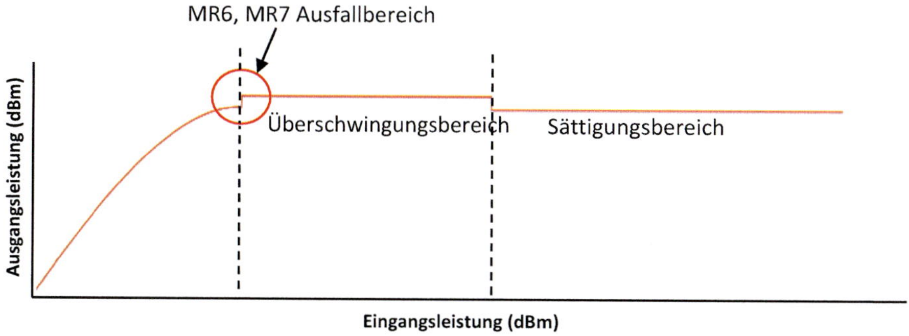

Abb. 3.4 *I_LNA* Ausgangsleistung vs. Eingangsleistung (dBm). Überschwingen der Ausgangsleistung aufgrund von Nichtlinearitätsapproximation

(IIP2/3). Wie erwartet, wurden die RF-Spezifikationen mit den gegebenen Test-Stimuli überprüft und kein fehlerhaftes Verhalten wurde beobachtet. Das lineare und nicht-lineare Verhalten war korrekt. An diesem Punkt wird der MT-Ansatz mit den gegebenen Test-Stimuli als Basis-Testfälle angewendet. Die Folgetestfälle wurden mit dem MT-Ansatz auf Basis der MRs aus Abschn. 3.2.2 erstellt. Daher fand unser MT-Ansatz ohne jeglichen manuellen Aufwand sofort die Verletzung von zwei MRs: **MR6** und **MR7** scheiterten. Die Ausgangsleistung und der entsprechende Verstärkungswert von *I_LNA* folgten nicht den *Kerneigenschaften* des LNA, die in diesen MRs reflektiert sind. Bei höherer Eingangsspannung sättigt der LNA und die Ausgangsleistung sollte konstant werden, und der entsprechende Verstärkungswert sollte in aufeinanderfolgenden Testfällen abnehmen. Allerdings zeigte der *I_LNA* dieses Verhalten nicht (siehe **MR**6, **MR**7 Abschn. 3.2.2). Bei genauer manueller Inspektion der Wellenform (Abb. 3.4) wird ein leichtes Überschwingen der Verstärkungskurve für eine kurze Dauer beobachtet, bevor sie sich auf einen stabilen Wert im Sättigungsbereich einstellt. Dieses fehlerhafte Verhalten ist leicht zu übersehen und erfordert Testfälle in einem bestimmten Wertebereich, um dieses Verhalten auszuüben. Mit den vorgeschlagenen MRs werden jedoch die Folgetestfälle ohne zusätzliche Kosten berechnet und helfen sogar bei der Fehlersuche im Modell: Auf Basis der beiden fehlgeschlagenen MRs und des erstellten Folgetestfalls wurde eine Amplitudenerhöhung beobachtet, die den Verstärker in den nicht-linearen Bereich trieb. In diesem Bereich konnte der zugrunde liegende Approximationsalgorithmus, der in *I_LNA* verwendet wurde, diese Nichtlinearität nicht richtig handhaben. Infolgedessen konvergierte die Verstärkung nicht und daher scheiterte die Relation-Check (Vergleich von LHS und RHS gemäß den MRs). Fälschlicherweise hat der Analog-Designer sich dafür entschieden, die *Taylor-Reihen-Expansion* im Approximationsalgorithmus von *I_LNA* für den Nichtlinearitätsbereich zu verwenden und hat nicht das Auftreten von Polynomen höherer Ordnung berücksichtigt [19]. Dieser Fehler wurde mit unserem industriellen Kooperationspartner besprochen und sie entschieden sich, das Modell entsprechend mit den Konzepten aus [81] zu korrigieren. Das Modell wurde korrigiert (bezeichnet als *I_LNA-fixed*) und erneut für Experimente erhalten. Ein Auszug aus *I_LNA-fixed* ist in Auflistung 3.1 dargestellt. Nun wurden in *I_LNA-fixed* keine weiteren Fehler mit dem MT-basierten Überprüfungsansatz gefunden. Der nächste Abschnitt analysiert die allgemeine Qualität des MT-Ansatzes bei der Fehlererkennung.

```
...
void lna_base_pb::processing() {
  double out_temp;
  if(p.use_iip3_cp1) ()
    out_temp = s.a*p_in - s.b*pow(p_in,2.0) - s.c_ip3*pow(p_in,3.0);
  else
    out_temp = s.a*p_in - s.b*pow(p_in,2.0) - s.c_icp*pow(p_in,3.0);

  double vlim=0.0;
  // clipping
  if(p_in < s.in_max && p_in > s.in_min) ()
    vlim = out_temp;
  else if(p_in >0.0)
    vlim = s.a*s.in_max - s.b*pow(s.in_max,2.0) - s.c_ip3*pow(s.in_max,3.0);
  else
    vlim = s.a*s.in_min - s.b*pow(s.in_min,2.0) - s.c_ip3*pow(s.in_min,3.0);

  // write outport and signals
  p_out.write(vlim);
}
....
```

Auflistung 3.1 Auszug aus dem SystemC-AMS LNA Verhaltensmodell [81]

Fehlererkennungsqualität der MT-basierten Verifikation

Um die allgemeine Qualität des MT-Ansatzes bei der Fehlererkennung ohne die Notwendigkeit eines Referenzmodells zu zeigen, wird eine Fehlerinjektionskampagne auf dem festen *I_LNA-fixed* als zweite Reihe von Experimenten durchgeführt. Die hochrangige Idee besteht darin, Fehler in *I_LNA-fixed* zu injizieren, um *Mutanten* (fehlerhafte Versionen von *I_LNA-fixed*) zu erstellen. Dann werden für diese Mutanten: (a) die ausgelieferten Teststimuli ausgeführt und (b) der MT-Ansatz angewendet.

Die Fehlerinjektionskampagne erfordert hochwertige Mutanten, die potenzielle Fehler nachahmen. Zu diesem Zweck wurden mehrere Fehler in das *I_LNA-fixed* SystemC-AMS-Modell injiziert. Da das LNA-Systemlevel-Modell im Prinzip ein C++-Code ist, zielen wir als Fehlermodell auf gängige Modellierungsfehler in der Funktionalität von C++ ab [3]. Die Mutanten werden automatisch von einem *hauseigenen* Werkzeug generiert, das mit der *LibTooling*-Bibliothek für den *Clang*-Compiler implementiert ist [58].

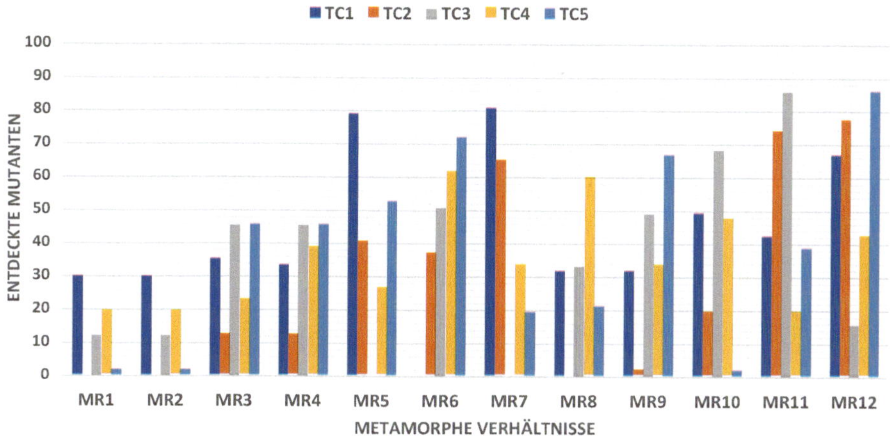

Abb. 3.5 Fehlererkennungsqualität der MT-basierten Verifikation

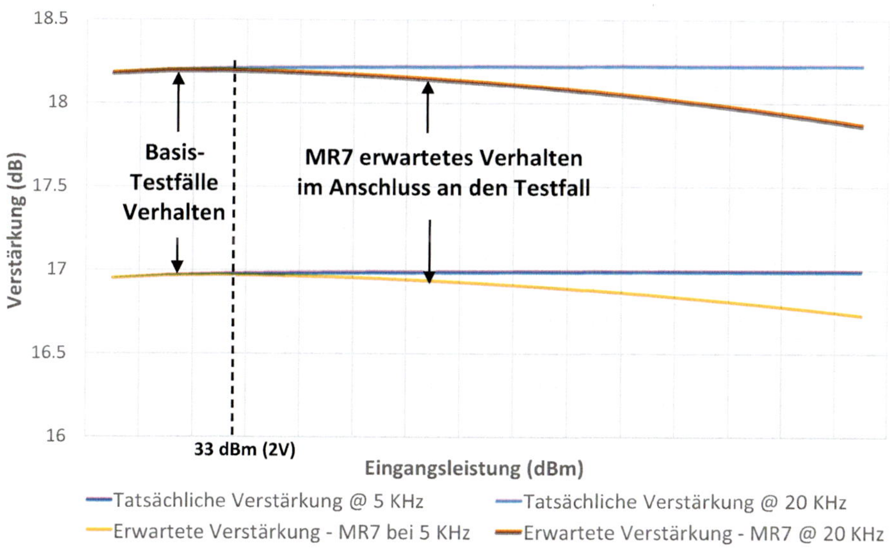

Abb. 3.6 Verstärkungsausgabe von FLNA

Das Werkzeug hat insgesamt 175 Mutanten für das *I_LNA-fixed*-Modell generiert. Der vorgeschlagene MT-basierte Verifikationsansatz hat alle 175 Mutanten erkannt, während die ausgelieferten Teststimuli 52 Mutanten verpasst haben. Die Ergebnisse von nur 5 Testfällen für die Experimente sind in Abb. 3.5 zur visuellen Klarheit dargestellt. Die *x-Achse* zeigt die entwickelten MRs und die *y-Achse* zeigt die von jedem MR erkannten Mutanten. Die Gesamtzeit, die benötigt wurde,

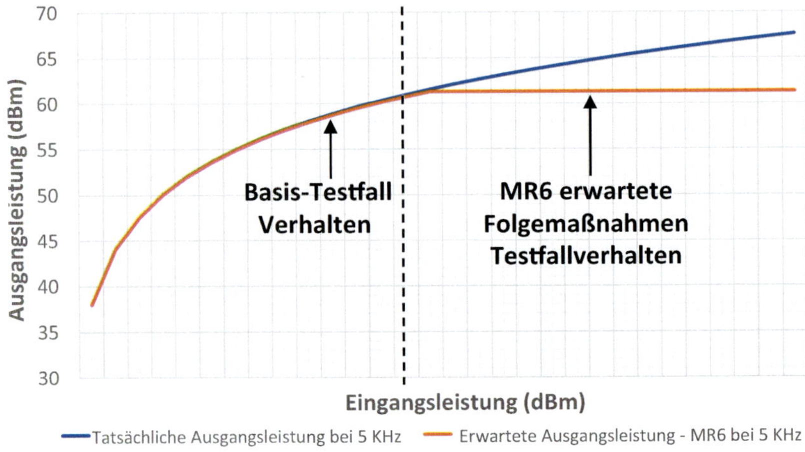

Abb. 3.7 Leistungsausgabe von FLNA

um einen Testfall und 175 Mutanten zu simulieren, betrug etwa 13 Minuten. Diese Zeit beinhaltet Kompilierung, Ausführung der Basisteststimuli und Ausführung der Nachfolgeteststimuli. Alle MRs konnten mindestens einen Fehler erkennen, was auf die unterschiedliche Fehlererkennungsqualität der MT-basierten Verifikation hinweist. Ein konkreter *fehlerhafter LNA* (FLNA) wird diskutiert, um die Effektivität zu zeigen, wie MRs den Fehler erkannt haben:

FLNA Betrachten Sie eine Mutation, bei der wir die Bedingung in Zeile 4 der Auflistung 3.1 negieren, d. h., *if(!p.use_iip3_cp1)*. Dieser injizierte Fehler macht den LNA zu einem linearen Gerät; daher sättigt er nie. Wenn die gegebenen Teststimuli als Eingabe verwendet werden, verhält sich der LNA wie erwartet linear und der Fehler wird nicht erkannt. Die entsprechenden *Verstärkungs- (dB)* und *Ausgangsleistungs- (dBm)* Kurven des LNA sind in den Abb. 3.6 und 3.7 dargestellt. Sie haben Eingangsleistung (dBm) auf der *x-Achse* und Verstärkung/Ausgangsleistung auf der *y-Achse*. Verschiedene Farb-/Marker-Kurven repräsentieren verschiedene Frequenzen. Einfach ausgedrückt, kann der injizierte Fehler mit den gegebenen Teststimuli nicht erkannt werden.

Der MT-basierte Verifikationsansatz kann jedoch den Fehler sowohl mit den gegebenen Teststimuli als auch mit den Nachfolgeteststimuli erkennen. Die *Relationsprüfung* überprüft die Korrektheit des DUV, indem sie die Seiten der MRs vergleicht. In diesem Fall konnten von 12 MRs nur **MR**6 und **MR**7 das fehlerhafte Verhalten erkennen. Betrachtet man **MR**7, der die Sättigung des LNA betrachtet, so besagt er, dass bei hoher Eingangsleistung, d. h. Leistung entsprechend 2 V (33 dBm) und darüber, die DUV-Verstärkung abnehmen sollte, so dass die Verstärkung beim Nachfolgetestfall niedriger sein sollte als beim Basistestfall. Wenn wir einen Nachfolgetestfall mit einer Eingangssignalstärke von 36 dBm anwenden, stellen wir fest, dass MR7 versagt. Das entsprechende Verhalten ist in Abb. 3.6 zu sehen, wo die *tatsächliche Verstärkung* des LNA konstant bleibt (blaue Linien). Der LNA sättigt nie und besteht alle gegebenen Teststimuli, versagt aber bei **MR**7. Ähnlich betrachtet **MR**6 die Ausgangsleistung des LNA bei sehr hoher Eingangsleistung. Die Basistestfälle bestehen, und dennoch wird der Fehler während der Ausführung der gegebenen Teststimuli nicht erkannt. Allerdings kann **MR**6 ihn mit dem Nachfolgetestfall erkennen, wie in Abb. 3.7 gezeigt. **MR**6 betrachtet die Ausgangsleistung des Verstärkers in Sättigung und erwartet, dass sie konstant bleiben sollte, wenn der Basistestfall und der Nachfolgetestfall angewendet werden. Die tatsächliche Ausgangsleistung (blaue Linie) jedoch, wie in Abb. 3.7 gezeigt, steigt weiter an, wenn die Eingangsleistung zunimmt; daher versagt **MR**6.

Zusammenfassend lässt sich sagen, dass der MT-basierte Ansatz das lineare und nicht-lineare Verhalten der RF-Verstärker effektiv verifiziert, ohne dass Referenzmodelle benötigt werden. Im nächsten Abschnitt wird der MT-basierte Ansatz auf ein komplexes AMS-System für dessen Verifikation ausgeweitet.

3.3 Metamorphes Testen für PLLs

Abschn. 3.2 präsentierte eine erfolgreiche Anwendung von MT zur Verifizierung von RF-Verstärkern auf Systemebene. Dies ist jedoch offensichtlich nicht ausreichend, da die wahre Komplexität von AMS-Systemen ausgeht. Dieser Abschnitt geht über reine analoge Systeme hinaus, d. h., er erweitert MT zur Verifizierung von AMS-Systemen. Die folgenden Beiträge werden in den folgenden Abschnitten gemacht:

1. Ein industrielles *Phase-Locked Loop* (PLL) AMS-System wird betrachtet und ein Satz von acht generischen MRs wird entwickelt.
2. Es wird demonstriert, dass die identifizierten MRs die Verifizierung des PLL-Verhaltens auf Komponenten- und Systemebene ermöglichen. Daher berücksichtigen die MRs analog-zu-digital, digital-zu-analog sowie digital-zu-digital Verhalten.
3. Neben der erfolgreichen Verifizierung eines breiten Spektrums von Tests können die identifizierten MRs leicht verwendet werden, um Folgetestfälle auf verschiedenen Ebenen abzuleiten und somit die Verifizierung zu verbessern. Bitte beachten Sie, dass diese Testfälle und die MRs auf niedrigeren Abstraktionsebenen wiederverwendet werden können.
4. Ein kritischer Fehler im industriellen PLL-Modell wurde aufgedeckt, was die Qualität und das Potenzial von MT für die AMS-Verifizierung deutlich demonstriert.

Der nächste Abschnitt führt das industrielle PLL ein. Danach wird das MT-Prinzip für gemischtsignalige Interaktionen kurz vorgestellt. Dann identifizieren wir die generischen MRs für PLLs. Am Ende werden experimentelle Ergebnisse diskutiert.

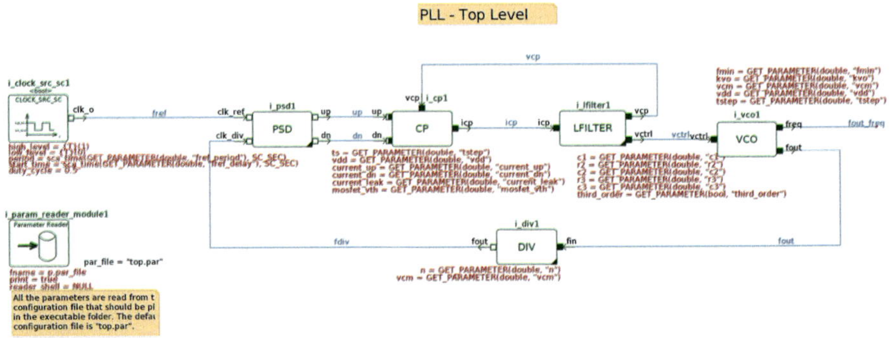

Abb. 3.8 PLL Top-Level-Diagramm

3.3.1 *Phase-Locked Loop*

Ein PLL arbeitet, indem es eine Eingangsfrequenz mit der Taktfrequenz des Systems vergleicht und anschließend seinen Ausgang anpasst, um mit dem Eingang übereinzustimmen. Es besteht aus einem *Phase Frequency Detector* (PFD), *Charge Pump* (CP), *Loop Filter* (LF), *Voltage Controlled Oscillator* (VCO) und einem *Frequency Divider* (FD). Der PFD vergleicht die Phase der Eingangssignale und sendet entsprechend zwei Signale UP/DN an CP. Als Ergebnis erzeugt der CP Impulse von positiven/negativen Strömen. Dieser Strom geht an LF, das ein Steuerspannungssignal erzeugt. Die Steuerspannung wird auf den VCO angewendet, der die Ausgangsfrequenz erzeugt. Der FD nimmt das Ausgangsfrequenzsignal und teilt es durch den Faktor N. Das resultierende Signal geht zurück zum PFD. PLLs werden weit verbreitet in Trägerwiederherstellung, Taktwiederherstellung, Frequenzsynthese, Taktsynchronisation, etc. verwendet. Ein konfigurierbares System-Level-Modell von PLL [25, 29] bereitgestellt von unserem industriellen Partner wird verwendet.

Das hochrangige PLL-Blockdiagramm ist in Abb. 3.8[2] dargestellt und hat die folgendenSpezifikationen:

- Freilaufende Frequenz (F_{osc}) = 2.39 GHz
- vdd = 3.3 V, vcm = 1.65 V
- CP Strom_up/dn = 100 µA
- VCO Verstärkung = $36.36e^6$
- Frequenzteiler $N = 2450$

Das Modell ist in SystemC AMS implementiert unter Verwendung von *Timed Data Flow* (TDF) und *Electrical Linear Network* (ELN) *Models of Computation*

[2] PFD ist im bereitgestellten Modell als PSD geschrieben, wie gezeigt.

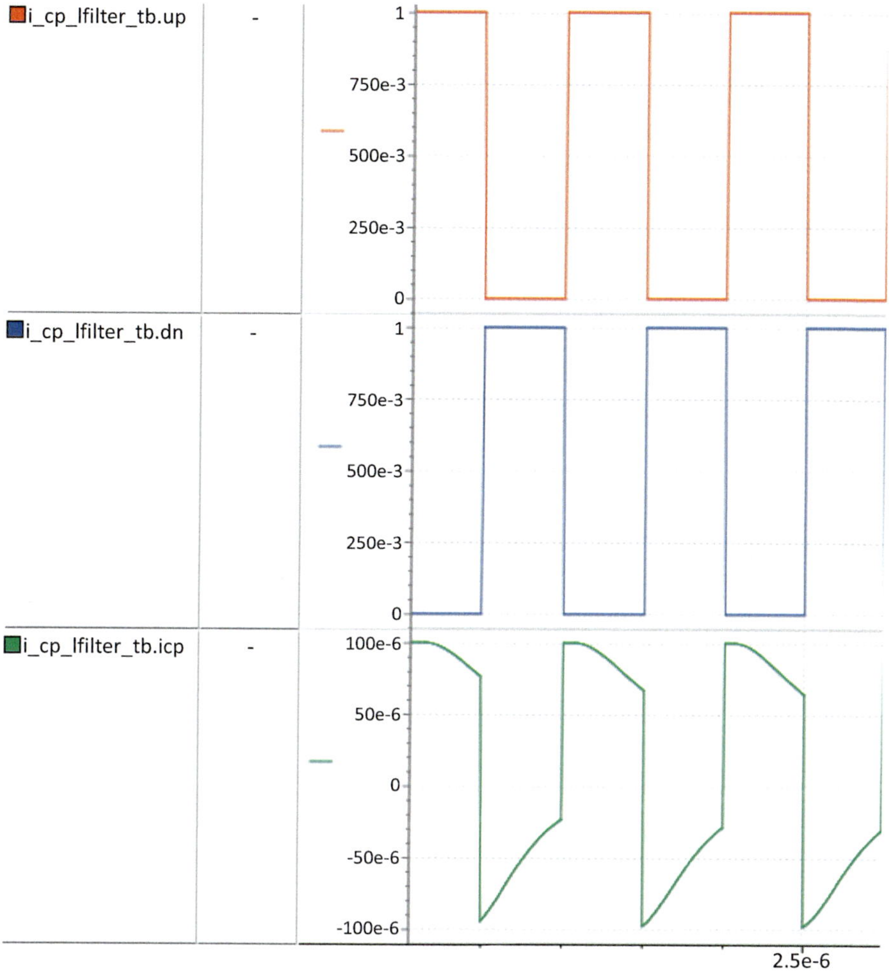

Abb. 3.9 Grafische Darstellung der MR für die Ladungspumpe (CP)

(MoC) für verschiedene Bausteine. Das Modell verwendet auch *Discreet Event* (DE) Simulation. Die Simulationen werden mit dem kommerziellen Tool COSIDE [115] durchgeführt. Test-Stimuli werden mit dem Modell bereitgestellt, um die funktionale Korrektheit zu überprüfen.

3.3.2 MT-Prinzip für gemischte Signalinteraktionen

Gemischte Signalinteraktionen erfordern ein Verständnis sowohl der analogen-digitalen Eingaben als auch der entsprechenden digital-analogen Ausgaben in Bezug auf die Kerneigenschaften des DUV. Eine solche Eigenschaft, die diese Interaktionen hervorhebt, ist mit CP in PLL verbunden, wo die digitalen Eingaben den analogen Strom am Ausgang des CP variieren. Konkreter betrachtet, betrachten wir einen CP mit folgendem Verhalten:

$$icp = \begin{cases} +100e^{-6} & \text{UP} = 1,\ \text{DN} = 0 \\ -100e^{-6} & \text{UP} = 0,\ \text{DN} = 1 \end{cases},$$

d. h., CP überprüft seinen Eingang und erzeugt einen positiven/negativen Impuls von 100e^{-6}. Um dies zu überprüfen, kann eine konkrete MR sein: *icp[CP(*1, 0*)]* $= -$*icp[CP(*0, 1*)]*. Die MR besagt, dass der Ausgangsstrom *icp* der ersten Ausführung (LHS)[3] immer gleich dem negativen Ausgangsstrom *icp* der zweiten Ausführung (RHS) sein sollte.[4] Betrachten wir dies grafisch: Der Basistestfall *CP(*1, 0*)* ist in Abb. 3.9 (obere Wellenform) von Zeit $t = 0.0$ bis 0.5 μs dargestellt, und der entsprechende *icp* ist in Abb. 3.9 (untere Wellenform) dargestellt, der + $100e{-}^6$ A ist. Der Folgetestfall (invertierte Eingaben) *CP(*0, 1*)* ist in Abb. 3.9 (mittlere Wellenform) von Zeit $t = 0.5$ bis 1.0 μs dargestellt, und der entsprechende *icp* ist in Abb. 3.9 (untere Wellenform) dargestellt, der – $100e^{-6}$ A ist. Gemäß der oben genannten MR sollte gelten, dass *icp[CP*(1, 0)], d. h., + $100e{-}^6$, gleich – ($-100e^{-6}$) ist, was der icp ist, wenn die Eingaben invertiert sind, d. h., *icp[CP(*0, 1*)]*. Dies ist hier offensichtlich erfüllt. Falls die MR nicht erfüllt ist, wird der CP als fehlerhaft bezeichnet.

Der nächste Abschnitt verallgemeinert dieses Prinzip und identifiziert acht MRs für PLL und einige seiner Komponenten.

3.3.3 Identifizierung von MRs für PLLs

Dieser Abschnitt beschreibt acht hochwertige generische MRs, die aus den Kerneigenschaften von PLLs und ihren Komponenten identifiziert wurden. Die Analog-Digital-, Digital-Analog- und Digital-Digital-Interaktionen werden für die MRs berücksichtigt. Nach Konvention ist F_{osc} die freilaufende Frequenz der PLL, wenn entweder keine Eingangsfrequenz vorhanden ist oder die Eingangsfrequenz außerhalb des Erfassungsbereichs liegt. F_{DIV} ist die PLL-Ausgangsfrequenz F_{o} geteilt durch N, d. h., $\text{F}_{DIV} = \frac{F_o}{N}$.

[3] LHS: linke Seite.

[4] RHS: rechte Seite.

MR1 Der digitale Ausgang *UP* von PFD ist *True*, wenn die analoge Eingangsfrequenz F_1höher ist als F_2. Ebenso ist der digitale Ausgang *DN* von PFD *True*, wenn die analoge Eingangsfrequenz F_1 niedriger ist als F_2. Daher sollte das Folgende immer über 4 Ausführungen von PFD mit variierenden Eingangsfrequenzen F_1 und F_2erfüllt sein:

$$UP[PFD(F_1, F_2)] + UP[PFD(F_2, F_1)] = DN[PFD(F_1, F_2)] + DN[PFD(F_2, F_1)].$$

MR2 Der CP erzeugt Impulse von positiven oder negativen Strömen basierend auf seinen digitalen Eingaben. Lassen Sie $X_1 = IN_1, IN_2$ der Basistestfall sein, und lassen Sie $X_2= IN_2, IN_1$ der Folgetestfall sein; dann sollte die folgende Beziehung immer über 2 Ausführungen des CP erfüllt sein:

$$ICP[CP(X_1)] = -ICP[CP(X_2)].$$

MR3 Wenn die PLL nicht im gesperrten Zustand ist, ist F_o immer auf der freilaufenden Frequenz F_{osc}. Lassen Sie F_1 den Basistestfall sein und F_2 den Folgetestfall, so dass beide F_1 und F_2nicht im Sperrbereich sind; dann sollte das Folgende immer über 2 Ausführungen gelten:

$$F_o[PLL(F_1)] - F_o[PLL(F_2)] = 0.$$

MR4 Im gesperrten Zustand der PLL skaliert F_{DIV} mit demselben Konstanten, mit dem die Eingangsfrequenz skaliert wird. Lassen Sie F_1den Basistestfall sein und $F_2 = C \times F_1$einen Folgetestfall sein, wobei *C* die Skalierungskonstante ist; dann sollte das Folgende immer gelten:

$$C \times F_{DIV}[PLL(F_1)] = F_{DIV}[PLL(F_2)].$$

MR5 Wenn die PLL nicht gesperrt ist, entspricht F_o F_{osc}. Lassen Sie F_1 den Basistestfall sein, wenn die PLL im gesperrten Zustand ist, so dass $F_1 > Fosc$, und F_2 einen Folgetestfall sein, so dass F_2 sehr hoch und außerhalb des PLL-Sperrbereichs ist; dann sollte das Folgende immer gelten:

$$F_{DIV}[PLL(F_1)] > F_{DIV}[PLL(F_2)].$$

MR6 Wenn die PLL nicht gesperrt ist, entspricht F_o F_{osc}. Lassen Sie F_1 den Basistestfall sein, so dass $F_1 < F_{osc}$, und F_2 den Folgetestfall sein, so dass F_2 außerhalb des Sperrbereichs ist (sehr hoch oder sehr niedrig); dann sollte das Folgende immer gelten:

$$F_{DIV}[PLL(F_1)] < F_{DIV}[PLL(F_2)].$$

MR7 Die PLL bleibt im gesperrten Zustand (angezeigt durch den *Lock Detector* (LD)), wenn die Eingangsfrequenz innerhalb des Sperrbereichs variiert wird. Lassen Sie F_1 den Basistestfall sein, und F_2 und F_3 die Folgetestfälle sein, so dass

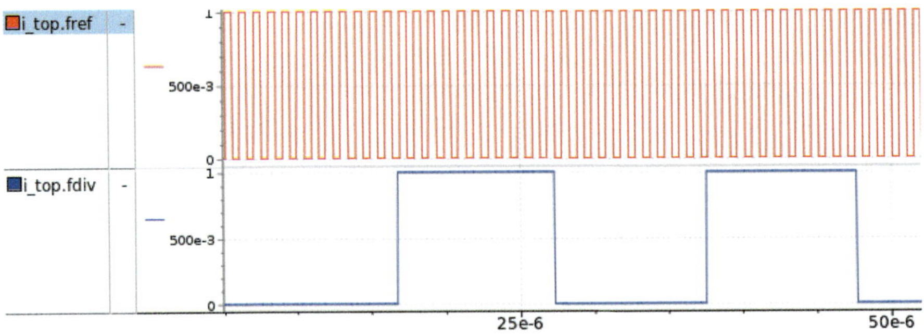

Abb. 3.10 Fehlerhaftes Verhalten der PLL – Totbereich-Effekt aufgedeckt durch MR4

alle Frequenzen die PLL im gesperrten Zustand halten, dann sollte das Folgende immer gelten:

$$LD[PLL(F_1)] \; \& \; LD[PLL(F_2)] \; \& \; LD[PLL(F_3)] \; = \; 1.$$

MR8 F_o synchronisiert sich innerhalb des Sperrbereichs in einer einzigen Schlaganmerkung [38] auf eine neue Frequenz. Lassen Sie F_1 den Basistestfall sein und F_2 den Folgetestfall sein, so dass die PLL bei beiden Frequenzen im gesperrten Zustand ist; dann sollte das Folgende immer gelten:

$$LockTime[PLL(F_1)] = LockTime[PLL(F_2)].$$

3.3.4 Experimente

Dieser Abschnitt präsentiert die Experimente zur Demonstration der Qualität und des Potenzials von MT für die systemebene AMS-Verifikation.

Überblick

Wie bereits in der Einleitung erwähnt, wird ein konfigurierbares industrielles Systemebene-PLL-Modell verwendet, das von unserem industriellen Kooperationspartner bereitgestellt wird. Die Details und Spezifikationen der PLL wurden bereits in Abschn. 3.3.1 beschrieben. Die 8 in Abschn. 3.3.3 entwickelten MRs werden verwendet, um das Verhalten der PLL auf Komponentenebene und Systemebene zu verifizieren. Ein kritischer Fehler wurde im PLL-Design mit den eingeführten MRs gefunden, der während der umfangreichen Verifikation entkommen ist. Im Folgenden werden weitere Details zum vorgeschlagenen MT-basierten Ansatz gegeben.

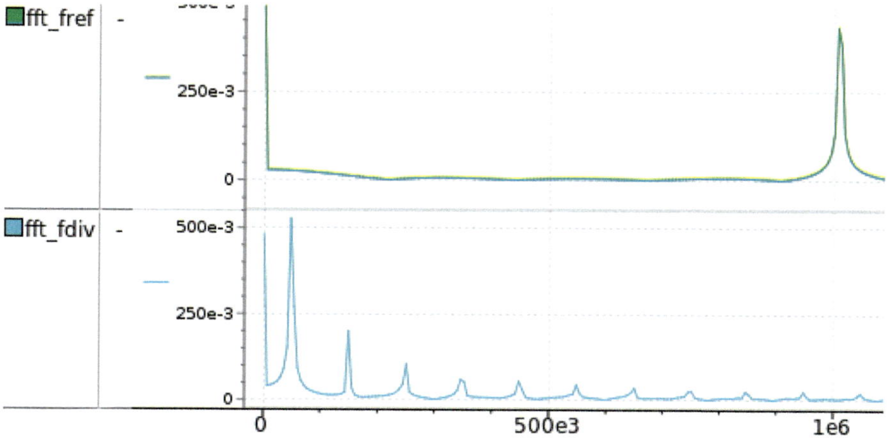

Abb. 3.11 FFT des fehlerhaften Verhaltens der PLL

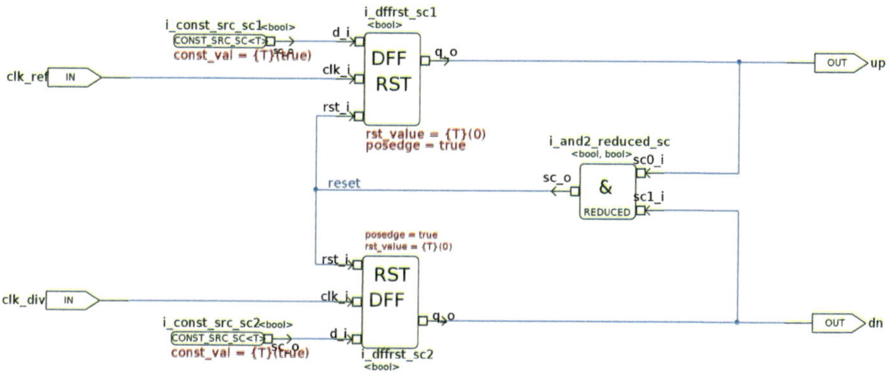

Abb. 3.12 Phasenfrequenzdetektor (PFD) ohne Verzögerungselement

MT-basierte Überprüfung von PLL

Die mit dem Modell gelieferten Testfälle werden als Teststimuli verwendet. Wie erwartet, bestehen die Simulationen für den Satz der gelieferten Teststimuli. Als nächster Schritt wird der MT-Ansatz mit den gegebenen Teststimuli als Basistestfälle angewendet. Die MRs aus Abschn. 3.3.3 wurden verwendet, um die Folgetestfälle zu erstellen. Von diesen deckten 10 % der Folgetestfälle das analog-zu-digital Verhalten auf Komponentenebene ab, und 10 % der Folgetestfälle deckten das analog-zu-digital Verhalten auf Systemebene ab. Darüber hinaus deckten 10 % das digital-zu-analog Verhalten auf Komponentenebene ab, und die restlichen 70 % der Folgetestfälle deckten das digital-zu-digital Verhalten auf Systemebene ab.

Die Ausführung des MT-Ansatzes mit den vorgeschlagenen MRs führte zu einem Simulationsfehler. Genauer gesagt, wurde **MR4**nicht erfüllt: Der konstante

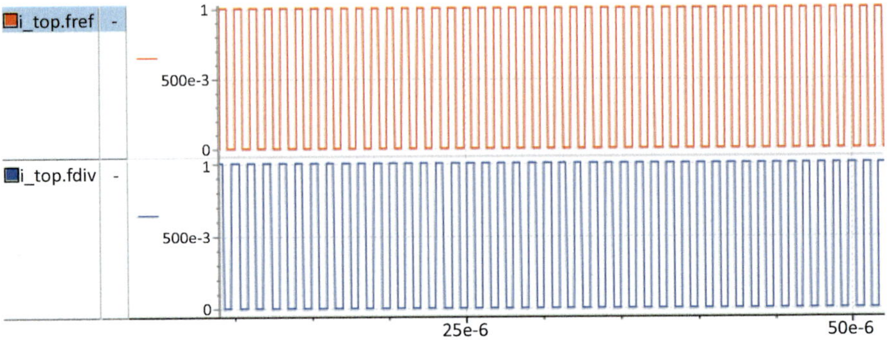

Abb. 3.13 Verhalten der PLL nach Hinzufügung eines Verzögerungselements im PFD

Faktor $C = 1.01$ erhöhte die Eingangsfrequenz (F_1) der PLL (RHS von MR4 mit $F_2 = C \times F_1$), von 1 MHz auf 1.01 MHz, und es wurde erwartet, dass die geteilte Frequenz F_{DIV} ebenfalls um den gleichen Faktor C (LHS von MR4) ansteigt. Das war jedoch nicht der Fall.

Bei genauer Untersuchung der Wellenformen von F_{REF} und F_{DIV} (Eingänge von PFD) und *Fast Fourier Transform* (FFT) von F_{REF} und F_{DIV} stellte sich heraus, dass die PLL auf eine andere sehr niedrige Frequenz von 50 KHz statt auf 1.01 MHz einschwingt. Das fehlerhafte Verhalten ist in Abb. 3.10 dargestellt, wo F_{REF} ein Hochfrequenzsignal von 1.01 MHz (obere Wellenform) und F_{DIV} ein unerwartet niedriges Frequenzsignal von 50 KHz (untere Wellenform) ist. Die FFT von F_{REF} und F_{DIV} Signalen ist in Abb. 3.11 dargestellt (obere Wellenform – F_{REF}, untere Wellenform – F_{DIV}). Die FFT von F_{REF} zeigt einen Peak bei 1.01 MHz, und die FFT von F_{DIV} zeigt mehrere Peaks bei verschiedenen Frequenzen mit dem stärksten Peak bei 50 KHz. Bei weiterer Untersuchung stellten wir den **Totbereich**-Effekt fest, d. h., es trat ein **Totbereich** im Ausgangsverhalten des PFD auf. Ein **Totbereich** tritt auf, wenn die PLL-Schleife nicht auf kleine Phasenfehler zwischen F_{REF} und F_{DIV} reagiert. Infolgedessen wird der Ausgang von CP durch ein Signal moduliert, das eine Subharmonische der PFD-Eingangsreferenzfrequenz F_{REF} ist. Da dies ein Niederfrequenzsignal sein könnte, würde es nicht durch LF [5] gedämpft. Bei der Untersuchung des Designs von PFD stellten wir fest, dass zwischen dem *AND*-Gatter und den *reset*-Pins der Flip-Flops kein Verzögerungselement vorhanden war. Das Design ohne Verzögerungselement ist in Abb. 3.12 dargestellt. Das Verzögerungselement zwischen dem Ausgang des *AND*-Gatters und den *reset*-Eingängen der Flip-Flops stellt sicher, dass kein Totbereich-Effekt auftritt. Nach dem Einsetzen des Verzögerungselements beobachteten wir das korrekte Ausgangsverhalten der PLL und **MR4** wurde erfüllt (vgl. Abb. 3.13). Die Signale F_{REF} und F_{DIV} können bei gleichen Frequenzen beobachtet werden.

3.4 Zusammenfassung

Wir haben einen neuartigen MT-Ansatz zur Überprüfung linearer und nichtlinearer Verhaltensweisen von RF-Verstärkern auf Systemebene eingeführt. Wir nutzten die MT-Prinzipien und identifizierten einen Satz von 12 hochwertigen MRs. In einer umfangreichen Reihe von Experimenten an einem industriellen System-Level-LNA-Modell haben wir die Fähigkeit demonstriert, nicht triviale Fehler zu finden, ohne die Notwendigkeit von Referenzmodellen. Darüber hinaus haben wir den MT-Ansatz erweitert, um komplexe AMS-Systeme zu überprüfen, insbesondere einen industriellen PLL. Wir identifizierten 8 hochwertige generische MRs zur Überprüfung des PLL-Verhaltens auf Komponentenebene und auf Systemebene, das analog-zu-digital, digital-zu-analog und digital-zu-digital Verhaltensweisen umfasst. Während der Experimente fanden wir einen kritischen Fehler in der PLL, der die Qualität und das Potenzial von MT für die AMS-Überprüfung demonstriert.

Zusätzlich diskutieren wir am Ende einige Beobachtungen in Bezug auf den vorgeschlagenen MT-Ansatz sowie Einschränkungen und mögliche Verbesserungen. Wie aus den Experimenten ersichtlich ist (vgl. Abb. 3.5), ist nicht garantiert, dass alle Fehler von einem einzigen MR erkannt werden. Darüber hinaus gibt es MRs, die eine hohe Anzahl von Fehlern erkennen, und andere, die eine sehr geringe Anzahl erkennen, manchmal sogar 0. Dies liegt hauptsächlich an zwei Gründen: (1) Art des Fehlers und (2) wie der Fehler mit einem MR zusammenhängt. Dies wurde auch für MT im Softwarebereich berichtet, siehe zum Beispiel [20, 21]. Als Lösung schlugen diese Arbeiten vor, viele MRs zu entwickeln und zu verwenden. Darüber hinaus gibt es natürlich beim Vergleich von MT mit den traditionellen Überprüfungstechniken einen gewissen Aufwand für die Ableitung von MRs. Dies ist jedoch eine einmalige Anstrengung, und insbesondere für die hier betrachteten Systeme können viele allgemeine MRs für eine Klasse von Designs definiert werden. MRs müssen als Teil der Planungs- und Entwurfsphase identifiziert und in die DUV-Spezifikation aufgenommen werden. Hier ist unser Vorschlag, an Sammlungen von MRs zu arbeiten und sie in unserer Gemeinschaft zu teilen. Darüber hinaus ist eine der Anwendungen von MRs die Automatisierung von Regressionstests, wie in der Einleitung motiviert, da sie überprüft werden können, ob sie in verschiedenen Versionen der DUV gelten.

Für zukünftige Arbeiten planen wir, die folgenden Richtungen zu untersuchen: (1) Validierung des MT-Ansatzes auf SPICE-Ebene und (2) Anwendung des MT-Ansatzes auf andere Klassen von AMS-Designs. Eine weitere sehr interessante Forschungsrichtung besteht darin, Lösungen für die Bestimmung der Vollständigkeit eines Satzes von MRs zu entwickeln. Im Kontext von Regressionstests sind Testfallabdeckungsdaten verfügbar (entweder für die vorherigen Versionen oder für die aktuelle Version der DUV). Wir planen, solche Szenarien zu erforschen, in denen MRs direkt anhand der verfügbaren Abdeckungsdaten ausgewählt oder priorisiert werden können. Zusätzlich zu den MRs können auch die initialen und nachfolgenden Testfälle global priorisiert werden, indem die am meisten unterschiedlichen Testfälle berücksichtigt werden.

Kapitel 4
AMS verbesserte Code-Coverage-Verifizierungsumgebung

Dieses Kapitel diskutiert neuartige Methoden zur Code-Abdeckungsschließung, um die Verifizierungsqualität des modernen VP-Verifizierungsflusses zu verbessern. Da ein VP im Wesentlichen ein Softwaremodell ist, ähnelt die simulationsbasierte Verifizierung für VPs tatsächlich sehr der Softwareprüfung, und daher können Techniken aus diesem Bereich ausgeliehen werden, um eine hohe Qualität der Verifizierungsergebnisse zu gewährleisten. Diese ermöglichen eine HW/SW-Co-Design und -Verifizierung sehr früh im Designfluss, und insbesondere die Ansätze der *Software Driven Verification* (SDV) [88] und *Data Flow Testing* (DFT) [82, 98] für SystemC/AMS. In dieser Hinsicht wird die *allgemeine VP-Verifizierung* Umgebung (dunkelgrauer Bereich) in Abb. 4.1 durch mehrere Komponenten erweitert, wie im blauen Bereich gezeigt. Sie bilden die Grundlage für Verifizierungsmethoden für AMS VPs, wie in diesem Kapitel detailliert beschrieben. Wir beginnen in Abschn. 4.1 mit einer neuartigen qualitätsgetriebenen Methode basierend auf *Mutationsanalyse.* Durch die Erhebung der Hauptkonzepte der mutationsbasierten Qualifikation in den Kontext der SDV ist unsere Methode in der Lage, ernsthafte Qualitätsprobleme in den SW-Tests zu erkennen. Im Mittelpunkt steht eine neuartige Konsistenzanalyse, die die Abdeckung der IP in HW/SW-Co-Simulation auf leichte Weise misst und diese Abdeckung mit den SW-Testergebnissen in Beziehung setzt, um ein klares Feedback darüber zu geben, wie die Qualität der Tests weiter verbessert werden kann. Wir stellen zwei Fallstudien zu realen VPs und SW-Tests vor, um die Anwendbarkeit und Wirksamkeit unserer Methode zu demonstrieren. Diese Methode wurde in [47] veröffentlicht.

Darüber hinaus diskutieren wir in Abschn. 4.2 das *Data Flow Testing* (DFT) für SystemC VPs. Unser Beitrag ist zweifach: Erstens entwickeln wir einen Satz von SystemC-spezifischen Abdeckungskriterien für das Data Flow Testing. Dies erfordert die Berücksichtigung der SystemC-Semantik der Verwendung von nicht-präemptivem Thread-Scheduling mit Shared-Memory-Kommunikation und ereignisbasierter Synchronisation. Zweitens erklären wir, wie man das Data

M. Hassan et al., *Erweiterte virtuelle Prototypen für heterogene Systeme*,
https://doi.org/10.1007/978-3-031-53152-1_4

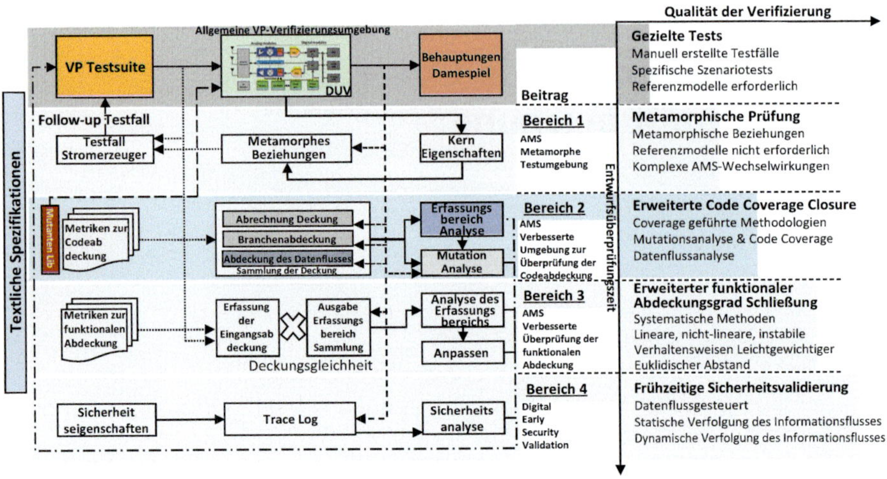

Abb. 4.1 Erweiterte strukturelle Abdeckungsverifizierung

Flow Abdeckungsergebnis für einen gegebenen VP mit einer Kombination aus statischen und dynamischen Analysetechniken automatisch berechnet. Das Abdeckungsergebnis gibt klare Vorschläge für den Testingenieur, neue Testfälle hinzuzufügen, um das Abdeckungsergebnis zu verbessern. Unsere experimentellen Ergebnisse an realen VPs demonstrieren die Anwendbarkeit und Wirksamkeit unseres Analyseansatzes und der SystemC-spezifischen Abdeckungskriterien zur Verbesserung der Testsuite. Dieser Ansatz wurde in [60] veröffentlicht.

Später führt Abschn. 4.3 einen DFT-Ansatz für SystemC-AMS TDF-Modelle auf der Grundlage von zwei Hauptbeiträgen ein: Erstens entwickeln wir einen Satz von spezifischen Abdeckungskriterien für SystemC-AMS TDF-Modelle für DFT. Dies erfordert die Berücksichtigung der SystemC-AMS-Semantik des Signalflusses. Zweitens erklären wir, wie man das Data Flow Abdeckungsergebnis für gegebene TDF-Modelle mit einer Kombination aus statischen und dynamischen Analysetechniken automatisch berechnet. Unsere experimentellen Ergebnisse an realen AMS VPs demonstrieren die Anwendbarkeit und Wirksamkeit unseres Ansatzes. Dieser Ansatz wurde in [57] veröffentlicht.

4.1 Software Driven Verification für IP-Integration

Wie motiviert, sind die viel frühere Verfügbarkeit und die deutlich schnellere Simulation im Vergleich zur *Register Transfer Level* (RTL) einige der Hauptvorteile von SystemC-basierten VPs. Diese ermöglichen HW/SW-Co-Design und -Verifizierung sehr früh im Designfluss, und insbesondere der Ansatz der *Software Driven Verification* (SDV) vorgeschlagen in [88]. Im Wesentlichen werden

Softwaretests für die funktionale Verifizierung der (neuen) integrierten IP-Blöcke und der HW/SW-Integration entwickelt. Die Tests werden typischerweise in C geschrieben und auf einem Prozessorkern des VP ausgeführt. Der Hauptvorteil der SDV besteht darin, dass die Tests in allen folgenden Designphasen wiederverwendet werden können, d. h. in RTL-Simulation, Emulation, FPGA-Prototyping und sogar dem Silizium. Dies ist sehr wertvoll, da die IP-Integration immer mehr zu einem Engpass für die heutigen Hochleistungs-SOCs wird, die typischerweise mehrere Prozessorkerne und Hunderte von IP-Blöcken enthalten.

Um den größtmöglichen Nutzen aus der SDV zu ziehen, ist die Qualität der Softwaretests entscheidend, da Softwaretests von geringer Qualität ernsthafte Integrationsprobleme übersehen könnten. Daher diskutieren wir in diesem Abschnitt einen neuartigen geführten Ansatz zur Bewertung und Verbesserung von Softwaretests, die für die Integrationsverifizierung eines IP-Blocks entwickelt wurden. Es basiert auf der Mutationsanalyse. In der Software-Testing-Community wird die Mutationsanalyse [26, 30, 52, 75] seit Jahrzehnten als fehlerbasierte Technik betrachtet. Im Wesentlichen wird überprüft, ob die Tests in der Lage sind, das abweichende Verhalten eines syntaktisch korrekten, aber modifizierten Programms (ein Mutant) zu erkennen (zu töten). Die Ideen wurden auch auf die Hardware-Verifizierung [53, 58, 76, 90, 105, 112] und die System-Level-Verifizierung [16, 17, 84, 104] übertragen. In diesem Zusammenhang werden die drei Hauptaufgazben der Qualifikation unterschieden: (1) Aktivieren, d. h. es müssen Reize bereitgestellt werden, um die Mutation zu aktivieren; (2) Propagieren, d. h. die Wirkung der Mutation muss zu einem beobachtbaren Punkt propagieren; und (3) Erkennen, d. h. die Testbank muss funktionale Unstimmigkeiten zwischen dem ursprünglichen Design und dem mutierten erkennen. Diese Qualifikationsaufgaben geben jedoch sehr wenig Informationen über die Art der Unstimmigkeiten in den verglichenen Designs. Als Konsequenz macht dieses Buch einen zweifachen Beitrag zur Qualifikation von Softwaretests für die Verifizierung der IP-Integration. Zunächst definieren wir die Hauptaufgaben Aktivierung, Propagation und Erkennung im Kontext der SystemC VP-basierten IP-Integration. Darauf aufbauend geht unser Hauptbeitrag einen Schritt weiter, um eine vollständige Methodik zur *Führung* des Verifizierungsingenieurs bei der Verbesserung der Softwaretestqualität bereitzustellen. Wenn die Mutation im IP-Block nicht durch die Softwaretests getötet wird, möchte der Ingenieur den Grund wissen und die Tests verbessern. Für dieses Problem schlagen wir eine neuartige *Konsistenzanalyse* vor, die die Mutationsresultate mit den Abdeckungsergebnissen der ursprünglichen (nicht mutierten) IP-Block-Verifizierung in Beziehung setzt und eine geführte Lösung bietet: Wenn sie inkonsistent sind, gibt die Methodik klare Hinweise, wann und für welche Mutanten mehr Tests hinzugefügt werden sollen und wann ein leistungsfähigeres Abdeckungsmodell verwendet werden soll. Durch die Anwendung der vorgeschlagenen Methodik kann in aufeinanderfolgenden Iterationen ein großer Sprung in der Qualität der SW-Testsuite erreicht werden, während verschiedene Varianten von bekannten Code-Abdeckungsmodellen verwendet werden, die sehr leicht gemessen werden können. In Abschn. 4.1.1 wird die Methodik vorgestellt.

4.1.1 SW-Test-Qualifikationsmethodik

In diesem Abschnitt stellen wir die vorgeschlagene Methodik vor, die SW-Tests qualifiziert, die zur Überprüfung der IP-Integration in VPs mit Hilfe unseres Leitmechanismus entwickelt wurden. Zunächst wird die Einstellung bei der Überprüfung der IP-Integration beschrieben. Als nächstes wird der Kern der vorgeschlagenen Methodik vorgestellt, d. h., die Konsistenzanalyse der Abdeckungsmessung und des Softwaretestergebnisses in Bezug auf eine Mutation. Dann wird die gesamte Methodik vorgestellt. Schließlich werden leicht verständliche Beispiele gegeben, um die verschiedenen Schritte der Methodik zu demonstrieren.

Einstellung der IP-Integrationsüberprüfung

In einer SDV-Umgebung mit der Aufgabe, die Integration neuer IP zu überprüfen, schreibt der Test-Ersteller typischerweise eine Sequenz von Tests, die die Testsuite bilden. Diese Tests interagieren Schritt für Schritt mit dem IP-Block, und sie sind selbstprüfend, d. h., die Ergebnisse der Interaktionen mit der IP werden innerhalb jedes Tests überprüft, z. B. durch die Verwendung von C-Assertions. Idealerweise sollte die Testsuite die IP gründlich untersuchen; andernfalls könnten Integrationsprobleme übersehen werden.

Als Voraussetzung für unsere Methodik gehen wir davon aus, dass die Tests bereits eine hohe Anweisungsabdeckung des IP-Blocks erreichen. Wir glauben, dass diese Annahme fair ist aus folgenden Gründen. In der Praxis wird sehr oft die Anweisungsabdeckung des IP-Blocks gemessen, um sicherzustellen, dass jede Anweisung mindestens einmal ausgeführt wurde. Eine hohe Anweisungsabdeckung ist ein positives Indiz für die Qualität der Tests.

Dies kann schnell erreicht werden, indem man den IP-Block ohne jede Mutation nimmt und eine Testsuite schreibt, die ausreicht, um eine höhere Anzahl von Anweisungen und Verzweigungen auszulösen. Indem man sich nicht auf einen bestimmten Bereich konzentriert, sondern kurz durch die IP-Funktionen geht, kann dies hilfreich sein, um eine hohe Testproduktivität aufrechtzuerhalten. Die Strategie besteht nicht darin, von Anfang an eine 100%ige Abdeckung zu haben, sondern eine maximale Abdeckung mit minimalem Aufwand zu erreichen. Wenn die Abdeckung anfangs gering ist, sollten vom Testsuite-Ersteller mehr Tests hinzugefügt werden. Metamorphe Beziehungen können in dieser Hinsicht genutzt werden [55, 56] wie in Kap. 3 erklärt.

Allerdings hat die Anweisungs-/Verzweigungsabdeckung erhebliche Einschränkungen hinsichtlich der Frage, ob das gewünschte Verhalten wirklich überprüft wurde. Darüber hinaus gibt es typischerweise einen Punkt abnehmender Erträge, d. h., nachdem eine hohe Abdeckung, zum Beispiel 90 %, erreicht wurde, ist es sehr schwierig, sie weiter zu erhöhen. Wenn das passiert, sollte der Aufwand auf eine ausgefeiltere (aber immer noch leichte) Qualifikationsmethodik verlagert werden. Wir schlagen eine solche Methodik für die Softwaretestqualifikation vor. Aber bevor wir die gesamte Methodik vorstellen, führen wir den Kern unserer Methodik – die Konsistenzanalyse – im folgenden Abschnitt ein.

Konsistenzanalyse

Nehmen wir nur für einen Moment an, dass nur eine einzige Mutation berücksichtigt wird. Dann umfasst die Konsistenzanalyse die folgenden 4 Hauptschritte:

1. Erzeugen Sie einen Abdeckungsbericht für die ursprüngliche IP, die die aktuelle Testsuite ausführt.
2. Mutieren Sie die IP mit Hilfe eines Fehlermodells.
3. Erzeugen Sie einen Abdeckungsbericht für die mutierte IP.
4. Analysieren Sie die Konsistenz der Abdeckungsergebnisse und des Softwaretestergebnisses.

In den folgenden Abschnitten erläutern wir die wichtigsten Aspekte jedes Schrittes. Darüber hinaus beschreiben wir den Bezug zu den Hauptqualifikationsaufgaben (aktivieren, propagieren, erkennen).

Fehlermodell – Mutation des IP-Blocks Bei der Mutation des neuen integrierten TLM-IP-Blocks werden Mutationen nur in seinem SystemC/C++ Code durchgeführt, der im Code-Coverage-Bericht als abgedeckt markiert wurde, d. h., Mutationen werden niemals in totem Code durchgeführt (solche Mutationen können nicht aktiviert werden; daher ist ihre Simulation Zeitverschwendung). Im Wesentlichen gibt uns dies die *Aktivierung* der Mutation, da wir aufgrund der Abdeckung wissen, dass die mutierte Aussage durch mindestens einen Test erreichbar ist. An dieser Stelle kann die Bedeutung der Voraussetzung für eine hohe Code-Abdeckung betont werden. Denn ansonsten könnten Mutationen nur auf einen kleinen Teil des Codes angewendet werden, was ihre Effektivität erheblich einschränkt.

Da wir aus der Perspektive des Softwaretests „schauen", sind Mutationen, die das funktionale Verhalten des IP-Blocks beeinflussen, am interessantesten. Mutationen, die die TLM-Kommutation beeinflussen, z. B. durch Änderung von Registeradressen oder Verzögerung von Antworten, werden größtenteils durch einfache Checks erkannt, die in SW-Tests vorhanden sind (z. B. schreiben Sie einen Wert in ein Register und prüfen Sie dann, ob ein Lesen aus dem Register denselben Wert zurückgibt). Darüber hinaus reduziert die Beschränkung der Mutationsoperatoren auf eine kleine Anzahl von wirklich relevanten Klassen den gesamten Mutationsaufwand. Daher zielen wir als Fehlermodell auf häufige Modellierungsfehler in der Funktionalität eines SystemC TLM IP ab. Diese umfassen sowohl die sequenziellen als auch die parallelen Aspekte. Für sequenzielle Modellierungsfehler übernehmen wir den umfassenden Satz von Mutationsoperatoren, wie er in [3] vorgeschlagen wird, wo 77 C/C++ Mutationsoperatoren erklärt werden. Die Mutationsoperatoren sind in vier Be-

Tab. 4.1 Zusammenfassung der SystemC-spezifischen Mutationsoperatoren

Operator	Original	Mutant
Ändern	warten (200)	warten (200/2)
Entfernen	warten (200)	–
Ersetzen	warten (200)	warten ()
Austauschen	trywait ()	warten ()
	warten (200)	benachrichtigen ()
	warten (event1)	warten (event2)

reiche unterteilt: Aussagenmutationen, Operatormutationen, Variablenmutationen und Konstantenmutationen. Sie basieren hauptsächlich auf der `kompetenten Programmierer`-Hypothese, d. h., Fehler sind syntaktisch klein und nur wenige Tastenanschläge vom ursprünglichen Programm entfernt. Da das IP bereits den initialen SW-Testsuite mit einer hohen Aussagenabdeckung bestanden hat, ist diese Hypothese auch in unserem Setting plausibel. Darüber hinaus wird unser Satz von Mutationsoperatoren durch SystemC-spezifische Mutationsoperatoren erweitert, wie sie in [103] vorgeschlagen werden. Diese Operatoren zielen auf TLM-Kommunikation und -Synchronisation mit einem besonderen Fokus auf Parallelitätskonstrukte ab. Sie sind in Tab. 4.1 zusammengefasst (für die Details verweisen wir den Leser auf [103]).

Abdeckung des mutierten IP Die Messung der Code-Abdeckung des mutierten IP ist unkompliziert. Beachten Sie, dass die Code-Abdeckung die *Ausbreitung* beobachten lässt. Dies ist ähnlich, aber einfacher als die *Kontrollflussgraph* (CFG)/*Datenflussgraph* (DFG) basierte Ausbreitungserkennung, die komplexere Quellcodeanalysen erfordert (siehe Abschn. 4.2 für weitere Details). In einer perfekten Einstellung würde natürlich ein Ausbreitungsmonitor verwendet werden, der an der Grenze überprüft, ob die Mutation zu einem Unterschied führt. Allerdings ist die Definition von Grenze nicht offensichtlich. Auch für einen solchen Ausbreitungsmonitor wäre detailliertes Wissen über das IP erforderlich, z. B. um die entsprechenden *SystemVerilog Assertions* (SVA) Eigenschaften zu spezifizieren. Darüber hinaus könnten die „natürlichen“ Grenzen für den Monitor nur auf IP-Ebene, aber nicht aus der Perspektive von SDV beobachtbar sein; daher könnte zusätzlicher Aufwand erforderlich sein, um diese auf die Softwareebene zu heben. Bevor ein solcher Aufwand notwendig wird, schlagen wir vor, die Code-Abdeckung als leichtgewichtige Alternative zur Beobachtung der Ausbreitung in Betracht zu ziehen.

Konsistenzanalyse – Vergleich des Abdeckungsergebnisses und des Softwaretestergebnisses In diesem Abschnitt werden zunächst die Prinzipien der Konsistenzanalyse vorgestellt. Dann wird gezeigt, wie die Qualität der SW-Tests in Form eines Konsistenzscores gemessen wird. Bei der Analyse der Konsistenz des Coverage-Ergebnisses und des SW-Testergebnisses sind verschiedene Ergebnisse für eine injizierte Mutation möglich. Die möglichen Ergebnisse sind in Tab. 4.2 zusammengefasst. Die Spalte *Kategorie* weist jeder der vier möglichen

Tab. 4.2 Konsistenzanalyseergebnisse für eine Mutation

Kategorie	Coverage (propagieren)	Ergebnis von SW Test (erkennen)	Konsistent	Interpretation
C1	Fluktuiert	Fehler	Ja	Ausreichender Test
C2	Fluktuiert	Bestanden	Nein	Schwache Erkennung durch SW-Test
C3	Stabil	Fehler	Nein	Propagationspfad fehlt
C4	Stabil	Bestanden	Ja	Propagations-/Erkennungsproblem

Kategorien eine Nummer zu. Die zweite Spalte *Coverage* listet auf, ob die Abdeckung des ursprünglichen IP-Blocks beim Ausführen der Testsuite (Schritt 1 der gesamten Konsistenzanalyse, wie zuvor beschrieben) im Vergleich zu den Abdeckungsergebnissen (Schritt 3) ändert oder nicht. Im Falle einer Differenz wird dies als *fluktuiert* bezeichnet; bleibt es unverändert, wird es als *stabil* bezeichnet. Die Spalte *SW Testergebnisse* zeigt, ob die Ausführung der Software-Testsuite in *Fehler* oder *Bestehen* resultiert. Die nächste Spalte *Konsistent* definiert, ob das Vergleichsergebnis des Abdeckungsergebnisses und des Softwareergebnisses konsistent ist oder nicht. In der letzten Spalte *Interpretation* wird eine kurze intuitive Erklärung gegeben. Eine detailliertere Erklärung wird im Folgenden gegeben:

C1: Wenn die Abdeckung fluktuiert und der SW-Test fehlschlägt, ist ihr Verhalten konsistent, da die Propagation durch die Codeabdeckung erkannt wurde und aufgrund der Mutation mindestens ein Test wie erwartet fehlschlägt. Als Konsequenz sind die Tests für die aktuelle Mutation angemessen.

C2: Wenn die Abdeckung fluktuiert und der SW-Test besteht, ist die Situation inkonsistent. Die Propagation wird erkannt (was sich in der Änderung der Abdeckung äußert), aber die Softwaretests bestehen unerwartet. Daher ist die Erkennung schwach, was bedeutet, dass ein Test hinzugefügt werden sollte, um die Testsuite zu verbessern.

C3: Wenn die Abdeckung stabil ist und der SW-Test fehlschlägt, ist die Situation erneut inkonsistent. Der Grund für die Inkonsistenz ist, dass die Codeabdeckung den Propagationspfad nicht erkennen konnte. Diese Inkonsistenz wird nicht als schädlich angesehen, da der Mutant trotzdem getötet wird. Daher erfordert ein C3-Mutant keine eigene Aktion. Stattdessen wird die Kategorie C4 konsultiert.

C4: Wenn die Abdeckung stabil ist und der SW-Test besteht, ist die Situation konsistent. Allerdings sollten die Softwaretests nicht bestehen, wenn eine Mutation durchgeführt wird. Für dieses Szenario sind verschiedene Gründe möglich, daher müssen wir uns sowohl mit dem Propagations- als auch mit dem Erkennungsproblem auseinandersetzen. Wir wissen, dass die Propagation problematisch ist, insbesondere wenn auch C3-Mutanten vorhanden sind. Eine mögliche Lösung ist die Verwendung einer stärkeren Abdeckungsmetrik, zum Beispiel der Branch-Coverage.

Die Qualität der SW-Testsuite nach Konsistenzanalyse kann ähnlich wie der etablierte *Mutations-Score* oder die *Mutations-Angemessenheit* [18, 48] mit Hilfe eines *Konsistenz-Scores* gemessen werden, wie folgt:

$$CS = \frac{\#C1}{\#C1 + \#C2 + \#C3 + \#C4} \tag{4.1}$$

In Gl. 4.1 ist Cx die Gesamtzahl der Mutanten in der Kategorie Cx (mit $x \in \{1, 2, 3, 4\}$). Bitte beachten Sie, dass im Zähler nur C1 verwendet wird und nicht die Summe von C1 und C3. Der Grund dafür ist, dass nur die Kategorie C1 konsistent *und* eine positive Interpretation hat, d. h., die Testsuite ist angemessen.

Auf der Grundlage der eingeführten Konsistenzanalyse für eine Mutation stellen wir in der nächsten Sektion unsere Methodik vor.

Gesamtmethodik zur SW-Qualifikation

In Abb. 4.2 ist die Gesamtmethodik dargestellt. Sie beginnt oben in der Abbildung mit der Mutationsdatenbank, die alle möglichen Mutationen für den aktuellen IP-Block enthält. Das Gesamtziel der vorgeschlagenen Methodik ist es, schließlich alle Mutanten in die Kategorie C1 zu bringen. Im Allgemeinen könnten mehrere Iterationen notwendig sein, um dieses Ziel zu erreichen. In der ersten Iteration werden für jeden Mutanten aus der Datenbank die aktuellen SW-Tests ausgeführt und die Konsistenzanalyse durchgeführt. Je nach zurückgegebener Kategorie müssen verschiedene Maßnahmen ergriffen werden, um die Datenbank zu aktualisieren. Im Falle von C1 ist die Testsuite für den Mutanten angemessen, so dass dieser Mutant entfernt wird. Andernfalls wird das Konsistenzergebnis für den Mutanten gespeichert.

Nach der ersten Iteration (d. h., kein Mutant übrig), wird die aktualisierte Datenbank analysiert. Ist sie leer, was bedeutet, dass jeder Mutant in der Kategorie C1 war und daher entfernt wurde, sind wir fertig. Wenn mindestens ein Mutant der Kategorie C2 gefunden werden kann, müssen neue SW-Tests hinzugefügt werden, um den Mutanten zu töten, dann wird eine neue Iteration gestartet. Das letzte mögliche Ergebnis der Analyse ist, dass die Datenbank nur Mutanten der Kategorien C3 und C4 enthält. Wenn nur C3-Mutanten am Leben sind, kann der Verifikationsingenieur sie ignorieren und sie als getötet betrachten (erinnern Sie sich, der SW-Test ist bereits für Kategorie C3 gescheitert). Aber wenn beide Kategorien C3 und C4 vorhanden sind, dann sollte das Abdeckungsmodell überarbeitet werden, um die Auflösung für die Propagation zu erhöhen. Danach wird eine neue Iteration gestartet.

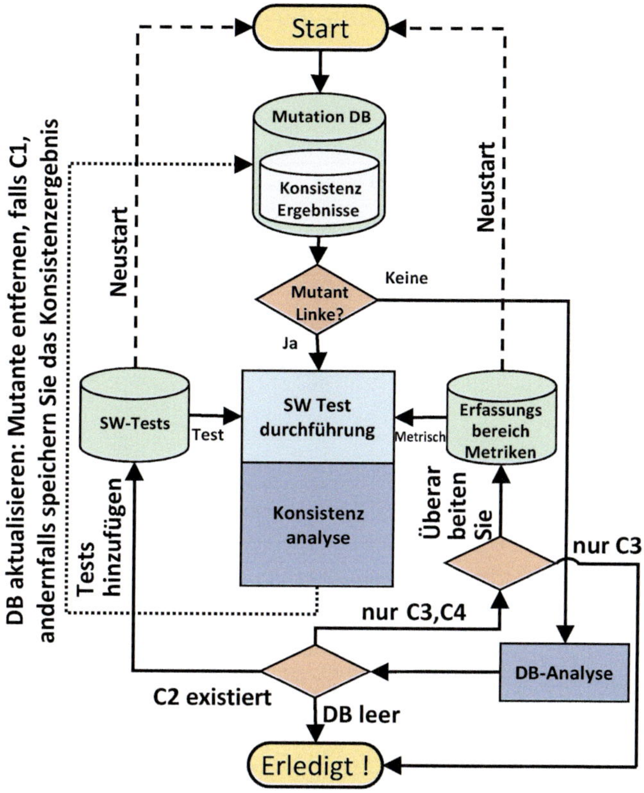

Abb. 4.2 SW-Qualifikationsmethodik

Vergleich zur klassischen mutationsbasierten Qualifikation

Im Vergleich zur klassischen mutationsbasierten Qualifikationstechnik leitet unsere Methodik den Verifikationsingenieur in die richtige Richtung. Indem der Aufwand für das Schreiben neuer Tests auf Mutanten der Kategorie C2 beschränkt wird, stellt unsere Methodik sicher, dass kein Test für einen äquivalenten Mutanten geschrieben wird (ein Versuch würde zu Zeit- und Ressourcenverschwendung führen). Im Gegensatz dazu gibt die klassische Technik nur Informationen über die getöteten Mutanten und die lebenden Mutanten. Es werden keine Informationen über die Art der Mutanten bereitgestellt. Die Anleitung, die sich aus der Kategorisierung jedes Mutanten durch die Konsistenzanalyse ergibt, kann viel Aufwand und Zeit sparen.

In den nächsten Abschnitten demonstrieren wir den Kern unserer Methodik – die Konsistenzanalyse – anhand eines einfachen Beispiels und auch zwei Fallstudien für reale Beispiele. Sie zeigen auch, wie die Anleitung bereitgestellt wird, um den Prozess zu erleichtern.

4.1.2 Beispiel zur Demonstration der Konsistenz

Wir verwenden ein kompaktes Beispiel, um die Bestandteile der Methodik zu demonstrieren.

```
void maxIP::find_max() {
  uint32_t a, b, c, d, max;
  while (1) {
    wait(e_signal);
    a = r[SRC_A] ;
    b = r[SRC_B] ;
    c = r[SRC_C] ;
    d = r[SRC_D] ;
    if (a > b)
      if ((a > c) && (a > d) )
        max = a;
      else if ((a > c) && (a < d))
        max = d;
      else if ((a < c) && (a > d))
        max = c;
      else
        if (c > d)
          max = c;
        else
          max = d;
    else
      if ((b > c) && (b > d))
        max = b;
      else if ((b > c) && (b < d))
        max = d;
      else if ((b < c) && (b > d))
        max = c;
      else
        if (c > d)
          max = c;
        else
          max = d;
    r[MAX_VALUE] = max;
  } // end while
} // end find_max()
```

Auflistung 4.1 Codeauszug des IP-Blocks maxIP SC_THREAD *find_max*

Grundinformationen zum IP-Block

Ein Codeauszug eines vollständigen SystemC TLM-Modells des IP-Blocks *maxIP* ist in Auflistung 4.1 dargestellt. Die Hauptfunktionalität dieses IP wird in dem SC_THREAD *find_max* implementiert. Er erhält vier Eingaben von seinen Registern *(r[SRC_A], r[SRC_B], r[SRC_C], r[SRC_D])*, findet den maximalen Wert unter ihnen und schreibt diesen Wert zurück in das Register *r[MAX_VALUE]*.

SW-Tests

Auflistung 4.2 zeigt die SW-Tests für *maxIP*. Wie man sehen kann, werden in jedem Test vier Integer-Werte in die Speicheradressen der Register von *maxIP* geschrieben (siehe z. B. Zeilen 12–15), und dann wird der berechnete Maximalwert zurückgelesen und mit dem erwarteten Wert verglichen. Wenn der Maximalwert korrekt ist, erzeugt der Test eine *Erfolg*-Nachricht (z. B. Zeile 16 mit Argument 1, da es der erste Test ist); andernfalls wird eine *Fehler*-Nachricht erzeugt (z. B. Zeile 17 wieder mit Argument 1, das die Testnummer anzeigt).

```
struct maxIP {
  volatile unsigned int SRC_A; /* 0x00 */
    volatile unsigned int SRC_B; /* 0x04 */
    volatile unsigned int SRC_C; /* 0x08 */
    volatile unsigned int SRC_D; /* 0x0C */
    volatile unsigned int MAX_VALUE; /* 0x10 */
};

void SW_Test(int addr) {
  struct maxIP *ipBlock = (struct maxIP *) addr;
    /* Test 1 */
    ipBlock->SRC_A = 5;
    ipBlock->SRC_B = 1;
    ipBlock->SRC_C = 8;
    ipBlock->SRC_D = 4;
    if (ipBlock->MAX_VALUE == 8) success(1);
    else fail(1);
    /* Test 2 */
    ipBlock->SRC_A = 5;
    ipBlock->SRC_B = 1;
    ipBlock->SRC_C = 3;
    ipBlock->SRC_D = 6;
    if (ipBlock->MAX_VALUE == 6) success(2);
    else fail(2);
}
```

Auflistung 4.2 Konsistenzbeispiel: SW-Test

Abdeckung von SW-Tests

Die Abdeckungsergebnisse für die SW-Tests von Listing 4.2 sind in Abb. 4.3 dargestellt und können mit Tab. 4.3 interpretiert werden. Im Wesentlichen besteht jede Zeile von Abb. 4.3 aus drei Teilen: `Branch Coverage : Line Coverage : src Ausdruck`. Beginnen wir mit der Zeilenabdeckung: Wie auf der linken Seite von Tab. 4.3 zu sehen ist, wird die rote Farbe verwendet, um zu zeigen, dass der Ausdruck während der Ausführung nicht getroffen wurde, ansonsten ist die Farbe blau. Darüber hinaus wird die Anzahl der Ausführungen als zweiter Teil in jeder Zeile von Abb. 4.3 angezeigt.

Für die Branch-Abdeckung sind nur die Quellcodezeilen mit Bedingungen relevant. Jede Bedingung eines Branches in Abb. 4.3 hat ein entsprechendes `[T F]` Paar (bedeutet `[True False]`), das links von jeder Codezeile angezeigt wird. Beachten Sie, dass `T` und `F` durch die in Tab. 4.3 in der Spalte Symbol gezeigten Symbole ersetzt werden. Wie zum Beispiel in Zeile 186 von Abb. 4.3 zu sehen ist, hat sie nur ein Paar, und Zeile 187 hat zwei Paare. Wenn die SW-Tests eine Bedingung mit true auswerten, wird das `T` durch ein + in blauer Farbe ersetzt, und das `F` wird zu `-` in roter Farbe (also nicht getroffen). Ähnlich, wenn ein anderer SW-Test die gleiche Bedingung mit false auswertet, wird das `F` zu einem + in blau (vgl. Zeile 187 von Abb. 4.3 nach Ausführung von Test 1 (5>8 ergab false) und Test 2 (5>3 ergab true). Das bedeutet, dass der Ausdruck von SW-Tests sowohl

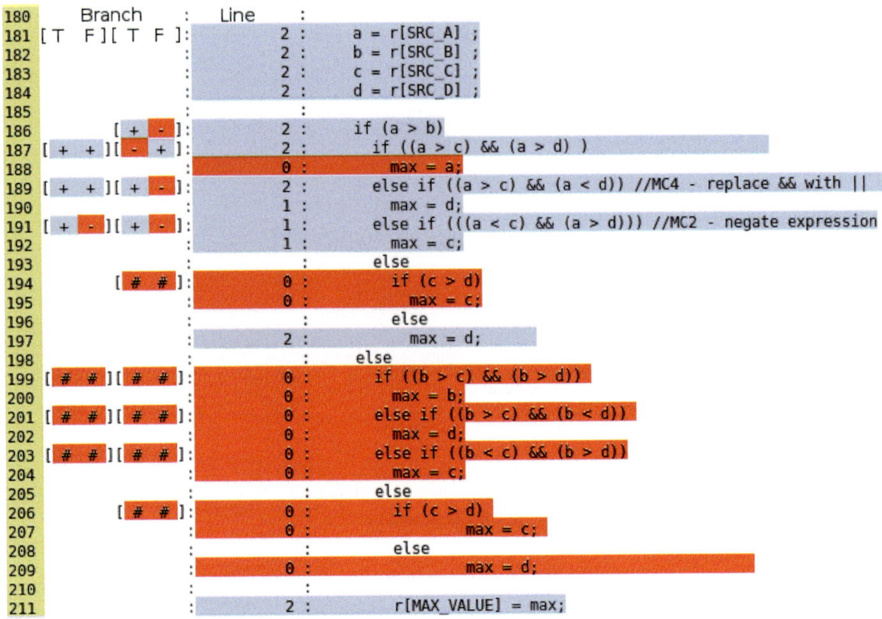

Abb. 4.3 SC_THREAD find_max mit den ursprünglichen Abdeckungsergebnissen für Tests 1 und 2

Tab. 4.3 Konsistenzbeispiel: Abdeckungslegende

Branch-Abdeckung			
Zeilenabdeckung			
Farbe	Zeile	Symbol	Beschreibung
Blau	Getroffen	+	Ausgeführt
Rot	Nicht getroffen	–	Nicht ausgeführt
		#	Nicht ausgeführt

für true als auch für false Fälle getestet wurde. Wenn die Bedingung in keiner Ausführung ausgewertet wird, wird sie mit # markiert (siehe z. B. `c>d` von Zeile 194 von Abb. 4.3).

Demonstration der Konsistenzanalyse

Wenn Test 1 ausgeführt wird, findet die ursprüngliche IP den maximalen Wert als 8, so dass dieser einzelne Test besteht. Im Folgenden zeigen wir konkrete Beispiele für die Kategorien C2 und C4.

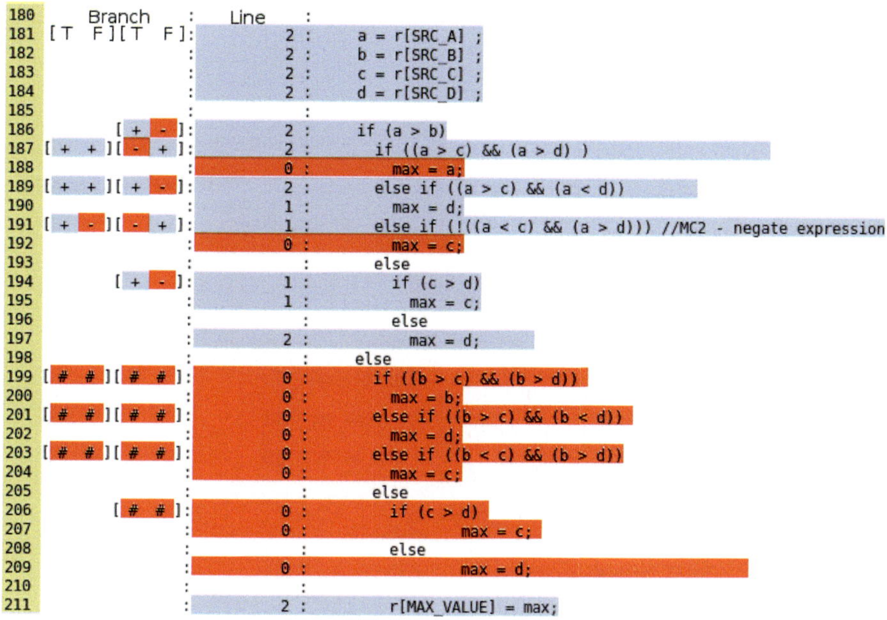

Abb. 4.4 Konsistenzbeispiel: Abdeckungsergebnisse für C2-Beispiel

C2 Beispiel

Nehmen wir nun an, dass wir die IP in Zeile 191 in Abb. 4.4 mutieren, indem wir die gesamte if-Bedingung negieren. Dann ergibt die Ausführung von Test 1, dass diese if-Bedingung nun falsch statt richtig ist wie zuvor, und die Ausführung springt zur nächsten *if*-Anweisung (Zeile 194), um die richtige Antwort zu finden. Daher verursacht die Mutation die Änderung der Abdeckung, die bei der Anweisung in Zeile 194 in Abb. 4.4 sichtbar ist. Da das Maximum der Eingaben 5,1,8,4 immer noch 8 ist und auch von der aktuellen mutierten IP gefunden wird, besteht der Test. Daher haben wir eine schwankende Abdeckung, aber bestandene SW-Tests, so dass dieses Beispiel in die Kategorie C2 fällt. Um das Problem zu lösen, leitet die Methodik den Ingenieur an, einen neuen Test zur Testsuite hinzuzufügen (Auflistung 4.2), z. B. Test 3, wie in der Auflistung 4.3 dargestellt. Mit dieser neuen Testsuite wird der Fehler erkannt, da der Mutant den falschen maximalen Wert von 4 für die Eingaben 2,1,4,5 berechnet. Daher schlägt der Test fehl (Zeile 7 in der Auflistung 4.3), und so fällt die betrachtete Mutation schließlich in die Kategorie C1. Bei der Bewertung der gleichen IP mit der klassischen mutationsbasierten Qualifikationstechnik muss ein lebender Mutant aus vielen ausgewählt werden. Daher hat unsere Methode den Suchraum reduziert.

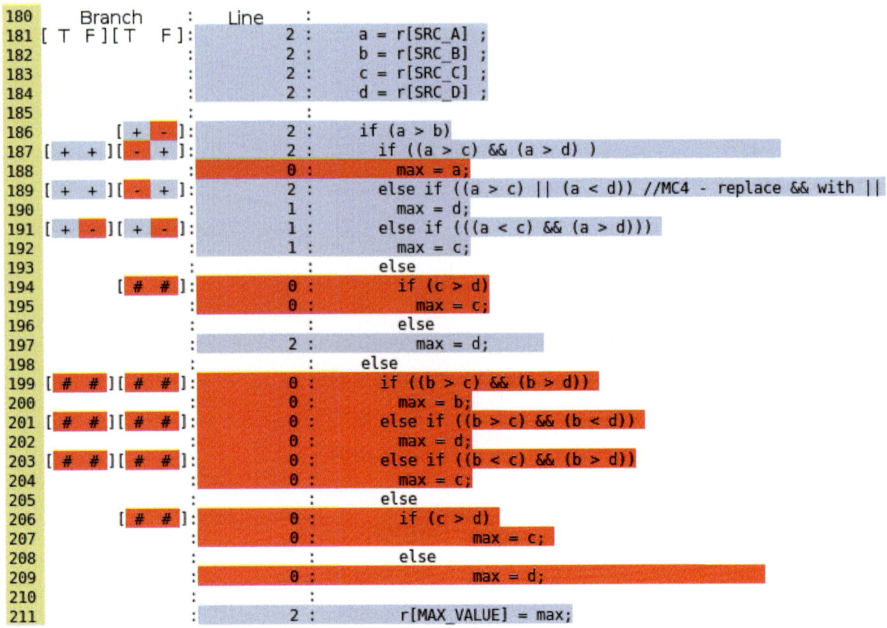

Abb. 4.5 Konsistenzbeispiel: Abdeckungsergebnisse für C4-Beispiel

C4 Beispiel

Für dieses Beispiel mutieren wir den ursprünglichen *maxIP*-Block in Zeile 189 von Abb. 4.5 durch Ersetzen des `&&` Operators durch den `||` Operator. Test 2 mit den Eingaben 5,1,3,6 aus der Auflistung 4.2 ergibt einen korrekten maximalen Wert von 6, mit stabiler Zeilenabdeckung. Daher fällt dieses Beispiel in die Kategorie C4. Aufgrund der Anwesenheit von C3-Mutanten (die hier nicht gezeigt werden), wissen wir, dass die Propagation problematisch ist. Die Änderung der Abdeckungsmetrik in Zweigabdeckung hilft, das Problem zu lösen. Die Zweigabdeckung in Zeile 189 in Abb. 4.5 ([+ +][- +]) unterscheidet sich nun von der Zweigabdeckung in Zeile 189 in Abb. 4.3 ([+ +][+ -]). Der C4-Mutant wird daher nun zu C2. Daher müssen wir einen weiteren Test zur Testsuite hinzufügen (Auflistung 4.2), z. B. Test 4, wie in der Auflistung 4.4 dargestellt. Mit dieser neuen Testsuite wird der Fehler erkannt, da der Mutant den falschen maximalen Wert von 4 für die Eingaben 5,1,8,7 berechnet. Daher schlägt der Test fehl (Zeile 7 in der Auflistung 4.4), und so fällt die betrachtete Mutation schließlich in die Kategorie C1.

```
/* Test 3 */
ipBlock->SRC_A = 2;
ipBlock->SRC_B = 1;
ipBlock->SRC_C = 4;
ipBlock->SRC_D = 5;
if (ipBlock->MAX_VALUE == 5)
    success(3);
else fail(3);
```

Auflistung 4.3 Konsistenzbeispiel: SW-Test zur Tötung des Mutanten MC2

```
/* Test 4 */
ipBlock->SRC_A = 5;
ipBlock->SRC_B = 1;
ipBlock->SRC_C = 8;
ipBlock->SRC_D = 7;
if (ipBlock->MAX_VALUE == 8)
     success(4);
else fail(4);
```

Auflistung 4.4 Konsistenzbeispiel: SW-Test zur Tötung des Mutanten MC4

Im nächsten Abschnitt werden die experimentellen Ergebnisse unserer Methodik für einen realen VP gegeben.

4.1.3 Experimentelle Ergebnisse

In diesem Abschnitt wird die Bewertung unserer SW-Test-Qualifikationsmethodik in einer softwaregesteuerten Verifizierungsumgebung vorgestellt. Wir betrachten den auf LEON3 basierenden VP SOCRocket [100], der in SystemC TLM modelliert wurde. Wir betrachten zwei IP-Integrationsszenarien, d. h. die Integration eines *Interrupt Controllers für Mehrprozessoren* (IRQMP) und die Integration eines *Allzweck-Timers* (GPTimer). Im Folgenden beschreiben wir zunächst, wie wir die Mutanten und die in den Fallstudien verwendeten Abdeckungsmodelle automatisch generieren. Dann werden für jeden IP-Block die Grundlagen beschrieben, bevor die Demonstration der Methodik und die Qualifikationsergebnisse vorgestellt werden.

Mutanten-Generierung

Die Mutanten wurden mit einem hauseigenen Tool erzeugt. Es handelt sich um ein eigenständiges Kommandozeilen-Tool, das die Mutanten aus den Eingabe-SystemC/C++ Quelldateien generiert. Die zugrundeliegende Infrastruktur ist die LibTooling-Bibliothek von Clang. Clang erzeugt den *Abstrakten Syntaxbaum* (AST) für die Eingabe-Quelldateien, und das Tool nutzt diesen AST, um neue Mutanten zu kompilieren, indem es verschiedene benötigte Entitäten durchläuft. Die Art der erzeugten Mutanten kann durch die Eingabeargumente für das Tool ausgewählt werden. Es unterstützt alle in Abschn. 4.1.1 beschriebenen Mutationsoperatoren.

Coverage-Modelle

Zusätzlich zur *Anweisungsabdeckung* (SC) und *Verzweigungsabdeckung* (BC) verwenden wir auch ihre verstärkten Varianten, die als *Differenzielle Anweisungsabdeckung (DSC)* und *Differenzielle Verzweigungsabdeckung (DBC)* bezeichnet werden. Sie zeigen die Störung, die der Mutant in Bezug auf die Häufigkeit der Abdeckung der Anweisung oder Verzweigung verursacht. Die Störung bezieht sich auf die Erhöhung oder Verringerung der Abdeckungszähler von Anweisungen und Verzweigungen. Sie wird berechnet, indem die Differenz der Abdeckungszähler des Originalmodells und des Mutanten, die vom Abdeckungstool LCOV gemeldet wird, genommen wird. DSC und DBC sind sehr nützlich für die Eliminierung von Mutanten aus den Kategorien C3 und C4, da diese Mutanten oft eine stabile Anweisungs- und Verzweigungsabdeckung zeigen.

IRQMP

Grundlagen Das erste betrachtete IP – IRQMP – verarbeitet eingehende Unterbrechungen von verschiedenen Geräten und Prozessoren basierend auf der Priorität. Es unterstützt 32 Unterbrechungslinien, nummeriert von 0 bis 31, wobei die Linie 0 reserviert ist. Die Linien 1–15 werden für reguläre Unterbrechungen verwendet, während die verbleibenden Linien 16 bis 31 für erweiterte Unterbrechungen vorgesehen sind. Das IRQMP-Modell verfügt über ein Registerfile, I/O-Leitungen und eine APB-Slave-Schnittstelle. Das Registerfile enthält 32-Bit prozessorspezifische und Konfigurationsregister. Wenn eine Unterbrechung signalisiert wird, wird das entsprechende Bit im Register gesetzt. Diese Funktionalität wird mit dem SystemC-Thread *launch_irq* und Callback-Funktionen implementiert, die für den Registerzugriff (Lesen/Schreiben) spezifiziert sind.

Das IRQMP interagiert mit verbundenen Prozessoren, indem es eine Unterbrechungsanforderung *(irq_req)* sendet oder eine Bestätigung *(irq_ack)* empfängt. Wenn eine Unterbrechungsanforderung für einen Prozessor signalisiert wird, kombiniert das IRQMP das `Maskenregister` und das `Pending-Register` mit dem `Force-Register`, um die Unterbrechung mit der höchsten Priorität zu finden. Das IRQMP liest auch das `Broadcast-Register`, bevor es die Anforderung an die Prozessoren weiterleitet. Wenn das entsprechende Bit im `Broadcast-Register` gesetzt ist, wird die Unterbrechung an alle Prozessoren gesendet, d. h., sie wird in das `Force-Register` aller verbundenen Prozessoren geschrieben. In diesem Szenario erwartet das IRQMP Bestätigungen von allen Prozessoren. Bei Eintreffen einer Unterbrechungsanforderung, wenn das entsprechende Bit nicht im `Broadcast-Register` gesetzt ist, wird es einfach im `Pending-Register` gesetzt. In diesem Szenario erwartet das IRQMP eine Bestätigung von irgendeinem Prozessor.

SW-Test-Qualifikation Die ursprünglich mit dem IRQMP IP gelieferte Testsuite besteht aus 60 Tests. Diese Testsuite hat eine Anweisungsabdeckung von 63 % des IP. Wir fügen 45 Tests hinzu, um eine hohe Anweisungsabdeckung (92 %) zu erreichen, wie es die Methodik erfordert. Das Tool Typhon generiert insgesamt 244 Mutanten.

Die Ergebnisse der Anwendung unserer Qualifikationsmethodik sind in Tab. 4.4 dargestellt, in der wir die ersten 13 Iterationen berichten. Die erste Zeile gibt den

Index der Iteration an. Die zweite Zeile gibt die während dieser Iterationen durchgeführte Operation an, z. B., dass neue Tests hinzugefügt werden, um die Testsuite zu verbessern, oder dass die Abdeckungsmetrik geändert wird. Die dritte Zeile zeigt die in der Konsistenzanalyse verwendete Metrik. Die letzte Zeile der Tab. 4.4 zeigt den Konsistenzscore der SW-Testsuite, der für jede Iteration mit Gl. 4.1 berechnet wird.

Umgang mit C2-Mutanten

Die erste Iteration zeigt eine niedrige Konsistenzbewertung von 0,352. Aufgrund der 14 Mutanten in Kategorie C2 ist klar, dass der Suite mehr Tests hinzugefügt werden müssen. Im Folgenden beschreiben wir einen konkreten Mutanten aus Kategorie C2, um seine Behebung zu demonstrieren. Ein Auszug aus dem IRQMP-Modell ist in Auflistung 4.5 dargestellt. Es zeigt die Implementierung von *incoming_irq*, die die eingehenden Unterbrechungen von verschiedenen Geräten behandelt. Wenn eine solche Unterbrechung eintrifft, überprüft die Implementierung das entsprechende Bit im `Broadcast-Register` und behandelt die Unterbrechung entsprechend, wie im vorherigen Abschnitt beschrieben.

```
void Irqmp::incoming_irq(const std::pair<uint32_t, bool> &irq, const sc_time &time) {
bool t = true;
if (!irq.second) {
// Return if the value turned to false. Interrupts will not be unset
// this way. So we can simply ignore a false value.
  return;
}
for(int32_t line = 0 ; line<32; line++) {
  if((1 << line) & irq.first) {
  // Performance counter increase
    m_irq_counter[line] = m_irq_counter[line] + 1;
    v::debug << name() << "Interrupt line " << line << " triggered" << v::endl;
    if (!r[BROADCAST].bit_get(line)) {
      r[IR_PENDING].bit_set(line, t);
  }
  if (r[BROADCAST].bit_get(line) && (line < 16)) { // Mutation: replace && with ||
  // set force registers for broadcasted interrupts
    for (int32_t cpu = 0; cpu < g_ncpu; cpu++) {
      r[PROC_IR_FORCE(cpu)].bit_set(line, t);
      forcereg[cpu] |= (t << line);
    }
  }
  }
}
// Pending and force regs are set now.
// To call an explicit launch_irq signal is set here
e_signal.notify(2 * clock_cycle);
}
```

Auflistung 4.5 C2 IRQMP Mutationsbeispiel

Wenn die Mutation durchgeführt wird (siehe Kommentar in Zeile 16), registriert die Routine die Unterbrechung im `Pending-Register` (Zeile 14) sowie im `Force-Register` (Zeile 19). Daher wird mindestens eine Bestätigung von mindestens einem der verbundenen Prozessoren erwartet. Die SW-Tests überprüfen jedoch nur, ob die Unterbrechung generiert und behandelt wurde. Dies ist eindeutig eine Schwäche der bestehenden Tests. Nach dem Hinzufügen eines Tests, der das `Broadcast-Register` und das `Pending-Register` überprüft, führt dies zum SW-Testfehler für diesen Mutanten. Der Mutant kann somit nach unserer Methodik von C2 nach C1 verschoben werden. Darüber hinaus tötet der hinzugefügte Test zwei weitere C2-Mutanten, was zu 11 Mutanten in Kategorie C2 führt, wie in Iteration 2 von Tab. 4.4 zu sehen ist. Ebenso werden durch das Hinzufügen weiterer Tests von Iteration 3 bis Iteration 10 alle C2-Mutanten eliminiert.

Die Bedeutung unserer Methodik kann durch einen Blick auf Tab. 4.4 erkannt werden. Die klassische Analyse hat einen Suchraum von 131 Mutanten (#C2 + #C4), während unsere Methodik einen begrenzten Suchraum von nur 14 Mutanten hat. Daher kann die Anleitung viel Zeit sparen, indem sie die Bemühungen in die richtige Richtung lenkt.

Umgang mit C3 und C4 Mutanten

Nun folgen wir der vorgeschlagenen Methodik, um den Rest der Mutanten zu eliminieren, wir müssen sowohl Kategorien C3 als auch C4 betrachten. Die Anwesenheit von nur C3-Mutanten erfordert keine Aktion, aber die Anwesenheit von C4-Mutanten in Verbindung weist auf eine problematische Propagation hin. Daher ist es an der Zeit, die von der Konsistenzanalyse verwendeten Abdeckungsmetriken zu stärken, um insbesondere C4-Mutanten zu eliminieren. Wir stärken zuerst die Abdeckungsmetrik auf *BC* und wenden die Konsistenzanalyse an. Die Ergebnisse sind in Tab. 4.4 als Iteration 11 dargestellt. Wie zu sehen ist, verbessert die Stärkung der Abdeckungsmetrik die Propagation und somit werden 43 Mutanten aus C4 in Kategorie C2 verschoben und zusätzlich 13 C3-Mutationen in Kategorie C1. In den nächsten Iterationen sind wir ein wenig von der Methodik abgewichen, um die Auswirkungen der weiteren Stärkung der Abdeckung zu demonstrieren. Wir haben die Metrik auf *DSC* und dann auf *DBC* geändert. Die Anzahl der Mutationen in den Kategorien C4 und C3 ging erwartungsgemäß stark zurück. Die neu identifizierten 99 C2-Mutanten erfordern nun das Hinzufügen weiterer Tests.

Offensichtlich können durch die Befolgung der vorgeschlagenen Methodik Schwächen in der Testsuite identifiziert werden, und der Test-Ersteller erhält nützliches Feedback darüber, was als nächstes zu tun ist, um die Testsuite zu verbessern. Die Verbesserung wird durch die Konsistenzbewertung quantifiziert, da ein signifikanter Sprung von 0,352 auf 0,520 nach 13 Iterationen beobachtet werden kann.

Tab. 4.4 Ergebnisse der IRQMP SW-Test-Qualifikation

Iteration	1	2	3	4	5	6	7	8	9	10	11	12	13
Vorgang	Hinzufügen von Tests										Änderung der Metrik		
Metrik	SC										BC	DSC	DBC
Kategorie C1	86	89	91	92	93	94	95	97	98	100	113	126	127
Kategorie C2	14	11	9	8	7	6	5	3	2	0	43	98	99
Kategorie C3	27	27	27	27	27	27	27	27	27	27	14	1	0
Kategorie C4	117	117	117	117	117	117	117	117	117	117	74	19	18
Tests	105	106	107	108	109	110	111	112	113	114	114	114	114
Konsistenzwert	0.352	0.365	0.373	0.377	0.381	0.385	0.389	0.398	0.402	0.410	0.463	0.516	0.520

SC: Aussageabdeckung, *BC:* Zweigabdeckung, *DSC:* Differenzielle SC, *DBC:* Differenzielle BC

GPTimer

Grundlagen Das zweite betrachtete IP – GPTimer – implementiert abwärtszählende Timer(s) und erzeugt eine Unterbrechung, wenn Null erreicht wird. Das IP besteht aus 7 konfigurierbaren Timern, die Ticks von der Vorteilereinheit verwenden. Die Vorteilereinheit verwendet die Systemuhr als Referenzuhr, um ihren Wert zu verringern. Der Timer kann auch so konfiguriert werden, dass er als Watchdog verwendet wird, um Fehlfunktionen zu verhindern. Alle Timer bestehen aus einem Wertregister und einem Neulade-Wertregister. Wenn Null erreicht wird oder ein Reset-Signal initiiert wird, wird das Wertregister mit dem Wert im Neulade-Wertregister geladen; ansonsten wird es in jedem Zyklus um eins verringert. Die Timer sind nicht nur auf einen Wert von 2^{32} beschränkt, sondern können auch für eine längere Dauer ausgeführt werden, indem sie miteinander verknüpft werden. Auf diese Weise werden die Timer dekrementiert, wenn in dem vorherigen Timer eine Null erreicht wird.

SW Test Qualifikation Die mit dem IP gelieferte Testsuite und wird als Grundlage für unsere SW-Testqualifikationsmethodik verwendet, besteht zunächst aus 14 Tests.

Für dieses IP berichten wir die Ergebnisse der ersten 10 Iterationen, wie in Tab. 4.5 dargestellt. Die in Tab. 4.5 verwendeten Terminologien sind die gleichen wie in Tab. 4.4 verwendet. Die erste Iteration zeigt die Verteilung der Mutanten nach *SC*-Analyse. Von 308 Mutanten fallen 89 zunächst in Kategorie C1 und erfordern keine zusätzliche Verarbeitung, während 219 Mutanten zusätzliche Arbeit erfordern. Wie erwartet, verringert sich die Anzahl der C2-Mutanten von Iteration 2 bis 6, da der Suite neue Tests hinzugefügt werden. Die Gesamtzahl der Tests steigt von 14 auf 19. In Iteration 6 wurden alle Mutanten in C2 getötet.

Daher stärken wir nach der Methodik die Abdeckungsmetrik von *SC* auf *BC*, um zu versuchen, Mutanten der Kategorie C4 und C3 zu eliminieren. Die Ausbreitung wird bei C4-Mutanten nicht beobachtet, kann aber bei C3-Mutanten beobachtet werden, da dies 36 Mutanten von Kategorie C3 zu C1 verschiebt. Durch Ändern der Metrik auf *DBC* wurden am Ende der Iteration 9 erfolgreich zwei C2-Mutanten erkannt, wobei der Konsistenzwert von 0,289 auf 0,455 deutlich gestiegen ist. Es gibt immer noch eine große Anzahl von Mutanten in den Kategorien C4 und C3 (99 bzw. 67). Wir haben uns entschieden, die Metrik auf Pfadabdeckung zu ändern, um die Mutanten zu eliminieren. Wie man sehen kann, haben sich die Zahlen von 99 auf 31 (für C4) und von 67 auf 25 (für C3) erheblich reduziert.

Zusammenfassend kann der Test-Ersteller unsere vorgeschlagene Methodik nutzen, um die SW-Testsuite zu stärken, da er/sie nun die Schwächen klar erkennen kann. Die Stärke der SW-Testsuite wird in der letzten Zeile der Tab. 4.5 als Konsistenzwert angezeigt. Es kann beobachtet werden, dass der Konsistenzwert nach 10 Iterationen von 0,289 auf 0,590 gestiegen ist.

Tab. 4.5 GPTimer SW Test Qualifikationsergebnisse

Iteration	1	2	3	4	5	6	7	8	9	10
Operation	Hinzufügen von Tests						Änderung der Metrik			
Metrik	SC						BC	DSC	DBC	PC
Kategorie C1	89	91	92	93	94	95	131	139	140	182
Kategorie C2	6	4	3	2	1	0	0	0	2	70
Kategorie C3	112	112	112	112	112	112	76	68	67	25
Kategorie C4	101	101	101	101	101	101	101	101	99	31
Tests	14	15	16	17	18	19	19	19	19	19
Konsistenzwert	0.289	0.295	0.299	0.302	0.305	0.308	0.425	0.451	0.455	0.590

SC: Aussagenabdeckung, *BC*: Zweigabdeckung, *PC*: Pfadabdeckung, *DSC*: differentielle SC, *DBC*:, differentielle BC

4.2 Datenflusstest für digitale virtuelle Prototypen

Obwohl es ein notwendiger Schritt ist, hat die Anweisungsabdeckung (und auch stärkere Code-Abdeckungsmetriken) einige bekannte Einschränkungen in ihrer Fähigkeit, Fehler zu erkennen und die Gründlichkeit der Verifizierung widerzuspiegeln. Wie im vorherigen Abschnitt hervorgehoben, wurde die Mutationsanalyse [26, 52] seit Jahrzehnten in der SW-Testgemeinschaft in Betracht gezogen. Die Ideen wurden auch erfolgreich auf die Hardware-Verifizierung sowie auf SystemC [16, 17, 47, 104] übertragen. Kommerzielle Mutationsanalyse-Tools mit Unterstützung für SystemC wie Certitude von Synopsys sind ebenfalls verfügbar.

Angesichts der erfolgreichen Einführung der Mutationsanalyse ist es eher überraschend, dass eine andere effektive Testtechnik, bekannt als *Datenflusstest* (DFT) [82, 98], noch nicht für SystemC in Betracht gezogen wurde. DFT verspricht auch eine bessere Fehlererkennungsfähigkeit. Die zugrunde liegende Idee von DFT ist, dass die Ausbreitung von (falschen) Daten notwendig ist, um Fehler aufzudecken: Wenn eine Codezeile einen falschen Wert erzeugt, muss die Ausführung nach diesem Punkt eine andere Codezeile einschließen, die diesen fehlerhaften Wert verwendet; sonst wird es keine beobachtbaren Ausfälle geben. Aufgrund dieser Informationen haben Forscher mehrere Datenfluss-Adäquanzkriterien vorgeschlagen. Diese Kriterien verlangen, dass die Testsuite die identifizierten *Definition-Nutzungspaare,* d. h. Paare von Definition (eine Anweisung, bei der ein Wert erzeugt wird) und Nutzung (eine Anweisung, bei der dieser Wert verwendet wird), ausreichend ausübt. Aktuelle Forschungen im DFT konzentrieren sich auf die automatisierte Testgenerierung für Datenfluss-Adäquanz [111, 117] und auf die Erweiterung von DFT auf objektorientierte Programme [4, 27].

In diesem Abschnitt stellen wir den ersten DFT-Ansatz für SystemC-basierte VPs vor, der nicht ohne Herausforderungen kommt. Ein SystemC DUV ist im Wesentlichen ein nebenläufiges Programm mit nicht-präemptivem Thread-Scheduling, gemeinsamer Speicherkommunikation und ereignisbasierter Synchronisation. Diese einzigartige Kombination erfordert ein Überdenken der bekannten DFT-Techniken. In diesem Sinne ist unser Beitrag zweifach: Erstens entwickeln wir eine Reihe von SystemC-spezifischen Abdeckungskriterien für DFT, die die nicht-präemptiven Kontextwechsel und Synchronisationsprimitiven von SystemC berücksichtigen. Zweitens erklären wir, wie man das Datenflussabdeckungsergebnis für ein DUV automatisch berechnet, indem man eine Kombination aus statischen und dynamischen Analysen verwendet. Das Abdeckungsergebnis gibt dem Testingenieur klare Vorschläge, um neue Testfälle hinzuzufügen und das Abdeckungsergebnis zu verbessern. Unsere experimentellen Ergebnisse auf realen VPs demonstrieren die Anwendbarkeit und Wirksamkeit unseres Analyseansatzes und der SystemC-spezifischen Abdeckungskriterien zur Verbesserung der Qualität der Testsuite.

4.2.1 SystemC Laufendes Beispiel

Wir präsentieren hier ein Beispiel für ein SystemC-Programm (Auflistung 4.6), das verwendet wird, um die Hauptideen unseres Ansatzes in diesem Abschnitt zu veranschaulichen. Die für das Verständnis des Beispiels notwendigen SystemC-Konstrukte und -Semantiken werden bei Bedarf erklärt. Das Beispiel besteht aus zwei Modulen *producer* und *consumer*, die über ein FIFO kommunizieren. Ihr Verhalten wird in Thread-Funktionen implementiert (producer: `prod_thread()` Zeile 37 – consumer: `recv()` Zeile 53, `filter()` Zeile 68, `send()` Zeile 79), die im Simulationskernel registriert sind. Das Verhalten des Verbrauchers hängt von der Eingabe ab, die der Produzent liefert. Das FIFO bietet eine *write*- und eine *read*-Funktion, die ein Element hinzufügt oder entfernt. Die write-Funktion wird vom producer-Thread in Zeile 41 verwendet, und die read-Funktion vom consumer-Thread in Zeile 57. Beide Funktionen können potenziell die Ausführung der Threads unterbrechen, falls das FIFO beim read-Versuch leer ist (Zeile 16) oder beim write-Versuch voll ist (Zeile 7). Der Thread wird wieder lauffähig, wenn das erwartete Ereignis in Zeile 11 oder Zeile 21 benachrichtigt wird. Das consumer-Modul besteht selbst aus drei Threads. Der Thread `recv()` ist dafür verantwortlich, das nächste produzierte Element `x` (Zeile 58) aus dem FIFO zu holen und es zur Verarbeitung an den send-Thread zu übertragen. Die Übertragung kann auf zwei Arten erfolgen: (1) Durch den `filter()`-Thread, der eine Nachverarbeitung und Überprüfung durchführt (Zeile 68), oder (2) direkt ohne Verzögerung an den `send()`-Thread für hochpriorisierte Elemente (Zeile 79). Der send-Thread akzeptiert jedoch nur eine schnelle Übertragung auf einmal (Zeile 80, gesteuert durch die Variable `fast_mode`). Daher wird die Filterung immer bedingungslos eingeleitet (Zeile 59) als Ausweichlösung, falls der send-Thread derzeit keine schnelle Verarbeitung unterstützt. Schließlich wird der `send()`-Thread den `recv()`-Thread benachrichtigen (Zeile 91), um das nächste Element zu übertragen.

```
struct fifo : public sc_channel {
  fifo(sc_module_name name)
    : sc_channel(name), num_elements(0), first(0) { }

  void write(char c) {
    if (num_elements == max)
      wait(read_event);

    data[(first + num_elements) % max] = c;
    ++num_elements;
    write_event.notify();
  }

  void read(char &c){
    if (num_elements == 0)
      wait(write_event);

    c = data[first];
    --num_elements;
    first = (first + 1) % max;
    read_event.notify();
  }

private:
  enum e { max = 10 };
  char data[max];
  int num_elements, first;
  sc_event write_event, read_event;
};


SC_MODULE(producer) {
  SC_CTOR(producer) {
    SC_THREAD(prod_thread);
  }

  void prod_thread() {
    wait(0); // start together with the consumer
    const char *str = "SystemC Example"; // input to the design, can influence consumer behavior
    while (*str)
      out->write(*str++); // out is bound to fifo instance
  }

  sc_port<fifo> out;
};


SC_MODULE(consumer) {
  SC_CTOR(consumer) {
    SC_THREAD(recv); SC_THREAD(send);
        SC_THREAD(filter);
  }

  void recv() {
    wait(0, SC_NS); // ensure send and filter are run first
    char c;
    while (true) {
      in->read(c); // in is bound to fifo instance
      x = c;
      filter_event.notify(1, SC_NS);
      if (x < 10) {
        // high priortiy data handled immediately
        send_fast_event.notify();
      }
      wait(recv_event);
    }
  }

  void filter() {
    while (true) {
      wait(filter_event);
      if (x < 0)
        x = 0;
      if (x > 126)
        x = 126;
      send_regular_event.notify(1, SC_NS);
    }
  }

  void send() {
    bool fast_mode = true;
    while (true) {
      if (fast_mode) {
        wait(send_regular_event | send_fast_event);
        fast_mode = false;
      } else {
        wait(send_regular_event);
        fast_mode = true;
      }
      assert (x >= 0);
      cout << x << endl;
      recv_event.notify();
    }
  }

  sc_port<fifo> in;
private:
  int x;
  sc_event recv_event, filter_event,
      send_regular_event, send_fast_event;
};
```

Auflistung 4.6 SystemC-Beispiel

4.2.2 *Def-Use-Verknüpfung und Datenflusstest*

Eine Def-Use-Verknüpfung ist ein geordnetes Tripel (x, d, u), so dass d eine Aussage ist, in der die Variable x definiert wird und u eine Aussage ist, in der x verwendet wird. Darüber hinaus gibt es einen Pfad im Programm von d zu u ohne erneute Definition von x. Betrachten Sie zum Beispiel Listing 4.6: Die Variable `fast_mode` wird in Zeile 80 definiert und in Zeile 82 verwendet, daher handelt es sich um eine Def-Use-Verknüpfung. Eine Def-Use-Verknüpfung (x, d, u) wird durch einen Testfall t ausgeführt, wenn die Ausführung von t über die Definition d geht und dann u verwendet, ohne dass die Variable x dazwischen neu definiert wird.

Datenflusstests versuchen, die ausgeführten Def-Use-Verknüpfungen zu maximieren. Im Wesentlichen funktioniert es durch Verfeinerung der Testsuite durch Hinzufügen von Testfällen, bis die Abdeckungskriterien erfüllt sind oder die Testressourcen erschöpft sind. Dies erfordert die Erkennung von Def-Use-Verknüpfungen und misst die Datenflussabdeckung der aktuellen Testsuite. Wie dies für SystemC gemacht wird und dabei die Besonderheiten von SystemC berücksichtigt werden, wird im Folgenden gezeigt. Bitte beachten Sie, dass wir den Begriff Datenflussverknüpfung als Verallgemeinerung einer Def-Use-Verknüpfung verwenden, um Verwirrung zu vermeiden. Der Grund dafür ist, dass wir eine spezifische SystemC Wait-Notify-Verknüpfung definieren, die ebenfalls eine Datenflussverknüpfung ist.

Datenflusstest für SystemC

Überblick

Ein Überblick über unseren Datenflusstestansatz für SystemC ist in Abb. 4.6 dargestellt. Im Wesentlichen kombiniert unser Ansatz eine statische und dynamische Analyse, um vollautomatisch ein spezifisches SystemC Datenflussabdeckungsergebnis zu berechnen.

Die *statische Analyse* (obere Hälfte von Abb. 4.6) identifiziert die Menge aller Datenflussverknüpfungen. Unsere statische Analyse berechnet eine Über-

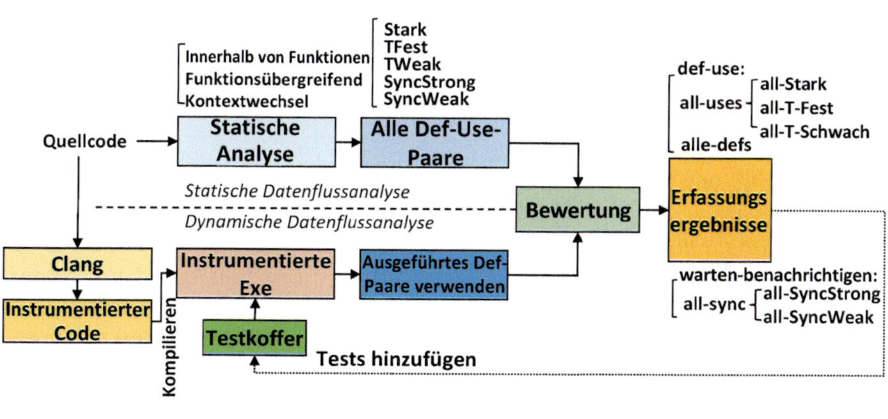

Abb. 4.6 Eine Übersicht über unseren Datenflusstestansatz für SystemC

approximation aller Def-Use-Verknüpfungen und enthält somit auch *unmögliche* Verknüpfungen, d. h. Verknüpfungen, die unabhängig von der angewendeten Eingabe nicht ausgeführt werden können. Eine genaue Berechnung aller möglichen Verknüpfungen erfordert einen intensiven Einsatz von formalen Verifikationstechniken und ist daher aufgrund von Skalierungsproblemen nicht praktikabel. Um die Auswahl der Testfälle zu leiten, werden die Verknüpfungen in verschiedene disjunkte Gruppen eingeteilt, basierend auf der Wahrscheinlichkeit, dass sie unmöglich sind. Bitte beachten Sie, dass die statische Analyse nur einmal am Anfang auf dem Quellcode ausgeführt werden muss.

Die *dynamische Analyse* (untere Hälfte von Abb. 4.6) erkennt, welche Datenflussverknüpfungen von der aktuellen Testsuite ausgeführt wurden. Sie funktioniert, indem sie die SystemC-Quelldatei instrumentiert, um relevante Laufzeitinformationen zu protokollieren. Die instrumentierte Quelldatei wird dann mit einem Standard-C++-Compiler kompiliert und für jeden Testfall ausgeführt. Die resultierenden Protokolle werden analysiert und kombiniert, um die Menge der ausgeführten Datenflussverknüpfungen zu erhalten.

Im nächsten Schritt werden die Ergebnisse der statischen und dynamischen Analyse ausgewertet und kombiniert, um ein Abdeckungsergebnis zu erhalten. Im Wesentlichen zeigt das Ergebnis, welche Datenflussverknüpfungen von mindestens einem Testfall ausgeführt wurden und welche vollständig verfehlt wurden. Eine Verknüpfung kann aus zwei Gründen verfehlt werden: (1) Die Testsuite ist unzureichend, um sie abzudecken. In diesem Fall muss ein neuer Testfall hinzugefügt werden. (2) Die Verknüpfung ist unmöglich, d. h., es gibt keine mögliche Eingabe, die sie abdecken würde. In diesem Fall kann sie ignoriert werden.

Unser Klassifizierungssystem, das Verknüpfungen nach der Wahrscheinlichkeit ihrer Unmöglichkeit einstuft, ermöglicht es dem Testingenieur, seine Bemühungen auf vielversprechende Testfälle zu konzentrieren, um das Abdeckungsergebnis effizient zu verbessern. Bitte beachten Sie, dass wir in dieser Arbeit noch keine automatisierte Testgenerierung zur Ausführung einer spezifischen Datenflussverknüpfung berücksichtigen, da dies den Rahmen dieses Buches sprengen würde. Die automatisierte Testgenerierung bleibt für zukünftige Arbeiten übrig.

Im Folgenden beschreiben wir unser Klassifizierungssystem und das Abdeckungsergebnis genauer und demonstrieren beide anhand des laufenden Beispiels.

Klassifizierung von Datenfluss-Assoziationen

Unser Klassifizierungssystem versucht, die Skalierbarkeit des Datenflusstestansatzes zu erhalten und gleichzeitig aussagekräftige Ergebnisse und Vorschläge zur Leitung der Testfallgenerierung zu liefern. Wir definieren *fünf SystemC-spezifische Klassifizierungen: Strong, TFirm, TWeak, SyncStrong* und *SyncWeak.*

Die ersten drei (Details siehe unten) erweitern den klassischen Begriff des Datenflusstests, der über Variablendefinition und -verwendung nachdenkt. Daher fallen diese in die Kategorie der def-use-Assoziationen. Diese Klassifizierungen befassen sich insbesondere mit den nicht-präemptiven Threads der SystemC-Simulation (und daher das T in TWeak und TFirm).

Die letzten beiden Klassifizierungen werden verwendet, um die ereignisbasierte Synchronisation von SystemC mittels der wait-notify-Funktion zu klassifizieren. Dies kann auch als Datenflussrelation betrachtet werden. Das Warten kann als Definition betrachtet werden, die den aktiven Thread unterbricht, während das Benachrichtigen als Verwendung betrachtet wird. Um Verwirrung zu vermeiden, führen wir jedoch eine neue Datenfluss-Assoziation namens *wait-notify-Assoziation* für diese synchronisationsbezogenen Flüsse ein.

Def-Use-Assoziationen Unsere statische Analyse meldet die folgenden def-use-Assoziationen (x, d, u): Es gibt einen statischen Pfad von d zu u im Programm ohne Neudifinition von x dazwischen. Bitte beachten Sie, dass es einen statischen Pfad von jeder Kontextwechselanweisung von einem Thread zum Start einer Transition jedes anderen Threads gibt. Eine Transition beginnt am Anfang eines Threads und direkt nach einem Kontextwechsel.

Auf der Grundlage dieser allgemeinen Beobachtung definieren wir drei Klassifizierungen für def-use-Assoziationen (x, d, u). In diesem Zusammenhang definieren wir einen *du-Pfad* als einen statischen Pfad zwischen d und u ohne Neudifinition von x:

- *Strong:* (a) Jeder *du-Pfad* ist ohne Kontextwechsel, oder (b) x ist eine Thread-lokale Variable, oder (c) d ist die einzige Definition von x, d. h., x ist eine Konstante.
- *TFirm:* Mindestens ein *du-Pfad* ist ohne Kontextwechsel und mindestens ein *du-Pfad* mit Kontextwechsel.
- *TWeak:* Jeder *du-Pfad* enthält einen Kontextwechsel.

Da eine lokale Thread-Variable bei einem Kontextwechsel nicht neu definiert werden kann, werden die def-use-Assoziationen als Strong betrachtet. Diese Verfeinerung der def-use-Assoziationen bietet klare Richtlinien für die Auswahl von Testfällen. Im Allgemeinen sollte man sich zunächst auf Strong und TFirm-Assoziationen konzentrieren. In beiden Fällen gibt es mindestens einen (statischen) Pfad ohne Kontextwechsel zwischen der Definition und der Verwendung.

Wait-Notify-Assoziationen Ähnlich wie bei def-use-Assoziationen definieren wir eine wait-notify-Assoziation als geordnetes Triple (e, w, n) wobei w ein Warten auf Ereignis e enthält und n eine Benachrichtigung von Ereignis e enthält, und es gibt einen Pfad im Programm, so dass w von n benachrichtigt wird.

Diese Definition erfordert nicht, dass eine Benachrichtigung nach dem Warten während der Ausführung erfolgt. Dies ist auf zeitgesteuerte Benachrichtigungen zurückzuführen, bei denen die Benachrichtigungsanweisung nur die Benachrichtigung zu einem späteren Zeitpunkt plant. Eine solche zeitgesteuerte Benachrichtigung ist viel schwieriger genau mit statischen Informationen zu handhaben. Darüber hinaus kann die Benachrichtigung abgebrochen werden, z. B. durch Ausgabe einer neuen Benachrichtigung des Ereignisses e. Sofortige Benachrichtigungen hingegen ähneln eher der klassischen Datenflussrelation, da die Benachrichtigung erfolgt, wenn die Benachrichtigungsanweisung ausgeführt wird. Ereignisse sind grundsätzlich nicht Thread-lokal, und es gibt immer einen Kontextwechsel zwischen einem Warten und einer Benachrichtigung, was die statische Analyse schwieriger macht.

Unsere statische Analyse erkennt die folgenden wait-notify-Assoziationen (e, w, n): (1) Eine zeitgesteuerte Benachrichtigung n für Ereignis e wird ausgeführt, und die geplante Benachrichtigung wird nicht abgebrochen, bis ein Kontextwechsel ausgeführt wird. Und w ist ein Warten auf Ereignis e. (2) w ist ein Warten auf Ereignis e in einem Thread, und n ist eine sofortige Benachrichtigung von Ereignis e in einem anderen Thread.

Diese Annäherung kann weiter verfeinert werden, indem eine zusätzliche Analyse angewendet wird, die Übergänge zwischen Threads genauer berechnet. Diese Annäherung ist jedoch ausreichend, wenn man mit SystemC-Synchronisationsprimitiven umgeht. Einer der Gründe ist, dass oft nur sehr wenige wait-notify-Anweisungen auf ein einzelnes Ereignis wirken. Daher ist es vernünftig anzunehmen, dass die meisten von ihnen machbar sind.

Diese Beobachtung motiviert dazu, die folgenden zwei Klassifizierungen für wait-notify-Assoziationen (e, w, n) einzuführen:

- *SyncStrong:* Warten w sollte eine Eins-zu-Eins-Beziehung mit einer Benachrichtigung n für ein Ereignis e haben.
- *SyncWeak:* Andernfalls, d. h., mehrere Warte- oder Benachrichtigungsanweisungen sind für Ereignis e verfügbar.

Ergebnis der Abdeckung

Jede Klassifizierung definiert eine disjunkte Menge von Datenfluss-Assoziationen. Daher definieren wir ein Abdeckungskriterium für jede Klassifizierung. Beispielsweise ist das all-Strong-Kriterium erfüllt, wenn alle Datenfluss-Assoziationen, die als Strong klassifiziert wurden, ausgeführt wurden. Kriterien für die verbleibenden Klassifizierungen – d. h., all-TFirm, all-TWeak, all-SyncStrong und all-SyncWeak – können analog definiert werden.

Auf der Grundlage dieser Kriterien können wir spezifische def-use- und wait-notify-Kriterien definieren:

- Das all-uses-Kriterium erfordert, dass all-Strong, all-TFirm und all-TWeak erfüllt sind.
- Das all-defs-Kriterium erfordert, dass für jede Definition D im Programm mindestens eine def-use-Assoziation (x, d, u) mit $D = d$ ausgeführt wird.
- Das all-sync-Kriterium erfordert, dass all-SyncStrong und all-SyncWeak erfüllt sind.

Schließlich ist das all data flow-Kriterium erfüllt, wenn alle all-uses- und all-sync-Kriterien erfüllt sind.

Tab. 4.6 Datenfluss-Assoziationen für das SystemC-Beispiel in Auflistung 4.6 sortiert nach Klassifizierung

Strong				
(c,5,9)	X	X	X	X
(c,57,58)	X	X	X	X
(fast_mode,80,82)	X	X	X	X
(fast_mode,84,82)	X	X	X	X
(fast_mode,87,82)	X	X	X	X
(max,25,6)	X	X	X	X
(max,25,9)	X	X	X	X
(max,25,20)	X	X	X	X
(num_elements,3,6)	X	X	X	X
(num_elements,3,15)	X	X	X	X
(num_elements,10,6)	X	X	X	X
(num_elements,19,15)	X	X	X	X
(str,39,40)	X	X	X	X
(str,39,41)	X	X	X	X
(str,41,40)	X	X	X	X
(str,41,41)	X	X	X	X
(x,72,73)			X	
(x,58,60)	X	X	X	X
TSchwach				
(data,9,18)	X	X	X	X
(first,20,9)	X			
(num_elements,10,15)	X			
(num_elements,10,19)	X	X	X	X
(num_elements,19,6)	–	–	–	–
(num_elements,19,9)	X			
(num_elements,19,10)	X			
(x,72,71)	–	–	–	–
(x,72,89)			X	
(x,72,90)			X	
(x,74,71)	–	–	–	–
(x,74,73)	–	–	–	–
(x,74,89)		X		
(x,74,90)		X		
(x,58,71)	X	X	X	X
(x,58,73)	X	X	X	X
(x,58,89)	X	X	X	X
(x,58,90)	X	X	X	X
TFirm				
(Daten,3,18)	–	–	–	–
(erste,3,9)	X	X	X	X
(erste,3,18)	X	X	X	X

(Fortsetzung)

Tab. 4.6 (Fortsetzung)

TFirm				
(erste,3,20)	X	X	X	X
(erste,20,18)	X	X	X	X
(erste,20,20)	X	X	X	X
(Anzahl_Elemente,3,9)	X	X	X	X
(Anzahl_Elemente,3,10)	X	X	X	X
(Anzahl_Elemente,3,19)	–	–	–	–
(Anzahl_Elemente,10,9)	X	X	X	X
(Anzahl_Elemente,10,10)	X	X	X	X
(Anzahl_Elemente,19,19)	X	X	X	X
SyncStrong				
(filter_event,70,59)	X	X	X	X
(read_event,7,21)	X			
(recv_event,64,91)	X	X	X	X
(send_fast_event,83,62)				X
(write_event,16,11)	X	X	X	X
SyncWeak				
(send_regular_event,83,75)	X	X	X	X
(send_regular_event,86,75)	X	X	X	X

Obwohl es im Allgemeinen nicht praktikabel ist, alle Datenflusskriterien zu erfüllen, aufgrund von Ungenauigkeiten in der statischen Analyse, die zu unerreichbaren Datenfluss-Assoziationen führen können, ist es möglich, dass einige der (Teil-)Kriterien vollständig erfüllt sind – oder zumindest zu einem hohen Grad, d. h., 95 % der Assoziationen wurden ausgeführt. Insbesondere erwarten wir, dass all-Strong, all-TFirm und all-SyncStrong die hauptsächlich fokussierten Kriterien sind.

Sowohl Strong- als auch TFirm-Assoziationen enthalten einen (statischen) Pfad ohne Neudefinition und ohne Kontextwechsel zwischen der Definition und der Verwendung. Daher erwarten wir, dass ein Testfall sie ausführt. Andernfalls ist die Definition toter Code oder alle relevanten Pfade (ohne Neudefinition der Variablen x) zwischen Definition und Verwendung sind unerreichbar.

Ähnlich, wenn das SyncStrong-Kriterium nicht erfüllt ist, bedeutet dies, dass eine Benachrichtigung nie ein Warten erreicht hat, oder ein Warten wurde nicht benachrichtigt. Dies impliziert, dass eine wait-notify-Anweisung im Wesentlichen ungenutzt ist.

Illustration

Wir haben das SystemC-Beispiel in Auflistung 4.6 mit vier verschiedenen Eingaben ausgeführt, um die Datenflussabdeckung schrittweise zu erhöhen. Insbesondere haben wir die folgenden Eingaben für die Variable `str` in Zeile

39 verwendet: (1) „SystemC Beispiel", (2) „Abc\x7f", (3) „a\tb\xff" und (4) „Test\x80". Tab. 4.6 zeigt die Ergebnisse, d. h., die statisch klassifizierten Datenfluss-Assoziationen, und durch welchen Testfall sie ausgeführt wurden (markiert durch X). Unerreichbare Datenfluss-Assoziationen sind für alle Testfälle mit „-" markiert. Die Informationen sind in vier Hauptspalten gruppiert und werden von oben nach unten und dann von links nach rechts gelesen. In dieser Reihenfolge sind die Strong, TFirm, TWeak, SyncStrong und SyncWeak Assoziationen aufgelistet.

Zum Beispiel betrachten Sie die starke Def-Use-Verbindung (*num_elements*, 10, 6), die in der ersten Spalte gezeigt und von allen Testfällen ausgeübt wird. Diese ist stark, weil alle Pfade zwischen den Zeilen 10 und 6 ohne Neudefinition von num_elements und frei von Kontextwechseln sind. Tatsächlich gibt es nur einen möglichen Pfad von Zeile 10 zu Zeile 6 – zuerst wird die Schreibfunktion beendet, dann ist die While-Schleife nicht abgeschlossen, und so wird die Schreibfunktion erneut aufgerufen.

Für die Def-Use-Verbindung (*num_elements*, 10, 9) gibt es aufgrund des Verzweigens in Zeile 6 zwei Pfade zwischen Zeile 10 und Zeile 9. Einer beinhaltet einen Kontextwechsel und der andere Pfad nicht. Daher ist diese Verbindung TFirm.

Die Def-Use-Verbindung (*first*, 20, 9) ist TWeak, weil der einzige Weg, die Verwendung ausgehend von der Definition zu erreichen, durch einen Kontextwechsel führt. Diese Verbindung wird nur vom ersten Testfall ausgeübt.

Die Verbindungen, die die `max` Variable betreffen, werden als stark eingestuft, weil sie eine Konstante ist, so kann sie nicht neu definiert werden. Die Verbindung (*c*, 5, 9) ist auch stark, obwohl es zwei Pfade von 5 zu 9 gibt und einer einen Kontextwechsel beinhaltet, weil c thread-lokal ist – so kann es aufgrund des Kontextwechsels nicht neu definiert werden. Die meisten Warte-Benachrichtigungsverbindungen sind SyncStrong, weil es nur ein einzelnes Warten und Benachrichtigen für das Ereignis gibt. Die Ports *in* und *out* werden in der Ausarbeitungsphase gebunden, die im Beispiel nicht gezeigt wird. Daher wird für sie in Tab. 4.6 keine Def-Use-Verbindung gemeldet.

Der erste Testfall erreicht bereits eine angemessene Datenflussabdeckung, insbesondere für die FIFO-Komponente, die unabhängig von der tatsächlichen Eingabe arbeitet. Da die Kriterien für die vollständige Abdeckung und die TFirm-Abdeckung bereits erfüllt sind, ist der nächste Schritt die Betrachtung der TWeak-Verbindungen.

Die zweite und dritte Eingabe verwenden Sonderzeichen, die separat im Filterthread in den Zeilen 71–74 verarbeitet werden. Mit den ersten drei Eingaben sind alle machbaren Def-Use-Verbindungen abgedeckt. Daher wurde für dieses Beispiel die maximale Def-Use-Abdeckung erreicht. Bitte beachten Sie, dass auch eine vollständige Verzweigungs- und Anweisungsabdeckung mit diesem Testsatz erreicht wurde.

Die Abdeckung in Bezug auf Warte-Benachrichtigungs-Assoziationen kann jedoch noch erhöht werden. Insbesondere wurde die Assoziation (*send_fast_event*, 83, 62) nicht ausgeführt. Der Grund dafür ist, dass bei der aktuellen Testsuite alle Sonderzeichen durch den Filter-Thread geleitet wurden, da der Send-Thread nicht im *fast_mode* war, d. h., in Zeile 86 wartete. Daher haben wir einen vierten Testfall hinzugefügt, um seine Assoziation zu testen. Dieser Testfall konnte einen Fehler im Design aufdecken, bei dem ein ungültiges Zeichen an den Send-Thread übergeben wird.

Dieses Beispiel zeigt, dass die alleinigen Standard-Def-Use-Abdeckungskriterien nicht ausreichend für umfangreiche Tests von SystemC-Designs sind. Unsere vorgeschlagenen SystemC-spezifischen Warte-Benachrichtigungs-Abdeckungskriterien sind wichtig für eine hochwertige Testsuite.

4.2.4 Implementierungsdetails

In diesem Abschnitt werden die statische und dynamische Analyse unseres Datenflusstest-Frameworks genauer beschrieben. Wie bereits erwähnt, berechnet die statische Analyse eine Überapproximation von Datenfluss-Assoziationen, die in disjunkte Gruppen eingeteilt sind. Die dynamische Analyse erkennt dann, welche Datenfluss-Assoziationen tatsächlich von der Testsuite ausgeführt wurden.

Statische Analyse

Die statische Analyse wird mit der LibTooling-Bibliothek für den Clang-Compiler implementiert. Clang erzeugt einen *Abstract Syntax Tree* (AST) des SystemC-Quellcodes. Der AST wird geparst, um die benötigten Informationen für die statische Analyse zu extrahieren. Dann werden drei aufeinanderfolgende Analyse-Schritte angewendet: (1) Lokale Analyse innerhalb jeder Funktion, (2) Informationsverbreitung über Funktionsaufrufe hinweg und (3) Berücksichtigung der Auswirkungen von Kontextwechseln.

Dynamische Analyse

Die dynamische Analyse erfolgt in zwei Schritten: (1) Instrumentierung des SystemC-Quellcodes mit dem Clang-Compiler-Framework, um datenflussrelevante Informationen zu protokollieren. Dann Ausführung aller Testfälle auf dem instrumentierten ausführbaren Programm, um das Protokoll zu erzeugen. (2) Analyse des Protokolls Zeile für Zeile, um die ausgeführten Datenfluss-Assoziationen zu erstellen. Beide Schritte werden im Folgenden beschrieben.

Instrumentierung des Quellcodes

Im ersten Schritt wird der SystemC-Quellcode instrumentiert, um datenflussrelevante Informationen zu protokollieren. Dazu wird er Anweisung für Anweisung analysiert, um (1) Definitionen und Verwendungen von Variablen und (2) Warte- und Benachrichtigungsereignisse zu erkennen. Für jede solche erkannte Information wird eine Druckanweisung, die in ein Protokoll schreibt, vor der Anweisung platziert. Bitte beachten Sie, dass die Reihenfolge der Druckanweisungen wichtig ist, falls mehrere Informationen vorhanden sind, z. B. *i++;*, in der Regel werden die Verwendungen vor den Definitionen platziert. Für die while-Schleife (und ähnlich die for-Schleife) werden Druckanweisungen für die Schleifenbedingung am Ende der Schleife repliziert, da die Bedingung in jedem Schleifenschritt neu bewertet wird. Daher reicht es nicht aus, sie nur vor der while-Schleife zu platzieren.

Konstruktion von Def-Use-Assoziationen

Die Def-Use-Assoziationen können auf einfache Weise identifiziert werden. Wir halten eine Zuordnung von aktiven Definitionen. Sie bezieht jede Variable auf ihre letzte Definition, die bei einer Neudifinition aktualisiert wird. Wann immer eine Verwendung für eine Variable im Protokoll gefunden wird, wird die entsprechende Definition aus der Zuordnung abgerufen.

Konstruktion von Warte-Benachrichtigungs-Assoziationen

Die Erkennung von Warte-Benachrichtigungs-Assoziationen erfordert zusätzliche Arbeit aufgrund von zeitgesteuerten Benachrichtigungen. Dies entkoppelt die Benachrichtigungsanweisung von der tatsächlichen Ereignisauslösung. Daher haben wir den SystemC-Kernel modifiziert, um einen Protokolleintrag zu schreiben, wann immer ein Ereignis ausgelöst wird.

Betrachten Sie zum Beispiel die Anweisungssequenz *e.notify(1, SC_NS); wait(e);*, bei der ein Ereignis *e* für eine Benachrichtigung geplant ist und dann der Thread ausgesetzt wird, um auf die Benachrichtigung *e* zu warten. Das Ausführungsprotokoll enthält einen Benachrichtigungseintrag für das Ereignis *e* gefolgt von einem Warte-Eintrag für *e*. Der tatsächliche Auslöser vom SystemC-Kernel erscheint später. Dazwischen können andere Protokolleinträge sein. Andere Threads können auch auf das Ereignis *e* warten. Eine neue Benachrichtigung für *e* wird jedoch die vorherige stornieren.

Auf der Grundlage dieser Informationen halten wir eine Zuordnung von einem Ereignis zu einer Menge von aktiven Warte-Anweisungen und eine Zuordnung zur letzten geplanten Benachrichtigung. Sobald der Kernel-Auslöser für ein Ereignis e geparst wird, holen Sie die letzte Benachrichtigung n und eine Menge von aktiven Warten S. Dann fügen Sie eine Warte-Benachrichtigungs-Assoziation (e, w, n) für jedes $w \in S$ hinzu. Sofortige Benachrichtigungen werden auf die gleiche Weise behandelt; der Auslöser erscheint einfach direkt nach der Planung der Benachrichtigung im Protokoll.

4.2.5 Experimentelle Ergebnisse

In diesem Abschnitt präsentieren wir eine Fallstudie, um unseren DFT-Ansatz für SystemC zu demonstrieren. Wir betrachten die *Interrupt Controller for Multiple Processors* (IRQMP) Komponente aus dem LEON3-basierten VP SOCRocket [100] die früher in Abschn. 4.1.3 besprochen wurde. Die ursprüngliche Testsuite, die mit der IRQMP-Komponente geliefert wurde, besteht aus 60 Tests, die eine Anweisungsabdeckung von 63 %, eine Verzweigungsabdeckung von 74 % und eine Datenflussabdeckung von 63 % erreichen: Insgesamt wurden 571 Datenfluss-Assoziationen durch unsere statische Analyse berechnet, und 359 von ihnen wurden als von der Testsuite ausgeführt erkannt durch unsere dynamische Analyse. Ursprünglich wurden 62 % starke, 71 % TWeak und 58 % SyncWeak Datenfluss-Assoziationen ausgeführt. Es gibt keine TFirm-Assoziation, da jede Anweisung eine *wait*-Anweisung passieren muss; daher ist ein Kontextwechsel unvermeidlich. Die Testsuite erfüllt nicht die All-Uses-, All-Defs- und All-Sync-Kriterien. Daher ist das All-Data-Flow-Kriterium nicht erfüllt. Ein interessanter Punkt ist, dass es keine SyncStrong Warte-Benachrichtigungs-Paare gibt; stattdessen gibt es 5 SyncWeak Warte-Benachrichtigungs-Paare in Bezug auf das einzige *sc_event e_signal*.

Um die Def-Use-Abdeckung zu erhöhen, werden zunächst die nicht abgedeckten 38 % starken Assoziationen durch Hinzufügen zusätzlicher Tests manuell erfüllt. Ihnen folgen 29 % TWeak und 42 % SyncWeak Assoziationen. Insgesamt werden 54 zusätzliche Tests zur ursprünglichen Testsuite hinzugefügt. Diese neuen Tests erhöhten die gesamte Datenflussabdeckung auf 88 %, mit 96 % starken, 91 % TWeak und 69 % SyncWeak Datenfluss-Assoziationen ausgeführt. Nach diesem Punkt fanden wir es sehr schwierig, diese Zahlen weiter zu verbessern. Dies zeigt die Notwendigkeit für zukünftige Forschungen zu automatisierten Testgenerierungstechniken für SystemC, die in der Lage sind, schwer zu findende Tests abzuleiten und die Unmöglichkeit von Assoziationen zu beweisen. Mit der nun verbesserten Testsuite erreichen wir auch eine Anweisungsabdeckung von 92 % und eine Verzweigungsabdeckung von 89 %. Trotz der sehr hohen Werte dieser Code-Abdeckungsmetriken geben sie keinen Einblick in potenzielle Synchronisationsprobleme. Im Gegensatz dazu zeigt unsere entwickelte Datenflussabdeckung in Bezug auf Warte-Benachrichtigungs-Assoziationen, dass in vielen Fällen keine *wait*-Anweisung auf eine Benachrichtigung wartete, weil eine andere Funktion bereits die *wait*-Bedingung erfüllt hatte. Dies kann zu potenziellen Problemen bei der Integration der Komponente in ein größeres System/Teilsystem führen, z. B. kann ein eingehender Interrupt, der schnell behandelt werden muss, verzögert werden.

4.3 Datenflusstest für SystemC AMS Virtuelle Prototypen

Dieser Abschnitt geht über rein digitale VPs hinaus und erweitert DFT für AMS VPs, insbesondere SystemC-AMS *Timed Data Flow* (TDF) Modelle. Wir schlagen den ersten DFT-Ansatz für SystemC-AMS TDF-Modelle vor, basierend auf zwei Hauptbeiträgen: Erstens entwickeln wir einen Satz von spezifischen Abdeckungskriterien für SystemC-AMS TDF-Modelle für DFT. Dies erfordert die Berücksichtigung der SystemC-AMS-Semantik von TDF-Signalen, TDF-Clustermodellierung, TDF-Ports und dynamischem TDF. Zweitens erklären wir, wie man das Datenflussabdeckungsergebnis für gegebene TDF-Modelle automatisch berechnet, indem man eine Kombination von statischen und dynamischen Analysetechniken verwendet. Die Abdeckungsergebnisse leiten den Verifikationsingenieur an, neue Testfälle hinzuzufügen, um die Abdeckung zu verbessern.

4.3.1 SystemC AMS Motivierendes Beispiel

```
void TS::processing()
 {
  double sig_in = ip_signal_in; // volts
  double tmpr = sig_in*1000; //millivolts
  double out_tmpr = 0;
  bool intr_ = false;
  if (!ip_hold){
   if (ip_clear) intr_ = 0;
   else if ((tmpr > 30) && (tmpr < 1500 )){
    out_tmpr = tmpr;
    intr_ = true;
   }
   op_intr.write(intr_);
   op_signal_out = out_tmpr;
  }
 }

void HS::processing()
{
  double temp = ip_signal_in*1000; // mV
  double Tdepend = (B1*42 + B2)*temp +
      (B3*42+B4);
  double C = 153e−12; // capacitance
  double BC = 150e−12; // bulk capacitance at
      30%RH
  double sensitivity = 0.25e−12;
  bool intr_ = false;
  double newRH = 30 + ((C − BC)/sensitivity) +
      Tdepend;
  if (newRH > 30) intr_ = true;
  op_intr.write( intr_);
  op_signal_out = newRH;
}

void AM::processing()
{
  double tmp_out = 0;
  if (ip_select == 0) tmp_out = ip_port_0;
  else if (ip_select == 1) tmp_out = ip_port_1;
  else if (ip_select == 2) tmp_out = ip_port_2;
  op_mux_out = tmp_out;
}

void ctrl::processing()
{
  if(ip_intr0)
   if((ip_DIN/10) < 60) {
    op_clear = 1;
    m_mux_s = 0;
    op_hold = 0;
   } else if (m_mux_s == 1 &&
         (ip_DIN/10)>60){
    op_T_LED = 1;
    op_clear = 1;
    op_hold = 0;
    m_mux_s = 0;
   } else if (m_mux_s == 0 && (ip_DIN/10)>50){
    m_mux_s = 1;
    op_hold = 1;
   } else {
    op_hold = 0;
    op_clear = 1;
    m_mux_s = 0;
  }
  else if (ip_intr1 && m_mux_s == 2){
   if(ip_DIN > 45) op_H_LED = 1;
   m_mux_s = 0;
  } else if (ip_intr1)
   m_mux_s = 2;
  op_mux_s = m_mux_s;
  if(ip_intr0==0) op_clear = 0;
}

void sense_top::architecture() // netlist
{
  //.....
  i_delay_tdf1 −> tdf_i.bind(op_signal_out);
  i_delay_tdf1 −> tdf_o.bind(op_delay_out);

  i_gain_tdf1 −> tdf_i.bind(op_mux_out);
  i_gain_tdf1 −> tdf_o.bind(op_gain_out);

  i_adc1 −> adc_i.bind(op_gain_out);
  i_adc1 −> adc_o.bind(op_adc_out);
  //...
}
```

Auflistung 4.7 Sensorsystem – SystemC-AMS TDF Modellbeispiel (B1 = 0.0014/°C, B2 = 0.1325 RH/°C, B3 = −0.0317, B4 = −3.0876 RH) [28]

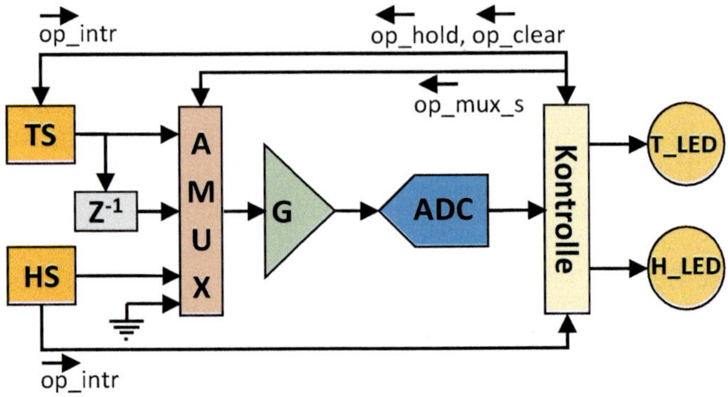

Abb. 4.7 Sensorsystem – T: Temperatur, H: Feuchtigkeit, XS: X Sensor (X=T,H), $Z-^1$ = Verzögerung, AMUX: Analogmux, ADC: Analog-Digital-Wandler, X_LED: Leuchtdiode, G: Verstärkung

Wir präsentieren hier ein vereinfachtes Beispiel SystemC-AMS Programm (Auflistung 4.7), extrahiert aus einem IOT-Gerät, *sensor_system* (Abb. 4.7). Dieses Beispiel wird verwendet, um die Hauptideen unseres Ansatzes in diesem Abschnitt zu veranschaulichen. Das *sensor_system* ist ein typisches AMS-System, das eine Mischung aus analogen und digitalen Komponenten enthält: einen *Temperatursensor* (TS), einen *Feuchtigkeitssensor* (HS), eine analoge Signalverzögerung (Z^{-1}), einen 4×1 *Analogmux* (AMUX), ein Verstärkungselement (G), einen 9-Bit *Analog-Digital-Wandler* (ADC), ein kleines digitales Steuermodul und zwei *Leuchtdioden* (LEDs). Das *sensor_system* funktioniert wie folgt: TS/HS erfasst die Temperatur/Feuchtigkeit (zeitkontinuierliche analoge Signale), und wenn der erfasste Wert einen bestimmten Schwellenwert überschreitet, erzeugt der Sensor einen Interrupt (digitales Signal) an das Steuermodul. Das Steuermodul setzt die AMUX-Auswahllinie entsprechend dem Sensor (Zeile 66) und liest den Temperatur-/Feuchtigkeitswert. Es vergleicht den Wert mit einem voreingestellten Schwellenwert (60°C für Temperatur, 45RH für Feuchtigkeit) und schaltet die entsprechende LED (T_LED (Zeile 49)/H_LED (Zeile 62)) ein, was auf zu heiß oder zu feucht hinweist. Bitte beachten Sie, dass wenn die Temperatur 50°C überschreitet, der Controller den Sensorausgang stoppt (Zeile 55) und den verzögerten Wert liest, um sicherzustellen, dass er den Wert im ersten Schritt korrekt liest. Das gesamte System ist in SystemC-AMS TDF MoC implementiert, wobei die notwendigen Teile des Designs in der Auflistung 4.7 gezeigt werden. Bitte beachten Sie, dass die Variablen mit dem Präfix *„ip_"*/*„op_"* und *„m_"* auf Eingabe-Ausgabe-Ports und Mitgliedsvariablen des TDF-Modells hinweisen.

Der TS wird in der Funktion *TS::processing()* (Zeilen 1–16) implementiert. Er gibt ein Ausgangssignal nur dann aus, wenn der Eingang zwischen einem bestimmten Schwellenwert liegt [zwischen 30 mV und 1500 mV (Zeile 9)]. Das Verhalten des HS wird in *HS::processing()* (Zeilen 18–30) implementiert. Interrupts werden zusätzlich zu beiden Sensoren hinzugefügt. AMUX wird in *AM::processing()* (Zeilen 32–39) implementiert und die Steuerung in *ctrl::processing()* (Zeilen 41–68). Das Steuermodell übersetzt das eingehende digitale Signal vom ADC in eine Temperaturmessung, indem es den Eingang (ip_DIN) durch 10 teilt (der Skalenfaktor). Zum Beispiel wird ein Signal von 200 mV in 20°C übersetzt. Verstärkung (G) und analoge Verzögerung ($Z-^{1}$) (SystemC-AMS-Bibliothek) werden wie in der Auflistung 4.7 in den Zeilen 76 und 73 gezeigt instanziiert. Der ADC wird in Zeile 79 instanziiert. Um das Beispiel zu vereinfachen, wird angenommen, dass der ADC das gleiche Signal in digitaler Form ausgibt, das er auf seinem analogen Eingang erhält. Ein erforderlicher Teil der Netzliste (Bindungsinformation) des TDF-Clusters wird in *sense_top::architecture()* (Zeilen 70–82) gezeigt. In den folgenden Abschnitten werden Datenflussverbindungen und Tests in Bezug auf SystemC-AMS TDF-Modelle gezeigt, wobei die TDF-Semantik berücksichtigt wird.

4.3.2 Datenflusstest für SystemC-AMS TDF-Modelle

In diesem Abschnitt beginnen wir mit einem Überblick über unseren Ansatz. Danach liefern wir die Zutaten wie die Klassifizierung von Datenflussverbindungen in Bezug auf SystemC-AMS TDF-Modelle und Abdeckungskriterien. Am Ende wird der Ansatz illustriert, um seine Wirksamkeit zu zeigen.

Überblick über den Ansatz

Unser Ansatz für den Datenflusstest von SystemC-AMS TDF-Modellen wird in Abb. 4.8 dargestellt. Er umfasst drei Stufen: (1) statische Analyse, (2) dynamische Analyse und (3) Abdeckungsanalyse. Alle drei Stufen arbeiten zusammen, um vollautomatisch spezifische Datenflussabdeckungsergebnisse für SystemC-AMS TDF-Modelle zu berechnen.

Die statische Analyse identifiziert die Menge aller Datenflussverbindungen, die in den TDF-Clustern unter Verwendung von TDF-Modellbindungsdaten berechnet werden [13]. Dieser Schritt wird nur einmal zu Beginn der Analyse ausgeführt. Aufgrund der statischen Natur berechnet die Analyse eine Überapproximation der Verbindungen, die auch unerreichbare Verbindungen enthalten kann, d. h., tote Code-Verbindungen. Auf Schaltungsebene können tote Code-Verbindungen auf Komponentenisolation aufgrund von offenen Schaltungen, falscher Transistorkonfiguration oder einem sehr hohen/niedrigen passiven Komponentenwert usw. abgebildet werden. Um die Auswahl der Testfälle (mit Testeingangssignal) zu leiten, werden die Verbindungen in verschiedene disjunkte Gruppen eingeteilt, basierend auf der Wahrscheinlichkeit, dass sie unerreichbar sind.

Die dynamische Analyse (Abb. 4.8 – rechte Seite) identifiziert die ausgeführten Datenflussverbindungen in Bezug auf die Testsuite. Die SystemC-AMS-Quelldatei

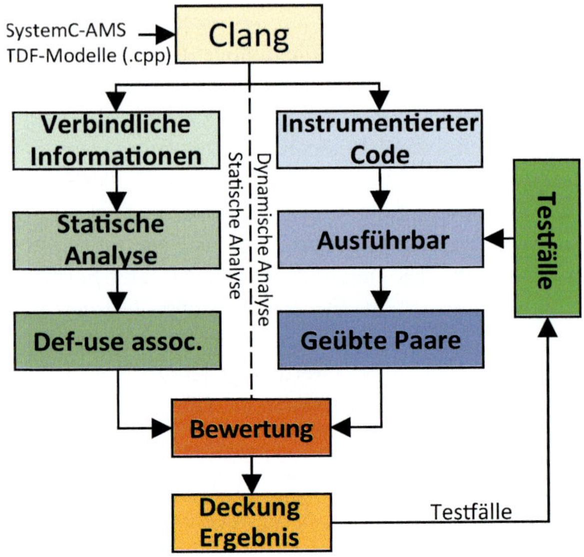

Abb. 4.8 Vorgeschlagener Überblick über die Datenflusstestmethodik

mit TDF-Modellen wird instrumentiert, so dass relevante Laufzeitinformationen erfasst werden können. Die instrumentierte Datei wird anschließend kompiliert und gegen jeden Testfall aus der Testsuite ausgeführt. Für jeden Testfall werden verschiedene Daten (Signal) Flussinformationen aufgezeichnet. Die resultierenden Protokolle werden analysiert und kombiniert, um die Menge der ausgeführten Datenflussverbindungen zu erhalten.

Am Ende werden die Ergebnisse der statischen und dynamischen Analyse ausgewertet und kombiniert, um ein Abdeckungsergebnis zu erhalten. Im Wesentlichen zeigt das Ergebnis, welche Datenflussverbindungen von mindestens einem Testfall ausgeführt wurden und welche vollständig verfehlt wurden. Eine Verbindung kann verfehlt werden, weil: (1) Die Testsuite ist unzureichend, um sie abzudecken. In diesem Fall muss ein neuer Testfall (Testeingangssignal mit verschiedenen Parametern) hinzugefügt werden. (2) Die Verbindung ist unerreichbar. In diesem Fall kann sie entweder auf korrekte Bindung überprüft oder ignoriert werden.

Unser Klassifizierungssystem, das Verbindungen nach ihrer Wahrscheinlichkeit, unerreichbar zu sein, einstuft, ermöglicht es dem Testingenieur, seine Bemühungen auf vielversprechende Testfälle (Testeingangssignale) zu konzentrieren, um das Abdeckungsergebnis effizient zu verbessern. In diesem Kapitel wurde die automatisierte Testgenerierung nicht berücksichtigt. Im Folgenden beschreiben wir unser Klassifizierungssystem und das Abdeckungsergebnis genauer und demonstrieren beide anhand des laufenden Beispiels (Auflistung 4.7).

Klassifizierung von Datenfluss-Assoziationen

Wir definieren vier Klassifizierungen spezifisch für TDF-Modelle von SystemC-AMS: Stark, Fest, PFest und PSchwach. Sie sind in zwei Kategorien definiert, (1) innerhalb eines TDF-Modells, (2) in einem TDF-Cluster. Die erste Kategorie erweitert den klassischen Begriff des Datenflusstests, der über die Definition und Verwendung von Variablen innerhalb einer Funktion nachdenkt. Die ersten beiden Klassifizierungen fallen in diese Kategorie. In SystemC-AMS kann eine in einem TDF-Modell definierte Variable zu einem anderen TDF-Modell fließen, um verwendet zu werden. Dies geschieht, wenn die definierte Variable ein Ausgangsport ist und die verwendete Variable ein Eingangsport ist. In diesem Fall gilt der klassische Begriff nicht und ein neuer Ansatz muss entwickelt werden. In diesem Szenario ist es auch möglich, dass die definierte Variable (Port) außerhalb des TDF-Modells neu definiert wird (Signalverstärkung, Signaldelay usw.), bevor sie verwendet wird. Daher werden die beiden Klassifizierungen, PFest, PSchwach, verwendet, um die Definition und Verwendung in Bezug auf die SystemC-AMS TDF-Modellports zu klassifizieren (daher P in PFest und PSchwach).

Def-Use-Assoziation Wir definieren eine Def-Use-Assoziation als geordnetes Tupel *(v,d,dm,u,um)*. Für eine Variable *v* existiert ein statischer Pfad zwischen der Definition *d* im TDF-Modell *dm (definierendes Modell)* und der Verwendung *u* im TDF-Modell *um (verwendendes Modell)* ohne eine Neudefinition von *v* dazwischen. Wir definieren einen *du-Pfad* als einen statischen Pfad zwischen *d* und *u* ohne eine Neudefinition von *v*, wenn sowohl *d* als auch *u* im selben oder in verschiedenen TDF-Modellen sein können. Vier Klassifizierungen für Def-Use-Assoziationen werden vorgeschlagen:

1. *Stark* – (a) Variable *v* ist ein Ausgangsport eines TDF-Modells *dm*, und es existiert ein *du-Pfad* zwischen *dm* und *um*. b) Variable *v* ist lokal zum TDF-Modell, d. h., *dm* == *um*, und jeder statische Pfad zwischen *def* und *use* ist ein *du-Pfad.*
2. *Fest* – Variable *v* ist lokal zum TDF-Modell, und mindestens ein statischer Pfad zwischen *d* und *u* ist kein *du-Pfad.*
3. *PFest* – Variable *v* ist ein Ausgangsport, und es existiert mindestens ein statischer Pfad, der kein *du-Pfad* ist.
4. *PSchwach* – Variable *v* ist ein Ausgangsport, und es existiert kein *du-Pfad.*

Da die lokale Variable nicht aus dem TDF-Modell herausfließt, wird sie in die ersten beiden Assoziationen eingeteilt: stark oder fest. Wenn Ports von TDF-Modellen berücksichtigt werden, könnte das fließende Daten (Signal) in Richtung des verbindenden TDF-Modells ein *du-Pfad* (direkte Verbindung) zum *um* sein. Es ist auch möglich, dass die Daten (Signal) neu definiert werden. Die Neudefinition könnte in den folgenden zwei Fällen auftreten (beschränkt auf die SystemC-AMS-Bibliothek und nur auf *Single Input Single Output* (SISO) Komponenten): (a) Es existiert ein *Verzögerungs* Element im *du-Pfad.* Das Verzögerungselement verzögert die eingehenden Daten (Signal) um die voreingestellte Anzahl von Samples (Sekunden) und gibt einen früheren Wert anstelle des aktuellen Werts aus. Aus diesem Grund betrachten wir es als Neudefinition. (b) Es existiert ein *Verstärkungs- oder Puffer* Element, das das eingehende Signal verstärkt oder regeneriert. Weitere Elemente können ebenfalls hinzugefügt werden. Basierend auf dieser allgemeinen Idee werden drei Datenfluss-Assoziationen definiert: (a) Wenn der Ausgangsport direkt mit einem anderen TDF-Modell verbunden ist, ist die Assoziation *Stark*. (b) Wenn der Ausgangsport mit einem anderen TDF-Modell verbunden ist und es auch eine Neudefinition des Ports gibt, d. h., es gibt zwei Zweige (einen originalen und einen neu definierten) und beide verbinden sich mit demselben TDF-Modell, wird die Assoziation als *PFest* bezeichnet. Da wir keine kontextbewusste Analyse durchführen, wissen wir nicht, welche der beiden Definitionen innerhalb des TDF-Modells verwendet wird. Vielleicht werden beide Definitionen verwendet, oder vielleicht wird eine von ihnen verwendet. Es ist kontextabhängig (*if-else, while, for..*), und die Bedingung kann nicht zur statischen Zeit ausgewertet werden. Zum Beispiel analoges Mux-Verhalten, (c) wenn beide Zweige neu definiert sind und sich mit demselben TDF-Modell verbinden, wird es als *PSchwach* bezeichnet. Da der ursprüngliche Port neu definiert wird, egal welcher Pfad genommen wird, oder (d) wenn die Zweige (original und neu definiert) zu verschiedenen TDF-Modellen gehen, dann werden sie entsprechend den oben definierten Einzelfällen klassifiziert *(Stark oder PSchwach)*.

Ergebnis der Abdeckung und Testadäquanzkriterien

Jede Klassifikation definiert eine disjunkte Menge von Datenfluss-Assoziationen. Bitte beachten Sie, dass die Stärken der Assoziationen ausschließlich auf statischen Eigenschaften des zugrunde liegenden SOC basieren. Daher ist ein Abdeckungskriterium für jede Klassifikation erforderlich, wie folgt:

1. *all-Strong* – Die Kriterien sind erfüllt, wenn alle als *Strong* bezeichneten Datenfluss-Assoziationen abgedeckt wurden.
2. *all-Firm* – Alle als *Firm* bezeichneten Datenfluss-Assoziationen sind abgedeckt.
3. *all-PFirm* – Alle als *PFirm* bezeichneten Datenfluss-Assoziationen sind abgedeckt.
4. *all-PWeak* – Alle als *PWeak* bezeichneten Datenfluss-Assoziationen sind abgedeckt.
5. *all-defs* – Wenn mindestens eine def-use-Assoziation *(v, d, dm, u, um)* für jede Definition abgedeckt ist.
6. *all data flow* – Wenn alle oben genannten Kriterien erfüllt sind.

Die Erfüllung der *all data flow*-Kriterien ist aufgrund der Einschränkungen der statischen Analyse, d. h. Ungenauigkeiten oder Überapproximationen, schwierig. Da die Assoziationen jedoch disjunkt sind, ist die Erfüllung jedes Kriterium unabhängig. Daher ist es möglich, dass einige der (Teil-)Kriterien vollständig erfüllt werden können – oder zumindest bis zu einem hohen Grad, d. h. 90 % der Assoziationen wurden ausgeübt. Insbesondere erwarten wir, dass *all-Strong*, *all-Firm* und *all-PFirm* die primär fokussierten Kriterien sind. Die *Strong*, *Firm* und PFirm-

Assoziationen enthalten mindestens einen *du-path*; daher wird erwartet, dass das Testeingangssignal sie abdeckt.

Illustration

Um unseren DFT-Ansatz für SystemC-AMS TDF-Modelle zu veranschaulichen, verwenden wir das in Abb. 4.7 gegebene IOT-Gerätebeispiel und seinen Code in Auflistung 4.7. Wir zeigen mit Hilfe von drei verschiedenen Testfällen, die jeweils einzeln angewendet werden, wie die Datenflussabdeckung zunimmt. Die endgültigen Abdeckungsergebnisse sind in Tab. 4.7 dargestellt. Tab. 4.7 kann folgendermaßen interpretiert werden: Die Spalte mit dem Titel *Static Pairs* listet alle statisch identifizierten Datenfluss-Assoziationen auf, und die Spalte mit dem Titel *Testsuite* präsentiert drei Testfälle (TC): *TC1, TC2, TC3*. Die Tab. listet die Datenfluss-Assoziationen von *Strong* (oben links) bis *PWeak* (unten rechts) auf. Wenn ein TCX (X = 1,2,3) in der Lage ist, eine Datenfluss-Assoziation auszuüben, wird ein „x“ in der entsprechenden TC-Spalte markiert. Die Datenfluss-Assoziationen, die nicht ausgeübt werden, sind mit einem „-“ in der entsprechenden TC-Spalte markiert. Die verwendeten Testeingangssignale oder TC sind: TC1) ein konstantes zeitkontinuierliches Signal von 0,1V, das eine Temperatur von 10°C simuliert, TC2) ein zeitkontinuierliches Signal von 0V bis 0,65V, d. h. 0∘C bis 65°C, und zurück auf 0V (0∘C), TC3) ein zeitkontinuierliches Signal bei 0,40V (45°C). TC1 und TC2 werden auf TS angewendet, während TC3 auf HS angewendet wird.

Um eine Vorstellung zu geben, ist die def-use-Verbindung *(tmpr, 4, TS, 9, TS)* stark, da es nur einen Pfad von den Zeilen 4 bis 9 gibt, ohne dass *tmpr* (eine lokale Variable) neu definiert wird. Das def-use-Paar wird von TC1 und TC2 ausgeführt. Das def-use-Paar *(op_intr, 13, TS, 43, ctrl)* ist ebenfalls eine starke Verbindung. Da es im TDF-Modell *TS* nicht neu definiert wird und ein Ausgangsport ist, wird es beim Fließen zum nächsten TDF-Modell *ctrl* nicht neu definiert. Das def-use-Paar *(out_tmpr, 5, TS, 14, TS)* ist fest, da es lokal zum TDF-Modell *TS* ist und es mehrere Pfade von Zeile 5 bis Zeile 14 gibt. Die def-use-Verbindungen *(op_signal_out, 14, TS, 35, AM)* werden sowohl von TC1 als auch von TC2 ausgeführt, und *(op_signal_out, 74, sense_top, 36, AM)* wird nur von TC2 ausgeführt. Es gibt zwei Pfade, die vom *op_signal_out* Port ausgehen. Ein Pfad verbindet mit dem *AM* als das ursprüngliche Signal (definiert in Zeile 14), und der zweite Pfad wird durch ein Verzögerungselement in Zeile 74 neu definiert. Da beide Pfade in *AM* enden, kann jeder von ihnen basierend auf der mux *select* Leitung verwendet werden. Da diese Information nicht statisch abgeleitet werden kann, wird sie als PFirm bezeichnet. Das def-use-Paar *(op_mux_out, 77, sense_top, 79, sense_top)* wird als PWeak bezeichnet, weil das Signal am Port *op_mux_out* immer durch das Gain-Element in Zeile 87 geht; daher wird es neu definiert, bevor es zum ADC geht. Es wird von allen drei Testfällen ausgeführt.

Als TC2 angewendet wurde, wurde erwartet, dass „T_LED“ (Zeile 49) eingeschaltet wird (sobald die Temperatur über 60°C steigt). Aber es schaltete sich

Tab. 4.7 SystemC-AMS TDF-Modelle-spezifische Datenfluss-Assoziationen – Referenz Auflistung 4.7

	Testsuite				Testsuite		
Statische Paare	TC1	TC2	TC3	Statische Paare	TC1	TC2	TC3
Firma				(intr_, 27, HS, 28, HS)	–	–	x
(intr_, 6, TS, 13, TS)	–	x	–	(temp, 20, HS, 21, HS)	–	–	x
(tmp_out, 34, AM, 38, AM)	–	–	–	(newRH, 26, HS, 27, HS)	–	–	x
(out_tmpr, 5, TS, 14, TS)	x	x	–	(newRH, 26, HS, 29, HS)	–	–	x
(intr_, 25, HS, 28, HS)	–	–	x	(Tdepend, 21, HS, 26, HS)	–	–	x
PFirma				(op_signal_out, 29, HS, 37, AM)	–	–	x
(op_signal_out, 74, sense_top, 36, AM)	–	x	–	(sensitivity, 24, HS, 26, HS)	–	–	x
(op_signal_out, 14, TS, 35, AM)	x	x	–	(ip_signal_in, 18, HS, 20, HS)	–	–	x
PSchwach				(adc_out, 47, adc, 53, ctrl)	–	x	–
(op_mux_out, 77, sense_top, 79, sense_top)	x	x	x	(adc_out, 47, adc, 62, ctrl)	–	–	x
Stark				(op_intr, 13, TS, 67, ctrl)	x	x	–
(m_mux_s, 65, ctrl, 66, ctrl)	–	–	x	(op_hold, 55, ctrl, 7, TS)	–	x	–
(m_mux_s, 65, ctrl, 48, ctrl)	–	–	–	(op_hold, 57, ctrl, 7, TS)	–	x	–
(m_mux_s, 65, ctrl, 53, ctrl)	–	–	–	(op_clear, 45, ctrl, 8, TS)	x	x	–
(m_mux_s, 65, ctrl, 61, ctrl)	–	–	x	(op_clear, 50, ctrl, 8, TS)	–	–	–
(m_mux_s, 54, ctrl, 66, ctrl)	–	x	–	(op_clear, 58, ctrl, 8, TS)	–	x	–
(m_mux_s, 54, ctrl, 48, ctrl)	–	x	–	(op_clear, 67, ctrl, 8, TS)	x	x	–
(m_mux_s, 54, ctrl, 53, ctrl)	–	x	–	(op_hold, 47, ctrl, 7, TS)	x	x	–
(m_mux_s, 54, ctrl, 61, ctrl)	–	–	–	(op_hold, 51, ctrl, 7, TS)	–	–	–
(m_mux_s, 59, ctrl, 66, ctrl)	–	x	–	(op_intr, 13, TS, 43, ctrl)	x	x	–
(m_mux_s, 59, ctrl, 48, ctrl)	–	–	–	(adc_out, 47, adc, 44, ctrl)	x	x	–
(m_mux_s, 59, ctrl, 53, ctrl)	–	–	–	(adc_out, 47, adc, 48, ctrl)	–	x	–
(m_mux_s, 59, ctrl, 61, ctrl)	–	–	x	(tmpr, 4, TS, 9, TS)	x	x	–

(Fortsetzung)

Tab. 4.7 (Fortsetzung)

	Testsuite				Testsuite		
Statische Paare	TC1	TC2	TC3	Statische Paare	TC1	TC2	TC3
(m_mux_s, 63, ctrl, 66, ctrl)	–	–	x	(op_mux_s, 66, ctrl, 35, AM)	x	x	x
(m_mux_s, 63, ctrl, 48, ctrl)	–	–	–	(op_mux_s, 66, ctrl, 36, AM)	–	x	x
(m_mux_s, 63, ctrl, 53, ctrl)	–	–	–	(op_mux_s, 66, ctrl, 37, AM)	–	–	x
(m_mux_s, 63, ctrl, 61, ctrl)	–	–	–	(sig_in, 3, TS, 4, TS)	x	x	–
(m_mux_s, 46, ctrl, 66, ctrl)	x	x	–	(tmpr, 4, TS, 10, TS)	x	x	–
(m_mux_s, 46, ctrl, 48, ctrl)	–	x	–	(intr_, 8, TS, 13, TS)	x	x	–
(m_mux_s, 46, ctrl, 53, ctrl)	–	x	–	(op_intr, 28, HS, 64, ctrl)	–	–	x
(m_mux_s, 46, ctrl, 61, ctrl)	x	x	–	(op_intr, 28, HS, 61, ctrl)	–	–	x
(m_mux_s, 52, ctrl, 66, ctrl)	–	–	–	(intr_, 11, TS, 13, TS)	x	x	–
(m_mux_s, 52, ctrl, 48, ctrl)	–	–	–	(tmp_out, 35, AM, 38, AM)	x	x	x
(m_mux_s, 52, ctrl, 53, ctrl)	–	–	–	(tmp_out, 36, AM, 38, AM)	–	x	–
(m_mux_s, 52, ctrl, 61, ctrl)	–	–	–	(tmp_out, 37, AM, 38, AM)	–	–	x
(C, 22, HS, 26, HS)	–	–	x	(out_tmpr, 10, TS, 14, TS)	x	x	–
(ip_signal_in, 1, TS, 3, TS)	–	–	–	(BC, 23, HS, 26, HS)	–	–	x

TC: Testfall (Testeingangssignal), (*x*) Datenflusspaar ausgeführt, (—) Datenflusspaar nicht ausgeführt

nicht ein, und die Datenflussverbindungen, die mit den Zeilen zwischen den Zeilen 49 und 52 zusammenhängen, wurden nie ausgeführt. Bei genauer Untersuchung wurde ein Schnittstellenproblem zwischen ADC und Steuerung festgestellt. Der Ausgang des ADC war aufgrund der 9-Bit-Auflösung gesättigt. Jedes Signal über 512 mV wurde am ADC-Ausgang auf 512 mV gesättigt.

TC1 und TC2 allein waren nicht ausreichend, um eine angemessene Datenflussabdeckung zu erreichen. Sie konnten viele spezifische Assoziationen zu HS nicht ausüben. Daher wird zusätzlich TC3 verwendet. Es besteht noch Verbesserungspotential für die Abdeckung. Dieses Beispiel zeigt, dass das alleinige Standard-Def-Use-Abdeckungskriterium nicht ausreichend für umfangreiche Tests von SystemC-AMS TDF-Designs ist. Unsere vorgeschlagenen spezifischen SystemC-AMS Strong, Firm, PFirm und PWeak Abdeckungskriterien sind wichtig für eine hochwertige Testsuite.

4.3.3 Implementierungsdetails

In diesem Abschnitt beschreiben wir die Implementierung unseres DFT-Frameworks. Das Framework wird mit der LibTooling-Bibliothek für den Clang-Compiler [83] implementiert. Clang erzeugt einen Abstract Syntax Tree (AST) des Quellcodes des SystemC-AMS TDF-Modells. Der AST wird geparst, um die benötigten Informationen zur Durchführung der Datenflussanalyse zu extrahieren. Im Folgenden diskutieren wir wichtige Implementierungsdetails.

Die Konnektivität (Bindung) von TDF-Modellen ist auf verschiedene Weisen möglich, abhängig von der Implementierung des SystemC-AMS-Designs, z. B. mit dem *bind*-Schlüsselwort. Es ist wichtig, diese mit dem korrekten Semantik zu extrahieren. Standardmäßig befindet sich die Implementierung von SystemC-AMS TDF-Modellen in der *module::processing()*-Funktion, sie könnte aber auch in einer benutzerdefinierten Funktion liegen. Diese wird in der Elaborationsphase mit der *register_processing()*-Bibliotheksfunktion registriert. Diese Information ist für eine korrekte Analyse erforderlich, da das Framework wissen muss, wo es nach dem TDF-Modell suchen soll. Danach wird der AST jedes TDF-Modells erneut geparst, während die Signaldefinition und die Verwendungsinformationen zur Durchführung der statischen Analyse extrahiert werden. Die statische Analyse erfolgt in zwei Schritten: (1) Analyse innerhalb eines TDF-Modells, (2) Analyse des TDF-Clusters. Bitte beachten Sie, dass in Schritt eins die in einem TDF-Modell definierten Ausgangsports anstelle von Verwendung u und Verwendungsmodell um mit X belegt werden. In Schritt 2 wird die Bindungsinformation verwendet, um die Ausgangsports mit X den korrekten TDF-Modellen zuzuordnen. Wenn die Verwendung innerhalb des TDF-Modells existiert, wird das X durch den neuen Verwendungsort ersetzt. Andernfalls bleibt es so, wie es ist. Ebenso werden den Eingangsports zunächst der Startort ihres TDF-Modells oder der Ort der *initialize()*-Funktion zugewiesen. Später werden sie ebenfalls mit Hilfe der Bindungsinformationen aufgelöst.

Schließlich wird die dynamische Analyse durchgeführt, indem das TDF-Modell während des Parsens des AST instrumentiert wird. Für jede erkannte Definition-Verwendung wird eine Druckanweisung unmittelbar vor der Anweisung geschrieben. Diese Druckanweisung protokolliert die Informationen, die sich auf die Variable/den Port beziehen (Ort, Name des TDF-Modells). Dies gilt jedoch nur für die Anweisungen innerhalb eines TDF-Modells. Sobald der TDF-Cluster analysiert wird, muss eine Druckanweisung entweder innerhalb der TDF-Komponente (könnte eine Bibliothekskomponente sein) platziert oder parallel als separates TDF-Modell eingefügt werden. Mit paralleler Einfügung ist gemeint, dass die Daten (Signale), die in das Element mit Neubestimmung (Verstärkung, Verzögerung usw.) fließen, auch in das parallele TDF-Modell fließen, das als *paral-*

lel_print() bezeichnet wird. Wir haben festgestellt, dass *parallel_print()* weniger aufdringlich ist, da die Bibliothekskomponenten unverändert bleiben. Sobald der TDF-Cluster instrumentiert ist, wird eine Testsuite ausgeführt. Jeder Testfall (Testeingangssignal) übt verschiedene Definitionen und Verwendungen aus, und Datenflussassoziationen können auf folgende Weise erstellt werden. Jede Definition wird einer entsprechenden Verwendung zugeordnet, sobald sie auftritt. Wenn es eine Verwendung gibt, aber keine Definition, wird dies als Warnung gemeldet. Die Datenflussassoziationen werden dem Verifizierungsingenieur gemeldet.

4.3.4 Experimentelle Ergebnisse

In diesem Abschnitt präsentieren wir eine Fallstudie, um den vorgeschlagenen DFT-Ansatz für SystemC-AMS TDF-Modelle zu demonstrieren. Die Experimente wurden an zwei realen AMS-Systemen durchgeführt: (1) Autofensterheber-System, (2) Buck-Boost-Konverter [87]. Die Implementierung und Simulation des AMS-Systemdesigns wurden in der COSIDE SystemC-AMS Tool-Umgebung [115] durchgeführt. Beide AMS-Systeme sind mit SystemC-AMS TDF-Modellen implementiert. Die Ergebnisse sind in Tab. 4.8 zusammengefasst. Im Folgenden werden beide Experimente kurz erläutert.

Autofensterheber-System

Im ersten Experiment betrachten wir ein Fensterhebersystem für Autos. Das AMS-System steuert die Fensterbewegungen (hoch und runter), während es sicherstellt, dass die Passagiere nicht verletzt werden. Der durch den Hebermotor flie-

Tab. 4.8 Fallstudie: Datenflussassoziationen des Autofensterheber-Systems und des Buck-Boost-Konverters

			Datenflussassoziationen					
				Dynamische Def-Use-Paare				
AMS-Systeme	Iter.	Tests	Statisch (#)	T (#)	S (%)	F (%)	PF (%)	PW (%)
Fensterheber	0	17	573	446	86	81	0	67
	1	20		467	87	82	0	76
	2	23		487	90	84	0	81
	3	26		525	93	89	0	93
Buck-Boost-Wandler	0	10	362	243	70	65	100	100
	1	15		268	76	72	100	100
	2	20		282	81	75	100	100
	3	24		307	89	81	100	100

T: gesamt, *S:* stark, *F:* fest, *PF:* PFest, *PW:* PSchwach

ßende Strom wird kontinuierlich gemessen, während das Fenster bewegt wird. Im Falle eines Hindernisses (z. B. Hand des Passagiers) ändert sich der Stromfluss, was dem Controller signalisiert, zu stoppen. Das System enthält eine elektrische Steuereinheit (ECU) und eine komplette Fensterumgebung, die den Motor, die mechanischen Teile einschließlich des Fensters und die Steuerknöpfe enthält. Das ECU-Modell beinhaltet einen Motorstromfilter zur Entfernung von Rauschen aus der Strommessung, einen ADC für die Motorstromumwandlung, einen Stromdetektor für Überstromerkennung, die Knopflogik (updown_decoder) und den Mikrocontroller. Während der Simulation wird das Hindernis zu verschiedenen Zeiten und an verschiedenen Fensterpositionen in das System eingefügt (und entfernt).

Das Autofensterheber-System hat ursprünglich 17 Testfälle in der Testbank und erreicht eine Datenflussabdeckung von 78 %. Es wurden 573 def-use-Paare durch unsere statische Analyse identifiziert, von denen 446 durch die dynamische Analyse ausgeführt wurden. Von den 446 ausgeführten Paaren wurden 86 % starke, 81 % feste und 67 % PWeak def-use-Paare ausgeführt. Es wurden keine PFirm def-use-Paare identifiziert. Die *all-defs*, *all-uses* Kriterien sind nicht erfüllt; daher ist auch *all data flow* nicht erfüllt. Tab. 4.8 zeigt vier Iterationen, in denen 9 Testfälle hinzugefügt wurden und die Abdeckung zunahm. Während der Analyse wurden zwei Arten von Fehlern entdeckt: (1) Verwendung von Ports in TDF-Modellen ohne Definitionen, (2) dynamisch induzierte TDF-Ausfälle. In diesem Fall wurde der Zeitschritt reduziert, um das Hindernis beim Schließen des Fensters genau zu bestimmen. Aufgrund der Änderung scheiterten die Schwellenvergleiche in bestimmten Fällen (insbesondere Stromrückkopplungsschleife), was dazu führte, dass def-use-Paare nicht ausgeführt wurden. Diese Art von Fehlern kann tödlich sein, wenn undefiniertes Verhalten nicht überprüft wird.

Buck-Boost-Wandler

Im zweiten Experiment wird ein energieeffizienter Buck-Boost-Wandler [87] verwendet. Es handelt sich dabei um eine Art von DC/DC-Wandler, der in zwei Modi arbeiten kann: (1) Step-down-Wandler (Buck) und (2) Step-up-Wandler (Boost). Er wird häufig in IOT-Geräten verwendet, die oft mit einer Batterie betrieben werden. Die Hauptaufgabe des Buck-Boost-Wandlers ist die Steuerung der Schaltfrequenz. Das Algorithmus überwacht den fließenden Strom. Der Controller legt den Modus des Wandlers (Buck oder Boost), den erwarteten Ausgangswert und den maximal zulässigen Strom fest, der durch den Wandler fließen darf. Um das Modell des Buck-Boost-Wandlers zu testen, wird überprüft, wie schnell die erwartete Ausgangsspannung erreicht wird und wie stabil sie ist. Daher wird eine Eingangsspannung angelegt und eine Zielspannung über den Controller programmiert.

Der Buck-Boost-Wandler hat ursprünglich 10 Testfälle in der Testbank und erreicht eine Datenflussabdeckung von 67 %. Die statische Analyse fand insgesamt 362 Datenflussverbindungen, von denen jedoch nur 243 durch die Testfälle ausgeführt wurden. Die *all-defs* Kriterien sind nicht erfüllt; daher ist auch *all data flow* nicht erfüllt. Von den 243 ausgeführten Paaren wurden 70 % starke, 65 % feste, 100 % PFirm und 100 % PWeak def-use-Paare ausgeführt. *all-PFirm* und *all-PWeak* Kriterien sind erfüllt. Tab. 4.8 zeigt vier Iterationen mit zusätzlichen 14 Testfällen, die die Abdeckung erhöhen. Wir stellten fest, dass in einigen Fällen die Ports nicht definiert, aber dennoch in einem anderen TDF-Modell verwendet wurden. Dies ist undefiniertes Verhalten nach den SystemC-AMS-Standards [13]. Dies kann nicht durch Zeilenabdeckung erkannt werden, da sie dennoch erfüllt wird.

4.4 Zusammenfassung

In diesem Kapitel haben wir drei neuartige Ansätze vorgeschlagen, um die moderne VP-Verifizierungsumgebung stark zu verbessern. Zunächst haben wir eine Methodik für die SW-Testqualifikation der IP-Integration in einem softwaregesteuerten Verifizierungsfluss vorgeschlagen. Unsere Methodik basiert auf der Mutationsanalyse, und wir haben gezeigt, wie man die Hauptaufgaben der funktionalen Qualifikation (aktivieren, propagieren, erkennen) im Kontext der SW-Test-basierten IP-Verifizierung definiert. Darüber hinaus bezieht unsere Qualifikationsmethodik auch die Abdeckungsergebnisse und die SW-Testergebnisse in Bezug auf die ursprünglichen und mutierten IP-Blöcke ein. Dies ermöglicht es, die Tests zu verbessern, da der Benutzer Informationen erhält, ob beispielsweise ein neuer Test erforderlich ist oder das Abdeckungsmodell gestärkt werden sollte. Wir haben die Anwendbarkeit in einem realen VP gezeigt, in dem die Integration von zwei IP-Blöcken dargestellt wird.

Darüber hinaus haben wir den ersten DFT-Ansatz für SystemC-basierte VPs und spezifische SystemC-Abdeckungskriterien vorgestellt. Die Kriterien verwenden fünf Klassifikationen (Strong, TFirm, TWeak, SyncStrong, SyncWeak) für Datenflussverbindungen. Außerdem erklären wir, wie man die Datenflussabdeckungsergebnisse für eine DUV automatisch berechnet, indem man eine Kombination aus statischer und dynamischer Analyse verwendet. Dies ermöglicht es, die Abdeckungsergebnisse zu verbessern, indem Tests für nicht abgedeckte def-use-Paare hinzugefügt werden, da die Benutzer nützliche Informationen erhalten können. Wir haben die Anwendbarkeit in einem realen VP gezeigt, in dem die Ergebnisse eines IP-Modells dargestellt werden.

Dann haben wir den ersten DFT-Ansatz für SystemC-AMS TDF-Modelle und ein spezifisches Abdeckungskriterium dafür vorgestellt. Im Zentrum der vorgeschlagenen Arbeit steht eine skalierbare statische Analyse, die direkt auf den SystemC-AMS TDF-Modellen arbeitet. Sie berücksichtigt die Semantik des TDF-Signalflusses und des dynamischen TDF. Vier Datenflussverbindungen in Bezug auf die Semantik der TDF-Modelle werden vorgeschlagen (Strong, Firm, PFirm, PWeak). Darüber hinaus wird erklärt, wie man mit Hilfe von statischer und dynamischer Analyse die Datenflussabdeckungsergebnisse für eine gegebene DUV automatisch berechnet. Auch die Verbesserung der Abdeckungsergebnisse durch

Hinzufügen von Tests für nicht abgedeckte Datenflusspaare wird diskutiert. Wir haben die Anwendbarkeit in einem realen VP gezeigt, in dem die Ergebnisse von zwei IP-Modellen dargestellt werden.

Kapitel 5
AMS verbesserte funktionale Abdeckungsverifizierungsumgebung

Dieses Kapitel führt neuartige systematische Verifizierungsmethoden ein, die funktionale Abdeckung nutzen, um die Verifizierungsqualität des modernen VP-Verifizierungsflusses zu verbessern. Wie zuvor motiviert, wird die Verifizierung von AMS VPs durch die Verwendung eines Signalgenerators (VP-Testsuite) auf der Eingangsseite des VP und Assertions/Checkern auf der Ausgangsseite durchgeführt, wie in Abb. 5.1 im dunkelgrauen Bereich dargestellt. Der Signalgenerator erzeugt die Eingangstest-Stimuli entsprechend den ausgewählten statischen Parametern.[1] Die Assertions/Checker überprüfen die Korrektheit der Funktionalität. Für eine gründliche Verifizierung des DUV ist jedoch zusätzlich eine Nachverfolgung des Verifizierungsfortschritts erforderlich. In der digitalen Designverifizierung ist die Abdeckung das weit verbreitete Maß für diesen Zweck. Insbesondere hat sich die funktionale Abdeckung als sehr effektiv erwiesen [36, 93, 96, 114]. Sie ermöglicht es zu messen, ob alle Eingabe- und Ausgabespezifikationen (Abdeckungsziele) des DUV verifiziert wurden. Die Abdeckungsschließung ist der für diese Aufgabe verwendete Prozess, d. h., um Abdeckungslücken zu finden und neue Test-Stimuli zu erzeugen, um sie zu treffen. In AMS ist die Verifizierung mit funktionaler Abdeckung jedoch noch in den Kinderschuhen [37, 51, 54] da kontinuierliche Signale und ihre Veränderung über die Zeit viel schwerer zu erfassen sind. Dennoch wurden Methoden, die von funktionaler Abdeckung angetrieben werden, auch für AMS in Betracht gezogen [14, 106, 107]. Die bestehenden Ansätze für AMS leiden jedoch unter drei großen Mängeln: (1) sie sind nicht systematisch, (2) sie berücksichtigen nur lineare Verhaltensweisen von AMS-Systemen, und (3) komplexe mathematische Modelle sind erforder-

[1] Statische Parameter sind die Parameter, die während der Ausführung eines Stimulussignals konstant bleiben, z. B. Amplitude, Frequenz, Phase usw.

M. Hassan et al., *Erweiterte virtuelle Prototypen für heterogene Systeme*,
https://doi.org/10.1007/978-3-031-53152-1_5

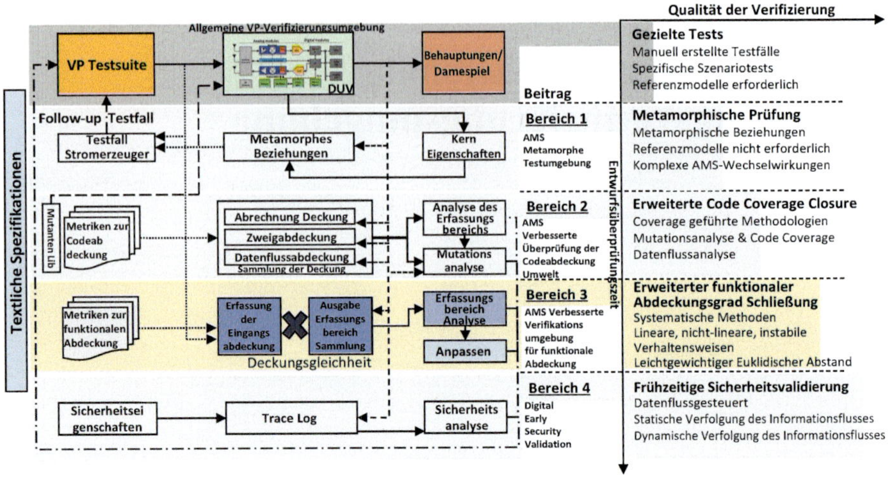

Abb. 5.1 Verbesserte funktionale Abdeckungsverifizierung

lich, um Spezifikationen zu erfassen. Dies ist eindeutig ein Problem, da die wahre Komplexität und Eckfälle von *nicht-linearen* und *instabilen (Überschwingen und Unterschwingen)* Verhaltensweisen herrühren. Darüber hinaus ist das Erfassen dieser Verhaltensweisen nicht trivial und erfordert viel Aufwand.

Daher erweitert dieses Kapitel die VP-Verifizierungsumgebung um mehrere Komponenten, wie im gelben Bereich (Abb. 5.1) dargestellt. Auf der Ein- und Ausgangsseite des DUV werden Abdeckungsbins eingeführt, um die Spezifikationen zu erfassen. Zusätzlich wird eine neuartige Abdeckungsanalyse verwendet, um Abdeckungslücken zu prüfen. Schließlich wird eine automatisierte Analyse vorgeschlagen, um die Abdeckungsschließung zu erreichen. Sie bilden die Grundlage für den vorgeschlagenen AMS-funktionalen Abdeckungsgetriebenen Verifizierungsansatz, der in den nächsten Abschnitten detailliert beschrieben wird.

Wir beginnen in Abschn. 5.1 mit einer kurzen Einführung in die funktionale Abdeckung und skizzieren die Mängel der AMS VP-Verifizierungsumgebung. Dann wird in Abschn. 5.2 die funktionale Abdeckungsgetriebene Umgebung eingerichtet, d. h., das laufende Beispiel und die Zutaten werden diskutiert.

Dann schlägt Abschn. 5.3 den ersten funktionalen Abdeckungsgetriebenen Verifizierungsansatz als systematische Lösung für *Radiofrequenz* (RF) Verstärker [*Leistungsverstärker (PAs), Rauscharme Verstärker (LNAs), Treiberverstärker (DAs),* usw.] vor. Wir heben die Hauptkonzepte der digitalen funktionalen Abdeckung in den Kontext von SystemC AMS im Besonderen und systemweiten Simulationen im Allgemeinen. Zunächst führen wir zur Ermöglichung der AMS-funktionalen Abdeckungsgetriebenen Verifizierung zwei Abdeckungsverfeinerungsparameter auf der Ein- und Ausgangsseite ein, um die Eingabestimuli systematisch zu definieren und die DUV-Spezifikationen zu erfassen. Genauer gesagt, definieren wir auf der Eingangsseite die statischen Parameter[2] der Eingabestimuli-Signale mit Hilfe der Verfeinerungsparameter, d. h., Bereich und Eingabeauflösung. Auf der Ausgangsseite werden die Verfeinerungsparameter verwendet, um die funktionale Abdeckung zur Erfassung der DUV-Spezifikationen zu definieren. Zweitens präsentieren wir einen vollständigen funktionalen Abdeckungsgetriebenen Charakterisierungsansatz. Im Zentrum des Ansatzes steht die Abdeckungsanalyse, die die funktionale Abdeckung von Eingabe, Ausgabe und Checkern verwendet, um zu bestimmen, ob alle DUV-Funktionen gemäß der Spezifikation verifiziert wurden. Im Falle von nicht abgedeckten Funktionen gibt sie Hinweise zur Überarbeitung der Verfeinerungsparameter, um die Abdeckung zu erhöhen und somit letztendlich das DUV vollständig zu charakterisieren. Wir verwenden ein industrielles RF-Sender- und Empfängermodell als Fallstudie, um die Anwendbarkeit und Wirksamkeit unseres Ansatzes zu demonstrieren. Dieser Ansatz wurde in [59] veröffentlicht.

Als nächstes schlagen wir in Abschn. 5.4 einen *Lightweight Coverage Directed Stimuli Generation* (LCDG) Ansatz vor, der CDG erweitert, um das *lineare, nicht-lineare* und *instabile* Verhalten von RF-Verstärkern auf Systemebene zu verifizieren. CDG ist eine Verifizierungsmethode, die darauf abzielt, die Abdeckung automatisch durch die Verwendung von Abdeckungsdaten und mathematischen Funktionen zur Steuerung der nächsten Iterationen der Test-Stimuli-Generierung zu erreichen. Im Kern unseres LCDG-Ansatzes steht eine Abdeckungsanalyse, die funktionale Abdeckungsdaten von Eingabe, Ausgabe und Prüfern in Kombination mit der *Euklidischen Distanz* nutzt, um die Abdeckung zu erreichen. Die viel einfachere *Euklidische Distanz* im Gegensatz zu *Bayesian Networks* oder komplexen Wahrscheinlichkeitsverteilungsfunktionen macht unseren Ansatz *leichtgewichtig.* Im Falle von Abdeckungslücken verfeinert die Analyse automatisch die statischen Stimuli-Parameter, um die Abdeckung des DUV zu erhöhen. Zunächst definieren wir gemäß den Spezifikationen die statischen Parameter der Eingabestimuli sowie die Abdeckungsziele für Eingabe-Ausgabe. Diese Abdeckungsziele erfassen das *lineare* und *nicht-lineare* Verhalten. Obwohl gut bekannt, sind viele Eckfälle in Regionen verborgen, wenn das Verhalten von *linear* zu *nicht-linear* wechselt oder umgekehrt. Daher legen wir mit unserem Ansatz einen besonderen Fokus auf 0diese Regionen, da die Identifizierung eines solchen *instabilen* Verhaltens spät in der Verifizierungsphase einen ernsthaften Einfluss auf das Design haben wird. Daher definieren wir zweitens zusätzliche spezielle Abdeckungsziele, um auch *instabiles* Verhalten zu erfassen. Beachten Sie, dass diese Definition über Abdeckungsziele die Identifizierung von unerwünschtem, d. h. instabilem, Verhalten während der Simulation ermöglicht. Mit anderen Worten, wir definieren hier die Ziele, die im Falle eines korrekten DUV nicht getroffen werden sollten. Um die Abdeckungsziele für *lineares* und *nicht-lineares* Verhalten zu definieren, überprüfen wir die Verfeinerungsparameter für die Abdeckung aus Abschn. 5.2.2, d. h.

[2] Statische Parameter sind die Parameter, die während der Ausführung eines Stimulussignals konstant bleiben, z. B. Amplitude, Frequenz, Phase usw.

Bereich und Auflösung. Zusätzlich erweitern wir die Verfeinerungsparameter, um Abdeckungsziele für *instabiles*Verhalten zu definieren. Drittens ermöglicht dies den folgenden allgemeinen LCDG-Ansatz: Die *Euklidische Distanz* wird zwischen den Abdeckungslücken und den DUV-Ausgaben gemessen. Der DUV-Ausgang mit der kleinsten *Euklidischen Distanz* zu einer Abdeckungslücke wird verwendet, um den *Auflösungs* parameter systematisch anzupassen, um neue statische Parameter für Stimuli zu generieren. Dieser leichtgewichtige und systematische Ansatz gewährleistet eine effiziente Konvergenz. In einem umfangreichen Satz von Experimenten mit mehreren konfigurierbaren industriellen System-Level-LNA-Modellen (als Repräsentant von RF-Verstärkern) fand der vorgeschlagene LCDG-Ansatz einen schwerwiegenden Fehler, der während des regulären Verifizierungsprozesses übersehen wurde. Darüber hinaus führen wir eine Fehlerinjektionstechnik auf dem industriellen LNA durch, um die Fehlererkennungsqualität unseres LCDG-Ansatzes zu demonstrieren. Die ermutigenden Ergebnisse zeigen, dass LCDG effektiv zur Verifizierung des *linearen, nicht-linearen* und *instabilen* Verhaltens der RF-Verstärker frühzeitig in der Designphase eingesetzt werden kann.

5.1 Grundlagen

In diesem Abschnitt überprüfen wir kurz die Konzepte der funktionalen Abdeckung. Dann betrachten wir die typische (fortgeschrittene industrielle) Verifizierungsumgebung auf Systemebene und identifizieren ihre Mängel.

5.1.1 Funktionale Abdeckung

Die funktionale Abdeckung ist eine stark genutzte Verifizierungsmetrik in der digitalen Verifizierung [96]. Sie bestimmt, inwieweit die Funktionalität (oder Merkmale) des DUV durch die Eingabestimuli ausgeübt wurde. Die funktionale Abdeckung wird vom Verifizierungsingenieur in Übereinstimmung mit den Spezifikationen des DUV definiert. Gemäß dem IEEE SystemVerilog-Standard [72] werden die folgenden Zutaten in einer simulationsbasierten Verifizierungseinstellung verwendet. Ein Abdeckungsmodell ist erforderlich, um die funktionale Abdeckung zu definieren, die als *covergroup* definiert wird. Jede *covergroup* kann einen oder mehrere *coverpoints* enthalten. Die funktionale Abdeckung ordnet jeden funktionalen Aspekt (oder Spezifikation) einem *coverpoint* zu. Jeder *coverpoint* enthält *coverage bins* (manchmal als *bins* bezeichnet), die die Anzahl der Vorkommen verschiedener Werte sammeln und berechnen. Die funktionale Abdeckung ermöglicht auch das Verfolgen von Informationen, die gleichzeitig auf mehreren *coverpoints* empfangen werden, genannt *cross-coverage*. Einer der

Vorteile der funktionalen Abdeckung ist, dass sie für die Verifizierung auf verschiedenen Designabstraktionen wiederverwendet werden kann.

5.1.2 AMS VP Verifizierungsumgebung und Mängel

Um ein AMS DUV zu verifizieren, muss eine Verifizierungsumgebung erstellt werden. Abb. 5.2 zeigt eine solche Verifizierungsumgebung, die unser laufendes LNA-Beispiel im dunkelgrauen Bereich umgibt. Basierend auf dieser Verifizierungsumgebung führt der Verifizierungsingenieur die Verifizierung des LNA durch. Sie leidet jedoch unter zwei großen Problemen:

1. Für eine gründliche Verifizierung des LNA ist jedoch ein systematischer Ansatz erforderlich, wie in der Einleitung motiviert, der es ermöglicht, die Stimuli-Seite zu steuern (und zu prüfen) sowie zu prüfen, ob alle Designmerkmale charakterisiert wurden. Daher erweitern wir die Verifizierungsumgebung um mehrere Komponenten, wie in dem hellblauen Bereich von Abb. 5.2 gezeigt. Sie bilden die Grundlage für unseren vorgeschlagenen funktionalen Abdeckungsgetriebenen Verifizierungsansatz für AMS, der in Abschn. 5.3 detailliert beschrieben wird.
2. Selbst mit einem systematischen Ansatz wird die manuelle Beobachtung von *nicht-linearen* und *instabilen* Verhaltensweisen zu einer mühsamen Aufgabe. Darüber hinaus ist das Erfassen solcher Verhaltensweisen für eine automatisierte Analyse nicht trivial und erfordert erheblichen Aufwand. Daher fügt dieses Kapitel weitere Komponenten hinzu, um solche Verhaltensweisen zu erfassen, wie in dem gelben Bereich von Abb. 5.2 gezeigt. Sie bilden die Grundlage für unseren vorgeschlagenen *Lightweight CDG* (LCDG) Ansatz, der in Abschn. 5.4 detailliert beschrieben wird.

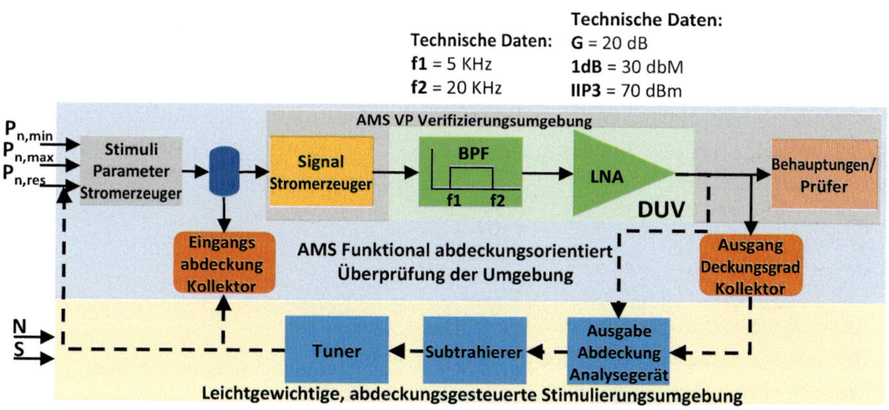

Abb. 5.2 Erweiterte funktionale Abdeckungsverifizierungsumgebung für AMS – LNA: Low Noise Amplifier, BPF: Band-Pass Filter, res: Auflösung, ires: Intervallauflösung

5.2 Erweiterte Einrichtung der funktionalen Abdeckungsverifizierungsumgebung

Dieser Abschnitt beschreibt die Bestandteile einer erweiterten funktionalen Abdeckungsverifizierungsumgebung für RF-Verstärker (siehe Abb. 5.2). Zusätzlich führt er das laufende Beispiel eines *Low Noise Amplifier* (LNA) (Abschn. 5.2.1) ein, das in diesem Kapitel verwendet wird. Es gibt vier gängige Bestandteile, um den erweiterten Ansatz zu ermöglichen: (1) Erzeugung von Eingangsreizen, (2) Definition und Erfassung der Ausgangsabdeckung, (3) Definition der Querabdeckung und (4) Definition der Prüfer. Die Erzeugung von Eingangsreizen umfasst die folgenden drei Stufen: Erzeugung statischer Reizparameter, Definition und Erfassung der Eingangsabdeckung und Signalgenerierung. Eingangsreiz-statische Parameter werden erzeugt und in der *Parameterdatenbank* gespeichert. Verschiedene statische Parameter konfigurieren den *Signalgenerator*, um verschiedene Eingangsreizsignale für die DUV zu erzeugen, was den Reiz dazu führt, verschiedene Funktionen auszuüben. Dies kann mit den AMS funktionalen Abdeckungspunkten auf Eingang und Ausgang beobachtet werden, d. h., *Eingangsabdeckungssammler* und *Ausgangsabdeckungssammler*. Eine *Querabdeckung* wird zwischen *Eingangsabdeckungssammler* und *Ausgangsabdeckungssammler* definiert, um die Beziehung zwischen Eingängen und Ausgängen zu untersuchen. Die *Prüfer* werden verwendet, um die Korrektheit des DUV-Ausgangsverhaltens sicherzustellen. Wenn alle Parameter aus der *Parameterdatenbank* verwendet wurden und die Datenbank leer ist, wird die *Abdeckungsanalyse* durchgeführt. Die folgenden Abschnitte liefern weitere Details zu den Elementen.

5.2.1 *Laufendes Beispiel: LNA*

Als laufendes Beispiel betrachten wir zwei LNAs mit leicht unterschiedlichem Ausgangs *Gain* (G). Der Gain für den ersten LNA wird als G_1bezeichnet (verwendet in Abschn. 5.3), und der Gain für den zweiten LNA wird als G_2 bezeichnet (verwendet in Abschn. 5.4). Die restlichen Spezifikationen sind ähnlich. Das Verhaltensmodell folgt den Konzepten aus [19, 81]. Der konkrete LNA hat die folgenden Spezifikationen:

- (G_1) (min., typisch, max.) = 16.5 dB, 18.2 dB, 19.9 dB
- (G_2) (min., typisch, max.) = 16 dB, 18 dB, 20 dB
- 1dB Kompressionspunkt = 30 dBm
- Ausgangs *Dritter Ordnungsübergang* (IP3) = 70 dBm
- Betriebsfrequenz = 5 KHz bis 20 KHz
- Eingangsimpedanz = 50 Ohm
- Ausgangsimpedanz = 50 Ohm

Das Modell ist in SystemC AMS implementiert.

5.2.2 Umgebungseinrichtung

Dieser Abschnitt beschreibt die Komponenten, die die DUV (laufendes Beispiel) umgeben, um eine Verifizierungsumgebung zu schaffen. Diese Umgebung ermöglicht die erweiterten Methoden zur funktionalen Abdeckungsschließung.

Erzeugung und Abdeckung von Eingangsreizen

Der erste Schritt für die AMS funktionale Abdeckungs-getriebene Charakterisierung ist die Erzeugung von Eingangsreizsignalen. Sie werden mit einem idealen Signalgenerator erzeugt, der als Funktion

$$f(t, p1, p2, p3, \ldots.pi),$$

definiert ist.

wo t die Zeit ist, und $p1, p2, \ldots, pi;\ 0 < i < \infty$ sind die statischen Reizparameter, die die Eingangsreizsignale formen. Die Auswahl der Funktion $f(t, \ldots)$ basiert auf der zu verifizierenden DUV-Funktionalität, z. B. Sinus, Rechteckwelle, Einzelton, Mehrton, benutzerdefiniert, usw.

Die Erzeugung von Eingangsreizen umfasst drei Stufen: Erzeugung statischer Reizparameter, Erfassung der Eingangsabdeckung und Signalgenerierung. Im Folgenden werden diese drei Stufen im Detail diskutiert.

Erzeugung statischer Stimuli-Parameter

Statische Stimuli-Parameter werden definiert, nachdem die Spezifikationen des DUV aus dem Datenblatt konsultiert wurden. Das Datenblatt definiert den möglichen Bereich der Eingabe statischer Stimuli-Parameter, z. B. minimale/maximale Frequenz (Hz), minimale/maximale Amplitude (V), Eingangsleistungsbereich (dBm), usw. Darüber hinaus ist ein effizientes Durchlaufen der Parameter im definierten Bereich erforderlich, da es nicht machbar ist, für jeden möglichen Wert zu simulieren. Daher wird ein *Stimuli-Parametergenerator* (Abb. 5.2) definiert, der als Eingabe einen Bereich der Stimuli-Parameter und einen Eingabe-*Auflösungs*-Parameter, d. h. die Schrittgröße, nimmt, um systematisch statische Parameter zu erzeugen. Als Beispiel zeigt Abb. 5.3a Sinuswellen mit einer *Auflösung* von 0,2 V Amplitudendifferenz, und Abb. 5.3b zeigt Sinuswellen mit 0,2 Hz Frequenzdifferenz. Diese Eingabe-*Auflösungs*-Definition ist wichtig, und ihre Auswahl für Stimuli-Parameter sollte sorgfältig erfolgen. Eine zu grobe *Auflösung* führt dazu, dass es wenige statische Stimuli-Parameter gibt, was zu wenigen Eingabe-Stimuli-Signalen führt. Andererseits führt eine zu feine *Auflösung* zu zu vielen Eingabe-Stimuli-Signalen. Im Falle des Ersteren wird die Simulationszeit auf Kosten eines möglicherweise nicht verifizierten DUV reduziert, während im Falle des Letzteren die Simulationszeit extrem hoch ist und möglicherweise ein vollständig veri-

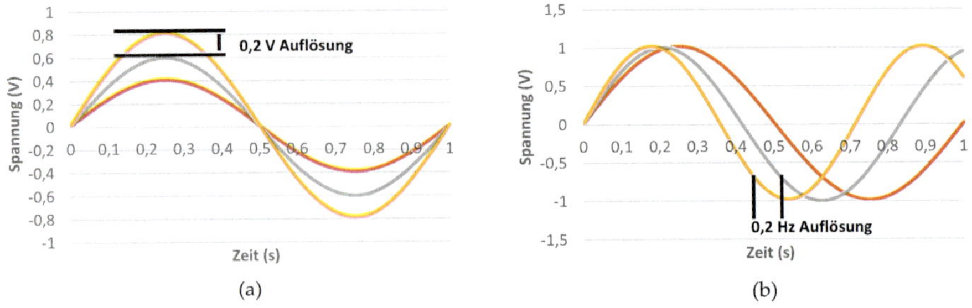

Abb. 5.3 Grafische Darstellung des *Auflösungs*-Parameters. (**a**) Definition der Stimuli-Parameterauflösung mit 0,2 V Amplitudendifferenz. (**b**) Definition der Stimuli-Parameterauflösung mit 0,2 Hz Frequenzdifferenz

fiziertes DUV vorliegt. Bitte beachten Sie, dass eine grobe *Auflösung* eine größere Schrittgröße bedeutet und eine feine *Auflösung* eine kleinere Schrittgröße bedeutet. Der *Stimuli-Parametergenerator* erzeugt alle möglichen Kombinationen von statischen Parametern in Bezug auf die definierte *Auflösung* und speichert sie in der *Parameterdatenbank.*

Für unser laufendes Beispiel des LNA nehmen wir einen idealen Signalgenerator, der zwei Argumente als Eingabe nimmt und die folgende Funktion implementiert:

$$f_1(t, A, F) = A * sin(2 \times \pi \times F \times t), \tag{5.1}$$

wobei der Parameter A die Amplitude, der Parameter F die Frequenz und der Parameter t die Zeit des Stimuli-Signals ist. A und F sind statische Parameter, die definiert werden müssen. Daher setzen wir zunächst, ausgehend von den Spezifikationen (Abschn. 5.2.1), die Eingaben des Stimuli-Parametergenerators wie folgt:

$$\begin{aligned} A &= (0, 5.0; 0.5)\ V \\ F &= (5e3, 20e3; 3e3)\ Hz. \end{aligned} \tag{5.2}$$

Gl. 5.2 spezifiziert Parameter A: zwischen 0 V und 5 V (beide inklusive) und die *Auflösung* beträgt 0,5 V. Das bedeutet, die Amplitudenwerte sollten 0 V, 0,5 V, 1 V,... sein. Gleichung 5.2 spezifiziert auch Parameter F: zwischen 5 KHz und 20 KHz (beide inklusive) und die *Auflösung* beträgt 3 KHz. Das bedeutet, die Frequenzwerte sollten 5 KHz, 8 KHz, ... sein. Der *Stimuli-Parametergenerator* nimmt diese beiden Parameter als Eingabe und erzeugt Paare von Parametern *(a, f)*. Die konkreten Paare sind: *(a, f) = 0, 5e3; 0.5, 5e3; 1, 5e3;...; 4, 20e3, ...*

Erfassung der Eingabeabdeckung

Funktionale Abdeckungspunkte sind auf der Eingangsseite des DUV erforderlich, um die Qualität der erzeugten statischen Parameter zu bewerten. Daher wird ein *Eingabeabdeckungssammler* definiert und vor dem *Signalgenerator* platziert.

Der Grund für diese Platzierung ist, dass die statischen Parameter direkt verfügbar sind. Andernfalls, wenn die Platzierung nach dem *Signalgenerator* erfolgt, sind komplexe Messwerkzeuge und eine Nachbearbeitung des Signals erforderlich, um die gleichen Parameter zu extrahieren. Der *Eingabeabdeckungssammler* erfasst verschiedene statische Stimuli-Parameter, z. B. Frequenz (Hz), Amplitude (V), usw. Zusätzlich erfasst er Eingabespezifikationen des DUV, z. B. Eingangsleistung (dBm). Die funktionalen Abdeckungs-*Bins* für statische Parameter und Eingabespezifikationen werden mit Hilfe des Bereichs der statischen Parameter definiert. Darüber hinaus definiert jeder *Bin* einen weiteren Parameter *Intervallauflösung*. Sein Zweck ist es, einen Bereich von Werten innerhalb der definierten *Bin-Auflösung* zu erstellen. Bitte beachten Sie, dass es durchaus möglich ist, dass die ausgewählte *Auflösung* und *Intervallauflösung* zu *Abdeckungsbins* führen, die nicht alle DUV-Eingabespezifikationen abdecken. In diesem Fall ist eine Überarbeitung der *Auflösung* und *Intervallauflösung* erforderlich. Der *Eingabeabdeckungssammler* spielt eine entscheidende Rolle bei der Kreuzabdeckung, die später erklärt wird.

Ein relevanter Code-Ausschnitt des laufenden Beispiels Abschn. 5.2.1 für die Eingangsabdeckung *Coverpoints* wird in Auflistung 5.1 gezeigt. Im Eingangsabdeckungssammler werden *Coverage Bins* für *A* (Auflistung 5.1 Zeilen 1–7) und *F* (Auflistung 5.1 Zeilen 9–15) definiert, zunächst mit der gleichen *Auflösung* wie für statische Parameter in Gl. 5.2 definiert. Daher repräsentiert jeder *Bin* einen Amplituden-/Frequenzwert. Ein zusätzlicher *Coverpoint* wird für die Eingangsleistung wie folgt definiert:

$$\begin{aligned} input\_power &= (20, 30;\ 5, 4.99)\ dBm \\ input\_power &= (30, 36;\ 2, 1.99)\ dBm \\ input\_power &= (38, 40;\ 1, 0.99)\ dBm \end{aligned} \tag{5.3}$$

Gl. 5.3 definiert Abdeckungs-*Bins* für die Eingangsleistung mit drei verschiedenen *Auflösungen* und *Intervallauflösungen:* (1) zwischen 20 dBm und 30 dBm mit 5 dBm *Auflösung* und 4,99 dBm *Intervallauflösung,* (2) zwischen 30 dBm und 36 dBm mit 2 dBm *Auflösung* und 1,99 dBm *Intervallauflösung,* und (3) zwischen 38 dBm und 40 dBm mit 1 dBm *Auflösung* und 0,99 dBm *Intervallauflösung.* Dies liegt an der logarithmischen Skala für dBm, bei der eine Erhöhung der Amplitude (A) der Stimulussignale zu kleineren Erhöhungen in dBm führt. Daher werden diese drei verschiedenen Werte verwendet, um das maximale Verhalten des DUV abzudecken. Die *Bins* sind definiert von Auflistung 5.1 Zeile 18 bis Auflistung 5.1 Zeile 26. Die definierten *Bins* für *A, F und Eingangsleistung* sind in den Tab. 5.1, 5.2 und 5.3 dargestellt. Die Tabellen können folgendermaßen interpretiert werden: Die erste Spalte zeigt die Gesamtabdeckung des *Coverpoints,* die zweite Spalte zeigt die Beschreibung der *Coverage Bins,* die dritte Spalte zeigt den Wert jedes *Bins,* der am Ausgang des DUV für diesen *Bin* erscheinen sollte, die vierte Spalte zeigt, wie oft dieser *Bin* abgedeckt wurde (getroffen), und die letzte Spalte zeigt, ob der *Bin* abgedeckt (getroffen) wurde oder nicht. *Grün* bedeutet einen erfolgreichen Treffer, und *rot* bedeutet einen Fehlschlag.

Tab. 5.1 LNA: Parameter A (Amplitude) Abdeckungsbericht

	amplitude_cvp "amplitude_values"			
	Description	Value	#Hits	Hit
100.0%	Low corner	0	18	✓
	0.5 V	0.5	18	✓
	1.0 V	1.0	18	✓
	1.5 V	1.5	18	✓
	2.0 V	2.0	18	✓
	2.5 V	2.5	18	✓
	3.0 V	3.0	18	✓
	3.5 V	3.5	18	✓
	4.0 V	4.0	18	✓
	4.5 V	4.5	18	✓
	High corner	5.0	18	✓

Auflösung = 0,5 V

Tab. 5.2 LNA: Parameter F (Frequenz) Abdeckungsbericht

	freq_cvp "frequency_values"			
	Description	Value	#Hits	Hit
100.0%	Low corner	5000	33	✓
	8 KHz	8000	33	✓
	11 KHz	11,000	33	✓
	14 KHz	14,000	33	✓
	17 KHz	17,000	33	✓
	High corner	20,000	18	✓

Auflösung = 3 KHz

Tab. 5.3 LNA: Eingangsleistung Abdeckungsbericht

	input_power_cvp "input_power_values"			
	Description	Value	#Hits	Hit
100.0%	20 dBm	[20: 24.99]	18	✓
	25 dBm	[25: 29.99]	18	✓
	30 dBm	[30: 31.99]	18	✓
	32 dBm	[32: 33.99]	18	✓
	34 dBm	[34: 35.99]	18	✓
	36 dBm	[36: 37.99]	18	✓
	38 dBm	[38: 38.99]	18	✓
	39 dBm	[39: 39.99]	18	✓
	40 dBm	[40: 40.99]	18	✓

Auflösung = 5, 2, 1 (dBm), *Intervallauflösung* = 4,99, 1,99, 0,99 (dBm)

```
coverpoint<double> A_cvp = coverpoint<double> (this,
bin<double>("low corner", 0.0),
bin<double>("0.5", 0.5),
....
bin<double>("4.5", 4.5),
bin<double>("high corner", 5.0)
);

coverpoint<double> F_cvp = coverpoint<double> (this,
bin<double>("low corner", 5e3),
bin<double>("8e3", 8e3),
....
bin<double>("17e3", 17e3),
bin<double>("high corner", 20e3)
);

coverpoint<double> input_power_cvp = coverpoint<double> (this,
bin<double>("20", interval(20:24.99)), // 4.99 dBm
bin<double>("25", interval(25:29.99)),
bin<double>("30", interval(30:31.99)), // 1.99 dBm
bin<double>("32", interval(32:33.99)),
bin<double>("34", interval(34:35.99)),
bin<double>("36", interval(36:37.99)),
bin<double>("38", interval(38:38.99)), // 0.99 dBm
bin<double>("39", interval(39:39.99)),
bin<double>("40", interval(40:40.99))
);
```

Auflistung 5.1 LNA: Definition der Eingangsabdeckungs-Coverpoints

Signalgenerierung

Die statischen Stimuli-Parameter, die in der *Parameterdatenbank* gespeichert sind (Abschn. 5.2.2), werden paarweise entnommen und als Eingabe an den *Signalgenerator* gegeben. Der *Signalgenerator* erzeugt das entsprechende Testeingangssignal für die DUV. Wenn die Stimuli-Parameter angewendet werden, stellen wir fest, dass die Eingangsabdeckung 100 % für Amplitude A, Frequenz F und Eingangsleistung (dBm) beträgt, wie in den Tabellen 5.1, 5.2 und 5.3 jeweils gezeigt.

Definition und Erfassung der Ausgangsabdeckung

Die von dem *Signalgenerator* erzeugten Eingangsstimuli-Signale führen zu verschiedenen DUV-Verhaltensweisen. Der Ausgang der DUV geht an den *Ausgangsabdeckungssammler.* Der *Ausgangsabdeckungssammler* ist definiert, um verschiedene DUV-Spezifikationen zu erfassen, d. h., Ausgangssignal-Leistung (dBm), Verstärkung (dB), 1 dB Kompressionspunkt, usw. Wiederum wird die *Auflösung* des Ausgangsabdeckungssammlers definiert. Zu grob (niedrige *Auflösung*) könnte wichtige Spezifikationen übersehen und Abdeckungslücken erzeugen. Zu fein (hohe *Auflösung*) könnte zu vielen unnötigen Werten führen, die ein ähnliches Verhalten zeigen. Darüber hinaus wird auch eine *Intervallauflösung* ähnlich wie in Abschn. 5.2.2 definiert. Die Behälter mit mehr Treffern können weiter ausgedehnt werden, um das genaue Verhalten zu beobachten.

Tab. 5.4 LNA Verstärkung (G_1) Ausgangsabdeckungsbericht

	gain_cvp "gain_values"			
	Description	Value	#Hits	Hit
37.5%	Low corner	[16.5: 16.7]	0	x
	17.0 dB	[17.0: 17.2]	0	x
	17.5 dB	[17.5: 17.7]	0	x
	18.0 dB	[18.0: 18.2]	21	✓
	18.5 dB	[18.5: 18.7]	0	x
	19.0 dB	[19.0: 19.2]	27	✓
	19.5 dB	[19.5: 19.7]	21	✓
	High corner	[20.0: 20.2]	0	x

Auflösung = 0.5 dB, *Intervallauflösung* = 0.2 dB

Die Ausgangsspezifikationen von Interesse für unser laufendes Beispiel der LNA DUV sind Verstärkung (G_1) und 1 dB Kompressionspunkt. Wir definieren einen Coverpoint für die Verstärkung mit *Behältern,* die von 16,5 dB bis 20 dB reichen, mit einer *Auflösung* von 0,5 dB und einer *Intervallauflösung* von 0,2 dB. Der 1 dB Kompressionspunkt liegt bei der Eingangsleistung, die einer Verstärkung von 18,9 dB entspricht. Die Abdeckungsbehälter sind in Tab. 5.4 dargestellt.

Definition der Kreuzabdeckung

Eine Kreuzabdeckung ist erforderlich, um die Eingangs-Ausgangs-Beziehung der DUV zu beobachten. Da das Ziel eine frühe Verifizierung ist, kann die Kreuzabdeckungsinformation genau feststellen, welche Eingangsstimuli welches Ausgangsverhalten hervorgerufen haben. Dies ist insbesondere nützlich, da die gleichen Stimuli für niedrigere Abstraktionen wie SPICE-Level-Simulationen in Betracht gezogen werden. Anstatt jeden Test-Stimulus auszuführen, der viel Zeit in Anspruch nehmen würde, können nur nützliche Stimuli ausgeführt werden, um das gewünschte DUV-Verhalten zu erhalten. Tab. 5.7 zeigt einen Ausschnitt der Kreuzabdeckung zwischen Checkern – Eingangsleistung – Verstärkung.

Definition der Checker

Die funktionale Abdeckung gibt nur an, wie viel Funktionalität der DUV ausgeübt wurde. Um zu überprüfen, ob die abgedeckte Funktionalität auch ein korrektes Verhalten gezeigt hat, sind Checker erforderlich. Daher wird der DUV-Ausgang auch als Eingabe für Checker verwendet, wie in Abb. 5.2 gezeigt. Eine Checker-Definition zur Berechnung des 1 dB Kompressionspunktes ist in Listing 5.2 zur Referenz gezeigt. Es überprüft, dass das DUV-Ausgangssignal innerhalb eines ± Epsilon-Bereichs bleibt (Zeile 12). Wenn der DUV-Ausgang mit einem Faktor von 0,891 multipliziert wird, erhalten wir den Amplitudenwert des 1 dB Kompressionspunktes [81, 116]. Zeile 1 definiert ein Referenzsignal *f_inp1*, das mit dem DUV-Ausgang (Zeile 10) mit den Checkern verglichen wird. Der Vergleich beginnt nach 2 ms (Zeile 13), damit das Signal stabilisiert ist und dauert bis

10 ms (Zeile 14). Wenn der Checker zu irgendeinem Zeitpunkt versagt, wird eine Warnmeldung erzeugt (Zeile 15).

```
1  auto f_inp1 = [=](double t) { ()
2  return dut_p->input_amplitude*sin(
3  2.0*M_PI*dut_p->input_frequency*t
4  );
5  };
6
7  CHECK_RANGE_EPS_DYNAMIC(*s.lna_out_s, // Checked Signal
8  ref_f_t([=](double t) //reference (expected) function
9  {
10 return ( 10*0.891*f_inp1(t)); ()
11 }),
12 0.2, // epsilon ()
13 sc_time(2.0, SC_MS), ()
14 sc_time(10, SC_MS), ()
15 sc_core::SC_WARNING, ()
16 "top_testbench");
```

Listing 5.2 LNA: Checker-Definition zur Berechnung des 1 dB Kompressionspunktes

Im nächsten Abschn. (5.3) verwenden wir die Zutaten, um den funktionalen Abdeckungsgetriebenen Verifizierungsansatz vorzuschlagen, um die Verifizierungsqualität von RF-Verstärkern systematisch zu verbessern.

5.3 AMS Funktionaler Abdeckungsgetriebener Verifizierungsansatz

In diesem Abschnitt diskutieren wir den systematischen funktionalen abdeckungsgetriebenen Verifizierungsansatz. Der Überblick über den Ansatz ist in Abb. 5.4 dargestellt. Der Ansatz verwendet die Hauptzutaten aus Abschn. 5.2: Erzeugung von Eingangsstimuli, Definition der Ausgangsabdeckung, Definition der Kreuzabdeckung und Definition der Checker. Die Zutaten werden in der neu vorgeschlagenen Abdeckungsanalyse in Sect. 5.3.1 verwendet.

5.3.1 Abdeckungsanalyse

Die Abdeckungsanalyse wird ausgeführt, wenn alle Stimulussignale, die den statischen Parametern entsprechen, erzeugt wurden und die *Datenbank der Parameter* leer ist. Die erzeugten Abdeckungsergebnisse werden analysiert, um zu bestimmen, ob alle Eingabe-*Abdeckungsbereiche* und Ausgabe-*Abdeckungsbereiche* einzeln abgedeckt wurden oder nicht. Die Eingabeabdeckung sollte 100 % betragen, da sie von den statischen Stimulusparametern abhängt und nicht vom Verhalten des DUV. Dies geht aus den Ergebnissen in den Tab. 5.1, 5.2und 5.3 hervor. Die funktionale Ausgabeabdeckung hängt von den Eingabe-Stimulussignalen und dem Verhalten des DUV ab. Unser Ziel ist es, eine Ausgabeabdeckung von 100 % zu erreichen. Wenn alle Abdeckungsbereiche im Abdeckungsbericht abgedeckt

Abb. 5.4 Überblick über den AMS funktionalen abdeckungsgetriebenen Ansatz – res: Auflösung, ires: Intervallauflösung

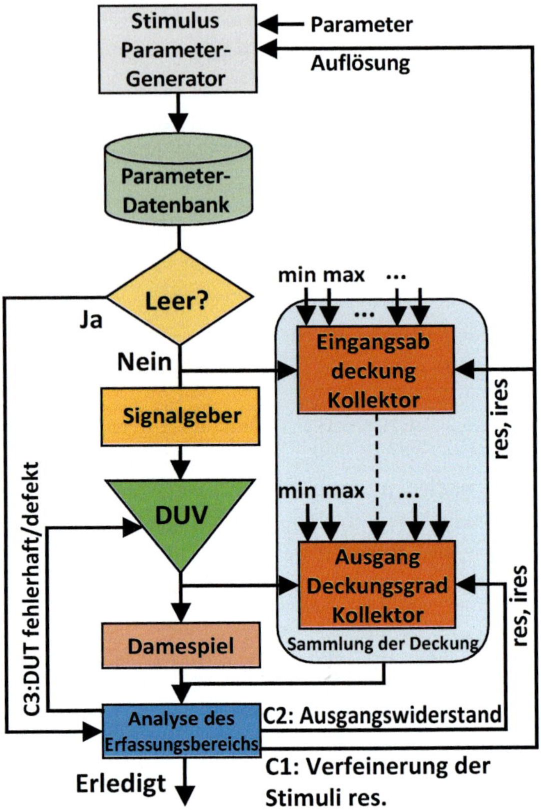

sind, d. h. 100 % Abdeckung, ist nichts weiter zu tun. Bitte beachten Sie, dass eine Abdeckung von 100 % nur anzeigt, dass alle definierten Ziele *(Abdeckungsbereiche)* der DUV-Charakterisierung erreicht wurden. Es bedeutet nicht unbedingt, dass alle DUV-Spezifikationen überprüft wurden. Falls die DUV-Spezifikation nicht abgedeckt ist, gibt es drei Fälle:

C1: Die *Auflösung* der statischen Stimulusparameter ist grob (niedrig); daher liegen die Eingabe-Stimulussignale weit auseinander. Infolgedessen werden viele Ausgabe-*Abdeckungsbereiche* nicht getroffen, und es entstehen Abdeckungslücken. In diesem Fall sollte die *Auflösung* erhöht werden, d. h. die Schrittgröße sollte verringert werden.

C2: Die *Auflösung* der *Ausgabe-Abdeckungssammler* ist grob (niedrig) oder die *Bereiche* sind nicht definiert. Daher ist es nicht möglich, die Ausgabespezifikationen des DUV zu erfassen. In diesem Fall müssen entweder neue *Bereiche* definiert (gemäß den Spezifikationen) oder die *Auflösung* verfeinert werden, d. h. die Schrittgröße verringern.

C3: Das DUV hat einen Fehler, und die Verfeinerung der *Auflösung* oder der *Intervallauflösung* der statischen Stimulusparameter oder der *Ausgabe-*

Abdeckungssammler hat keinen Effekt. In diesem Fall analysieren Sie die DUV-Implementierung auf mögliche Fehler.

Fall C2 hat eine höhere Priorität als Fall C1. Der Grund dafür ist, dass wenn *Bereiche* für eine Spezifikation nicht im *Ausgabe-Abdeckungssammler* definiert sind, das Ausgabeverhalten nicht beobachtet werden kann.

Wir stellen fest, dass die funktionale Abdeckung für die Verstärkung (G_1) in unserem laufenden Beispiel nicht 100 %, sondern nur 37,5 % beträgt, wie in Tab. 5.4 gezeigt. Gemäß Abschn. 5.3.1 Fall C1, um die Ausgabeabdeckung zu erhöhen, müssen wir die Auflösung der Stimuli-Parameter verfeinern. Wir stellen auch fest, dass mit der definierten *Auflösung* und *Intervallauflösung* der Verstärkung, der Bin für DUV-Verstärkung, d. h. 19,9 dB, und der 1 dB-Kompressionspunkt-Bin, d. h. 18,9 dB, nicht erscheinen, wie in Tab. 5.4 gezeigt. Bitte beachten Sie, dass selbst wenn eine Verstärkung von 19,9 dB und ein 1 dB-Kompressionspunkt in der Funktionalität erreicht wurden, wir keine Möglichkeit haben, dies zu erfassen. Daher haben wir Abdeckungslücken. Gemäß Fall C2 müssen neue Bins definiert werden. Für C2 fügen wir neue Bins im Bereich von 18,8 dB bis 19,9 dB mit einer Auflösung von 0,2 dB und einer *Intervallauflösung* von 0,1 dB hinzu. Aber wir stellen fest, dass die Bins immer noch nicht abgedeckt sind, mit einer funktionalen Abdeckung von 41,66 % (Tab. 5.5). Gemäß Fall C1 erhöhen wir die *Auflösung* (verringern Schrittgröße) von *A* von 0,5 V auf 0,2 V und *F* von 3 KHz auf 1 KHz. Wir stellen fest, dass die Ausgabeabdeckung auf 46 % steigt. Wir verfeinern weiter die Auflösung des Stimuli-Parameters *A* auf 0,1 V, aber wir stellen keine Verbesserung der Abdeckung fest. Gemäß Fall C3 analysieren wir die Implementierung des DUV und finden einen Fehler. Abbildung 5.5 zeigt die Verstärkung des fehlerhaften DUV (tatsächliche Verstärkung) und des fehlerfreien DUV (erwartete Verstärkung), wobei der LNA nicht mit zunehmender Eingangsleistung gesättigt wird. Die Verstärkung wird nur für 2 Eingangsfrequenzen zur leichteren Verständ-

Tab. 5.5 LNA-Verstärkung (G_1) Abdeckungsbericht. Fall C2: Hinzufügen von Bins im Verstärkungs-Coverpoint zwischen 18,8 dB und 19,9 dB

	gain_cvp "gain_values"			
	Description	Value	#Hits	Hit
41.66%	Low corner	[16.5: 16.7]	0	x
	17.0 dB	[17.0: 17.2]	0	x
	17.5 dB	[17.5: 17.7]	0	x
	18.0 dB	[18.0: 18.2]	21	✓
	18.5 dB	[18.5: 18.7]	0	x
	18.8 dB	[18.8: 18.9]	0	x
	19.0 dB	[19.0: 19.1]	9	✓
	19.2 dB	[19.2: 19.3]	0	x
	19.4 dB	[19.4: 19.5]	9	✓
	19.6 dB	[19.6: 19.7]	9	✓
	19.8 dB	[19.8: 19.9]	9	✓
	20.0 dB	[20.0: 20.2]	0	x

Auflösung Verstärkung = 0,2 dB, *Intervallauflösung* Verstärkung = 0,1 dB

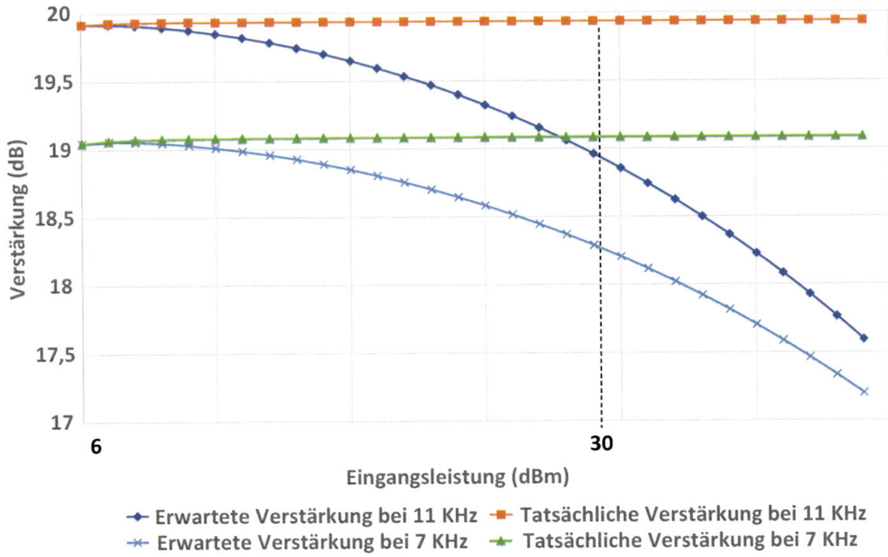

Abb. 5.5 Verstärkung (G_1) gegen Eingangsleistung

lichkeit angezeigt. Die erwartete Verstärkung wird nie beobachtet und daher werden auch die Prüfer nie ausgelöst. Sobald der Fehler behoben ist, wird die Ausgabeabdeckung 100 % (Tab. 5.6), und der Prüfer wird ausgelöst, um das korrekte Verhalten zu überprüfen. Ein Teil des Cross-Coverage-Berichts wird in Tab. 5.7 angezeigt, die die Cross-Coverage zwischen Prüfern, Eingangsleistung und Verstärkung zeigt. Die erste Zeile der Tab. 5.7 kann wie folgt interpretiert werden: Der Prüfer zeigt die korrekte Funktionalität des DUV mit *pass* an, die Eingangsleistung zum Zeitpunkt, als die korrekte Funktionalität beobachtet wurde, betrug 30 dBm und die Ausgangsverstärkung betrug 18,9 dB. Die funktionale Abdeckung zeigt nicht nur das genaue Verhalten, sondern auch den vollständigen Betriebsbereich des DUV, der in der Regel erforderlich ist.

5.3.2 *Industriestudie*

In diesem Abschnitt präsentieren wir eine Fallstudie mit einem industriellen RF-Sender- und Empfängermodell (Abb. 5.6), um die Wirksamkeit unseres vorgeschlagenen Ansatzes zu zeigen. Das System verwendet LNAs an verschiedenen Positionen in den Systemen. Das AMS-Modell wird in SystemC AMS implementiert und die Simulationen werden mit dem kommerziellen Tool COSIDE [115] durchgeführt.

Das System modelliert eine vollständige RF-Sender- und Empfängerstruktur. Übertragene Symbole werden mit einer *Differentiellen Quadraturphasenver-*

Tab. 5.6 LNA-Verstärkung (G_1) Abdeckungsbericht. Fall C1: Statische Parameterverfeinerung bei Eingangsreizen

	gain_cvp "gain_values"			
	Description	Value	#Hits	Hit
100%	Low corner	[16.5: 16.7]	9	✓
	17.0 dB	[17.0: 17.2]	18	✓
	17.5 dB	[17.5: 17.7]	96	✓
	18.0 dB	[18.0: 18.2]	219	✓
	18.5 dB	[18.5: 18.7]	24	✓
	18.8 dB	[18.8: 18.9]	66	✓
	19.0 dB	[19.0: 19.1]	144	✓
	19.2 dB	[19.2: 19.3]	9	✓
	19.4 dB	[19.4: 19.5]	132	✓
	19.6 dB	[19.6: 19.7]	111	✓
	19.8 dB	[19.8: 19.9]	162	✓
	20.0 dB	[20.0: 20.2]	18	✓

Auflösung A = 0,1 V, *Auflösung* F = 1 KHz

Tab. 5.7 Cross-Coverage fehlerfreies DUV (Auszug) – Prüfer gegen Eingangsleistung gegen Verstärkung (G_1)

	Checker vs. input power vs. gain		
	Description	#Hits	Hit
92.4%	Pass 30 dBm × 18.9 dB	66	✓
	Pass × 32 dBm × 18.8 dB	66	✓
	Pass × 36 dBm × 18.65 dB	26	✓
	Pass × 40 dBm × 18.52 dB	26	✓

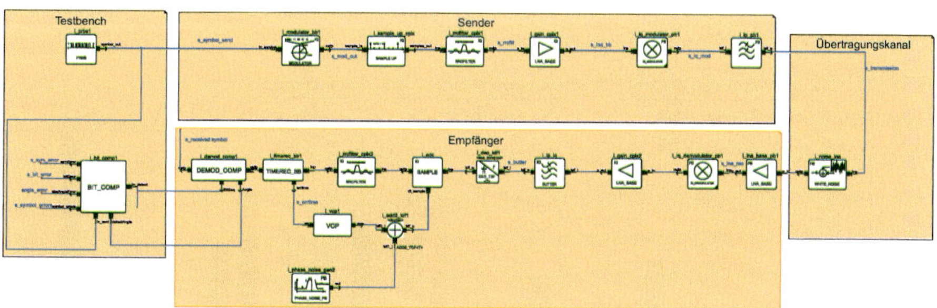

Abb. 5.6 Fallstudie: RF-Sender- und Empfängermodell

schiebungsschlüsselung (DQPSK) Modulation übertragen. Nach einer Aufwärtsabtastung des codierten Signals wird das Signal auf die Übertragungsfrequenz gemischt. Um die vollständige Übertragungskette zu modellieren, wird ein *Additives Weißes Gaußsches Rauschen* (AWGN) Kanalmodell verwendet. Dabei wird weißes Gaußsches Rauschen (weißes Rauschen) zum übertragenen Signal hinzugefügt. Der Empfänger verstärkt zunächst das empfangene Signal mit einem LNA und mischt es dann während der Demodulation von der Übertragungsfrequenz herunter. Danach versucht ein Detektor zu entscheiden, welche Signale gesendet wurden und ordnet sie den Symbolen zu.

Zur Überprüfung des Gesamtsystems wurde ein Testbench erstellt, der zufällige Symbole über den RF-Sender sendet und die empfangenen Symbole auf der Empfängerseite vergleicht. Auf dieser Basis kann eine Bitfehlerrate berechnet werden. Das Verifizierungsziel besteht darin, die Qualität des Testbench zu bewerten und sicherzustellen, dass alle Funktionen (bezogen auf die Spezifikationen) der verschiedenen Modelle abgedeckt sind; daher wird funktionale Abdeckung verwendet. Die für unser Experiment interessanten Parameter sind *Verstärkung, IIP3, 1 dB Punkt*. Die Abdeckungspunkte sind an folgenden Punkten im Sender (Abb. 5.6) am Eingang und Ausgang von: LNA (*i_gain_cplx1*) mit Verstärkung = 6 dB, IIP3 = 30 dBm, 1 dB Punkt = 180 dBm, und Eingangs-Ausgangs-Widerstand = 100 Ohm. In der Empfängerkette: (1) LNA *(i_lna_base_pb1)* mit Verstärkung = 20 dB, IIP3 = 20 dBm, 1 dB Punkt = 60.4 dBm, Eingangs-Ausgangs-Widerstand = 50 Ohm, (2) LNA *(i_gain_cplx2)* mit Verstärkung = 20 dB, IIP3 = 10 dBm, 1 dB Punkt = 60.4 dBm, Eingangs-Ausgangs-Widerstand = 100 Ohm. Abdeckungspunkte wurden erstellt, um die *Verstärkung (G)* (dB), *1 dB Kompressionspunkt* (dBm) und *dritten Ordnung Eingangs-Intercept-Punkt (IIP3)* (dBm) Eigenschaften zu überprüfen. Die Verfeinerungsparameter: *Auflösung* und *Intervallauflösung* für die Verstärkung sind 2 dB und 0,5 dB, jeweils in der ersten Iteration. *Auflösung*und *Intervallauflösung* für andere Eigenschaften sind 10 dBm und 5 dBm, jeweils in der ersten Iteration. Abb. 5.7 zeigt die Entwicklung der Abdeckung für jeden LNA über drei Iterationen mit dem vorgeschlagenen Ansatz. In Abb. 5.7 wird die Abdeckung jedes LNA-Modells mit unterschiedlichen Farbsätzen in jeder Iteration dargestellt.

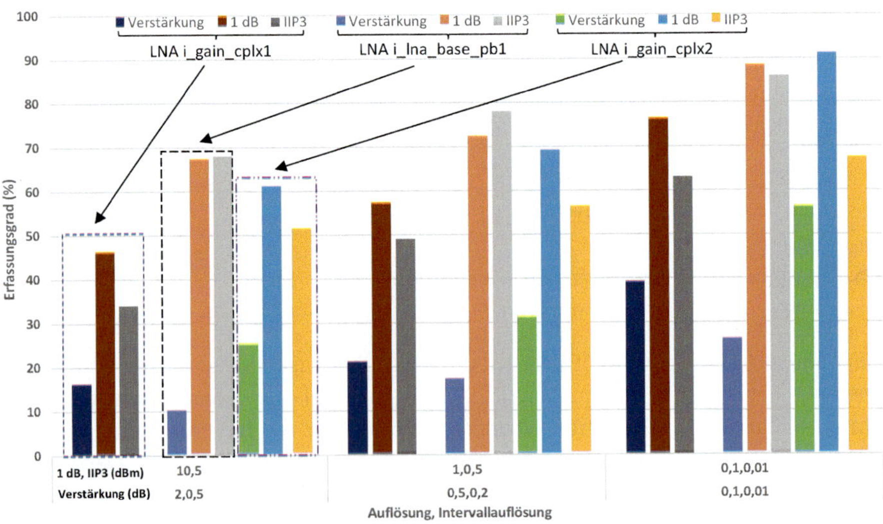

Abb. 5.7 Fallstudie – Abdeckungsschluss in Bezug auf die Auflösung

Es war zu erwarten, dass nicht alle in der Blockebene Testbench verwendeten Abdeckungspunkte abgedeckt sind. Unser Ansatz bietet jedoch Einblicke in die DUV-Betriebsweise: (1) außerhalb des Rahmens der beabsichtigten Spezifikationen, (2) Abdeckungspunkte müssen mit einer anderen *Auflösung* und *Intervallauflösung* verfeinert werden, da sie nicht detailliert genug sind, um den Anwendungsfall innerhalb des komplexen Systems zu erfassen. In jeder Iteration wurden die *Auflösung* und *Intervallauflösung* verfeinert, um die abgedeckten Eigenschaften genau zu überprüfen. Interessanterweise verhielten sich die Verstärkungspunkte in der Senderkette wie erwartet. Es gab kein nichtlineares Verhalten; daher blieb die Gesamtabdeckung gering. Wie in Abb. 5.7 gezeigt, wurden einige der IIP3-Bins getroffen, aber sie wurden in den niedrigeren Leistungsbereichen getroffen. Daher war die Abdeckung immer gering. Aber in der Empfängerkette wurde eine Nichtlinearität in den LNAs aufgrund von AWGN beobachtet und der 1 dB Kompressionspunkt wurde getroffen. Einige Abdeckungsbins für den IIP3-Punkt wurden ebenfalls abgedeckt, wie in Abb. 5.7 gezeigt. Abb. 5.7 zeigt die zunehmende Progression der verschiedenen Eigenschaften, während die Verfeinerungsparameter, *Auflösung* und *Intervallauflösung,* über die Iterationen hinweg verfeinert werden. Zusammenfassend hat der vorgeschlagene AMS-funktionsabdeckungsgetriebene Charakterisierungsansatz für RF-Verstärker die Abdeckung zur Überprüfung der RF-Sender- und Empfängermodelle systematisch erhöht.

Der nächste Abschnitt erweitert diese Konzepte und schlägt einen leichtgewichtigen CDG-Ansatz zur Überprüfung des *linearen, nichtlinearen* und *instabilen* Verhaltens von RF-Verstärkern vor.

5.4 Leichtgewichtige Erzeugung von Abdeckungsgerichteten Stimuli

In diesem Abschnitt diskutieren wir den vorgeschlagenen LCDG-Ansatz zur automatischen Überprüfung des *linearen, nichtlinearen* und *instabilen* Verhaltens von RF-Verstärkern. Um den LCDG-Ansatz zu ermöglichen, wird die in Abb. 5.2 dargestellte funktionsorientierte Überprüfungsumgebung durch mehrere Komponenten im gelben Bereich erweitert. Sie umfasst eine automatisierte Abdeckungsanalyse mit *euklidischem Abstand* sowie Nachbearbeitung und statische Parameterabstimmung. Der Ansatz verwendet die zuvor in Abschn. 5.2.2 diskutierten Konzepte; jedoch werden wir in dem nächsten Abschn. (5.4.1) die Ausgangsabdeckungsdefinition aus der LCDG-Perspektive erneut besuchen. Der Überblick über den gesamten Ansatz ist in Abb. 5.8 dargestellt. Der Ansatz verwendet zwei Steuerparameter, N und S, um die Ausführungszeit der Analyse zu steuern. Die leichtgewichtige Abdeckungsanalyse wird in Abschn. 5.4.2 im Lichte von Abb. 5.8 diskutiert.

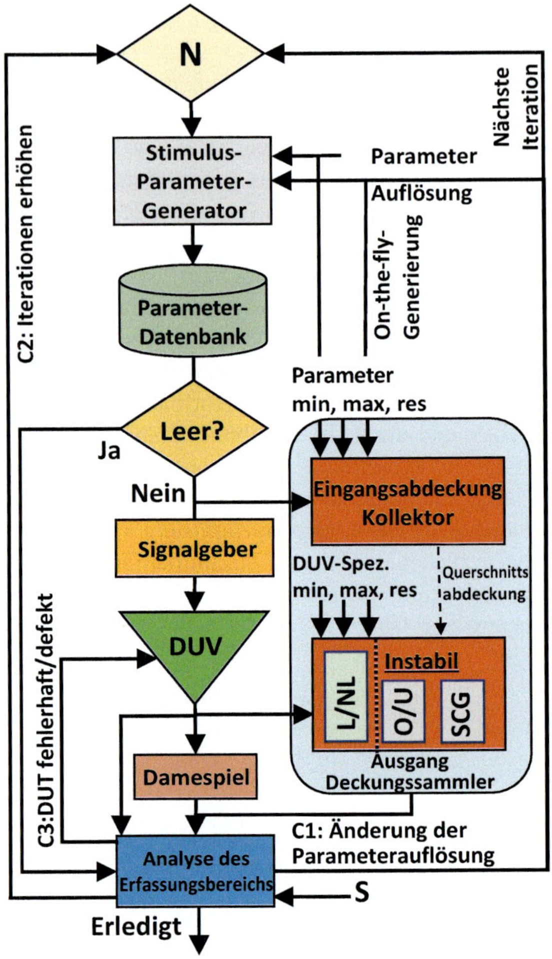

Abb. 5.8 Überblick über den LCDG-Ansatz – res: Auflösung, ires: Intervallauflösung, L/NL: lineare/nichtlineare Abdeckungsziele, O/U: Überschwingen/Unterschwingen Abdeckungsziele, SCG: sekundäre Erweiterungsabdeckungsziele

5.4.1 Überarbeitung der Definition und Sammlung der Ausgabedeckung

In diesem Abschnitt überarbeiten wir die Definition der Ausgabedeckung aus Abschn. 5.2.2, um Deckungsziele für *lineares*, *nicht-lineares* und *instabiles* Verhalten von RF-Verstärkern zu definieren. Die *Deckungsbereiche* werden entsprechend dem Bereich der DUV-Ausgabespezifikationen und der *Auflösung* definiert. Zunächst werden *lineare* und *nicht-lineare* Ziele entsprechend den DUV-Spezifikationen bei einer Auflösung definiert und sollten immer erfüllt sein. Sie werden als *Deckungsziele* bezeichnet. Zu grob (niedrige *Auflösung*) könnte wichtige Spezifikationen übersehen, die notwendig sind. Zu fein (hohe *Auflösung*) könnte zu vielen unnötigen Werten führen.

Tab. 5.8 LNA-Gewinn (G_2) Ausgabedeckungsbericht – Iteration 1

	gain_cvp "gain_values" iteration 1			
	Description	Value	#Hits	Hit
20%	16.0 dB	16.0	0	x
	17.0 dB	17.0	0	x
	18.0 dB	18.0	7	✓
	19.0 dB	19.0	0	x
	20.0 dB	20.0	0	x

Auflösung = 1.0 dB

Tab. 5.9 LNA-Gewinn (G_2) – Überschreiten/ Unterschreiten Deckungsziele

	gain_cvp "gain_values" iteration 1			
	Description	Value	#Hits	Hit
0%	14.00 dB	[14.00:14.24]	0	x
	14.25 dB	[14.25:14.49]	0	x
	14.50 dB	[14.50:14.74]	0	x
	14.75 dB	[14.75:14.99]	0	x
	15.00 dB	[15.00:15.24]	0	x
	15.25 dB	[15.25:15.49]	0	x
	15.50 dB	[15.50:15.74]	0	x
	15.75 dB	[15.75:15.99]	0	x
	21.00 dB	[21.00:21.24]	0	x
	21.25 dB	[21.25:21.49]	0	x
	21.50 dB	[21.50:21.74]	0	x
	21.75 dB	[21.75:21.99]	0	x
	22.00 dB	[22.00:22.24]	0	x
	22.25 dB	[22.25:22.49]	0	x
	22.50 dB	[22.50:22.74]	0	x
	22.75 dB	[22.75: 22.99]	0	x

Auflösung = 0.25 dB, *Intervallauflösung* = 0.24 dB

Um das instabile Verhalten des RF-Verstärkers zu erfassen, d. h., wenn das Verhalten des RF-Verstärkers bei einigen Testreizen über- oder unterschreitet, werden *instabile Deckungsziele* definiert. Diese Ziele sind so definiert, dass sie nicht getroffen werden, wenn die DUV ordnungsgemäß funktioniert. Diese *instabilen Deckungsziele* werden weiter in *Überschreiten/Unterschreiten* (O/U) und *Sekundärerweiterung* Deckungsziele unterteilt. *O/U* Ziele werden definiert, indem 8 zusätzliche Ziele an beiden Enden der *Deckungsziele* mit der *Auflösung* von $\frac{resolution}{4}$definiert. Darüber hinaus wird der Parameter *Intervallauflösung* definiert, um alle möglichen Werte in einem bestimmten Intervall zu erfassen. Diese Intervalle geben einen Überblick über die Werte. Da wir nicht wissen, welches (instabile) Verhalten beobachtet werden könnte, bietet ein Intervall eine bessere Chance, es zu erfassen. *Sekundärerweiterungs* Ziele werden definiert, indem Bins zwischen dem Bereich der in den DUV-Spezifikationen definierten Werte hinzu-

Tab. 5.10 LNA-Gewinn (G_2) – Sekundärerweiterungsziele

	gain_cvp "gain_values" iteration 1			
	Description	Value	#Hits	Hit
66.6%	16.25 dB	[16.25:16.49]	2	✓
	16.5 dB	[16.5:16.74]	6	✓
	16.75 dB	[16.75:16.99]	6	✓
	17.25 dB	[17.25:17.49]	0	x
	17.5 dB	[17.5:17.74]	21	✓
	17.75 dB	[17.75:17.99]	0	x
	18.25 dB	[18.25:18.49]	4	✓
	18.5 dB	[18.5:18.74]	4	✓
	18.75 dB	[18.75:18.99]	0	x
	19.25 dB	[19.25:19.49]	0	✓
	19.5 dB	[19.5:19.74]	4	✓
	19.75 dB	[19.75:19.99]	0	x

Auflösung = 0.25 dB, *Intervallauflösung* = 0.24 dB

Tab. 5.11 Auszug aus der LNA-Gewinn (G_2) Ausgabespur nach Iteration 1

	DUV gain output trace	
	Description	Value
–	16.6 dB	16.6
	16.7 dB	16.7
	17.2 dB	17.2
	18.0 dB	18.0
	18.4 dB	18.4
	18.6 dB	18.6
	19.6 dB	19.6

gefügt werden. Dies geschieht durch Reduzierung der *Auflösung*, d. h., $\frac{resolution}{4}$. Wiederum wird die *Intervallauflösung* definiert, um ein Intervall von Werten zu erstellen.

Um dies zu veranschaulichen, betrachten Sie den Ausgangsgewinn (G_2) für unser laufendes Beispiel LNA (Abschn. 5.2.1). Wir definieren einen Deckungspunkt für G_2mit *Deckungszielen* von 16 dB bis 20 dB mit einer *Auflösung* von 1 dB. Die *Deckungsziele* sind in Tab. 5.8 dargestellt, und die *instabilen Deckungsziele* sind in den Tabellen 5.9 und 5.10 dargestellt. Darüber hinaus wird die vollständige DUV-Ausgabespur auch separat gespeichert, wie in Tab. 5.11 gezeigt (weitere Details in Abschn. 5.4.2).

5.4.2 Leichtgewichtige Deckungsanalyse

Die leichtgewichtige Abdeckungsanalyse wird ausgeführt, wenn alle Stimulussignale, die den statischen Parametern entsprechen, generiert wurden und die

Parameterdatenbank leer ist (siehe Abb. 5.8). Die generierten Abdeckungsergebnisse werden automatisch analysiert, um zu bestimmen, ob alle Eingabe-*Abdeckungsbins* und Ausgabe-*Abdeckungsziele* individuell abgedeckt wurden oder nicht. Die Eingabeabdeckung sollte 100 % betragen, da sie von den statischen Stimulusparametern abhängt und nicht vom Verhalten des DUV. Das Ziel der Abdeckungsanalyse ist es, 100 % *Abdeckungsziele* für die Spezifikationen von Interesse zu erreichen. Wenn alle *Abdeckungsziele* im Ausgabeabdeckungsbericht getroffen werden, ist nichts weiter zu tun,[3] und die Abdeckungsanalyse wechselt zu *instabilen Abdeckungszielen*. Wenn jedoch die *Abdeckungsziele* nicht abgedeckt sind, gibt es drei Fälle (Abb. 5.8):

C1: Die *Auflösung* der statischen Stimulusparameter muss angepasst werden. Infolgedessen werden viele Ausgabe-*Abdeckungsbins* nicht getroffen und Abdeckungslücken erscheinen. In diesem Fall sollte die *Auflösung* angepasst werden, d. h., die Schrittgröße sollte erhöht/verringert werden.

C2: Die Anzahl der Iterationen *N*ist zu gering. Infolgedessen wird nicht genug Test-Stimulus generiert, um das Verhalten des DUV zu testen. In diesem Fall, wenn *N* Iterationen abgeschlossen sind, erhöhen Sie sie um den Faktor 2, d. h., verdoppeln Sie sie.

C3: Die DUV-Spezifikationen haben einen Fehler, oder das DUV hat einen Bug. Die Verfeinerung der *Auflösung*der statischen Stimulusparameter und die Erhöhung von *N*haben keinen Effekt. Dies tritt nur im Falle von *harten Abdeckungszielen* auf. In diesem Fall analysieren Sie die DUV-Spezifikationen *(Abdeckungsziele)* und die Implementierung auf mögliche Fehler.

Diese Fälle werden mit einer automatisierten Feedback-Schleife behandelt, die die vollständige DUV-Ausgabespur als Grundlage verwendet. Die Feedback-Schleife besteht aus drei Hauptkomponenten: (1) *Ausgabeabdeckungsanalysator,* (2) *Subtraktor,* (3) und *Abstimmer.* Der Pseudocode für den Algorithmus ist in Algorithmus 1 dargestellt.

Er nimmt statische Parameter *(params(min, max, res)), N, S,* und Ausgabespezifikationen *(output_specs(min,max,res))* als Eingabe und erzeugt einen Abdeckungsbericht über die Ausgabe, wenn die Analyse abgeschlossen ist. Während der Initialisierung werden Ausgabeabdeckungsbins zusammen mit den Anfangsparametern definiert (Zeile 1). Jedes Mal, wenn neue statische Parameter generiert werden (mit neuer *Auflösung* Zeilen 5 und 32), werden neue Eingabeabdeckungsbins dynamisch in Zeile 6 generiert. Die Kreuzabdeckung zwischen Eingabe- und Ausgabeabdeckungsbins wird in jeder Iteration dynamisch definiert (Zeile 7). Die Ausführung aller Paare von statischen Stimulusparametern (gespeichert in *Datenbank*) erfolgt wie in den Zeilen 8–12 gezeigt. Der *SignalGenerator*wird iterativ mit statischen Stimulusparametern konfiguriert und die Simulation beginnt. Danach werden die Abdeckungsberichte generiert und die DUV-Ausgabespur wird

[3] Bitte beachten Sie, dass eine Abdeckung von 100 % nur anzeigt, dass alle definierten Ziele erreicht wurden. Es bedeutet nicht unbedingt, dass alle DUV-Spezifikationen verifiziert wurden.

gespeichert. Im Folgenden erklären wir die Hauptkomponenten des LCDG-Ansatzes im Detail.

```
Data: params(min,max,res), N, S, output_specs(min,max,res)
Result: DUV coverage report
out_bins = define_output_coverage_bins(output_specs);
local_params = params;
while COUNT not reached do
    while N not reached do
        Database = GenerateStaticPairs(local_params));
        in_bins = create_input_coverage_bins(local_params);
        define_cross_coverage(in_bins, out_bins);
        while !Database.empty() do
            SignalGenerator (database.front.params);
            start_simulation();
            generate_coverage_report();
            save_duv_output_trace();
        duv_trace = get_duv_trace();
        oc = get_output_coverage();
        OUc = get_OU_coverage();
        soc = get_output_secondary_coverage();
        if oc == 100% && !CoverageDone then
            CoverageDone = true; reset_N(10);
        if (OUc == 100% || executed 10 times) && !OUCovDone && CoverageDone then
            OUCovDone = true; reset_N(10);
        if (soc == 100% || executed 10 times) && !SecCovDone && CoverageDone &&
          OUCovDone then
            SecCovDone = true; reset_N(10);
        // C1: refine resolution
        if !CoverageDone then
            coverage_hole = FindCoverageHole(oc);
        else if !OUCovDone then
            coverage_hole = FindCoverageHole(OUc);
        else if !SecCovDone then
            coverage_hole = FindCoverageHole(soc);
        nn = NearestNeighbor(duv_trace, coverage_hole);
        SO = Subtractor (coverage_hole, nn);
        Tuner (S, SO, local_param);
    // C2: increase iterations N
    if !CoverageDone then
        COUNT++; reset_N(N × 2);
if !CoverageDone then
    // C3: DUV has possibly bug
```

Algorithmus 1: Vorgeschlagener LCDG-Ansatz zur Erfassung von *linearen*, *nicht-linearen* und *instabilen* Verhaltensweisen

Ausgabeabdeckungsanalysator

Wenn die Abdeckung nicht 100 % beträgt, beginnt die Analyse mit Fall C1. Das Ziel ist es, die *Auflösung* der statischen Stimulusparameter zu finden, die die Chancen maximiert, eine Abdeckungslücke zu treffen. Daher werden die Ausgabeabdeckungsergebnisse des DUV nach jeder Iteration analysiert. Die Analyse wird in zwei Stufen durchgeführt: (1) Erkennung von Abdeckungslücken (Algorithmus 1 Zeile 25), (2) Identifikation des *nächsten Nachbarn* über die *Euklidische Distanz* (Algorithmus 1 Zeile 30).

Erkennung von Abdeckungslücken

Der erste Schritt besteht darin, die Abdeckungslücken im Ausgabeabdeckungsbericht zu finden. Anstatt zufällig mehrere nicht abgedeckte Ereignisse anzusteuern, suchen wir systematisch nach dem ersten nicht getroffenen Bin und erklären es zum Abdeckungsziel für die nächste Iteration.

Identifikation des nächsten Nachbarn über die Euklidische Distanz

Im zweiten Schritt suchen wir nach dem nächsten Nachbarn des neuen Abdeckungsziels. Ein nächster Nachbar ist ein Wert, der aufgetreten ist, für den wir Beweise haben [aus der DUV-Ausgabespur (Tab. 5.11)], aber dieser Wert ist möglicherweise nicht in den *Abdeckungszielen* definiert. Dieser Ansatz funktioniert, weil wir bereits wissen, dass der nächste Nachbar aufgetreten ist (ob als Abdeckungsziel definiert oder nicht); daher kann diese Information genutzt werden, um systematisch einen Feedback-Pfad zur Feinabstimmung der statischen Stimulusparameter zu erstellen. Daher kann eine geringfügige Modifikation der *Auflösung*helfen, das Abdeckungsziel zu erreichen.[4] Wir nutzen die durch die Absolutwertnorm induzierte *Euklidische Distanz*, um die benachbarten Werte zu finden. Wir nehmen den absoluten Unterschied zwischen dem Abdeckungsziel und den Werten, die in der DUV-Ausgabespur am Index i generiert wurden, wie in Gl. 5.4 gezeigt.

$$nn = \mid coverage\_hole - duv\_trace(i) \mid . \tag{5.4}$$

Der nächste Nachbar ist der Wert mit der geringsten Euklidischen Distanz. Sobald der nächste Nachbar (Zeile 30) gefunden ist, wird er zusammen mit dem neuen Abdeckungsziel an den *Subtraktor* weitergeleitet.

[4] Bitte beachten Sie, dass dies nicht bedeutet, dass immer eine Abdeckung von 100 % erreicht wird.

Subtraktor

Das *Subtraktor*-Modul nimmt die Differenz zwischen dem nächsten Nachbarn und dem Abdeckungsloch (Gl. 5.5).

$$sub\_out\ (SO) = coverage\_hole - nn. \tag{5.5}$$

Das SO kann niemals 0 sein, da es eine verifizierte Spezifikation bedeutet. Daher wird das SOentweder positiv oder negativ sein. Die SO-Berechnung dient zwei Zwecken für die nächste Iteration: (1) sie wird verwendet, um abzuschätzen, ob das *res* eines Parameters erhöht oder verringert werden sollte, d. h., die Schrittgröße sollte kleiner oder größer gemacht werden und (2) um über das neue *res*(Algorithmus 1 Zeile 32) zu entscheiden. Eine bestimmte Konditionierung des SO-Wertes ist erforderlich, um die Rückkopplungsschleife zu steuern, um die Differenz zu minimieren und das Abdeckungsziel zu erreichen. Daher wird es an das *Tuner*-Modul weitergegeben.

Tuner

Das *res* eines Parameters für die nächste Iteration wird in diesem Block berechnet. Zuerst prüft der *Tuner,* ob das *res*erhöht oder verringert werden sollte, indem er Gl. 5.6 verwendet.

$$direction = \begin{cases} increase & \text{if } SO > 0 \\ decrease & \text{if } SO < 0 \end{cases}. \tag{5.6}$$

Wenn das SO positiv ist, wird die Auflösung erhöht, d. h., die Schrittgröße wird kleiner gemacht. Andererseits, wenn es negativ ist, wird die Auflösung verringert. Zweitens wird die Menge der Erhöhung oder Verringerung des *res* berechnet. Dies ist wichtig, da es die Abdeckungsschlusszeit beeinflusst. Dies kann auf verschiedene Weisen geschehen, aber für unsere Arbeit betrachten wir nur eine Erhöhung oder Verringerung um einen festen Prozentsatz. Der Vorteil ist, dass wir kein tiefes Verständnis der DUV-Spezifikation oder komplexer mathematischer Modelle benötigen, um den Abdeckungsschluss zu erreichen.

Auflösungsverfeinerung

Wie bereits erwähnt, wird in jeder Iteration das *res* feinabgestimmt, um neue statische Stimuli-Parameter zu erzeugen. Die Feinabstimmung erfolgt in unserer Arbeit mit einem festen Prozentsatz, d. h., die Amplitude *res* und die Frequenz *res* werden um 50 % bzw. 20 % des aktuellen Wertes angepasst. Auf diese Weise wird die Auflösung systematisch verändert, während sie langsam auf 100 % Abdeckung konvergiert. Die neue Schrittgröße für die Parameter wird festgelegt und die nächste Iteration beginnt. Alle Eingabeparameter werden nie gleichzeitig in irgendeiner Iteration angepasst; stattdessen regelt der Parameter *S* (Zeile 32), welcher Eingabeparameter durch Umschalten auf einen neuen Parameter alle *S* Iterationen angepasst werden soll.

Nach *N* Iterationen, wenn die *harten Abdeckungsziele* nicht erreicht werden (Zeile 4), wird Fall C2 in Betracht gezogen, und die Anzahl der Iterationen *N* wird iterativ erhöht (Zeile 35). Wenn jedoch die Abdeckungsziele immer noch nicht erreicht werden, wird die Simulation mit dem Hinweis "Abdeckungsziele überprüfen" oder "möglicher Defekt in DUV" (C3) beendet.

Instabile Verhaltensweisen erfassen

Algorithmus 1 beginnt nur dann, das instabile Verhalten zu analysieren, wenn die *Abdeckungsziele* 100 % betragen (Zeilen 19–22 und Zeilen 26–29). Er versucht, den Abdeckungsschluss für die *instabilen Abdeckungsziele* zu erreichen, d. h., *Überschwingen/Unterschwingen* und *Sekundärerweiterung*-Ziele. Die Kernidee besteht darin, frühzeitig zu erkennen, ob das Verhaltensmodell bei einem gegebenen Testeingabestimulus instabiles Verhalten zeigt. Dies könnte aufgrund der Einschränkungen der zugrunde liegenden algorithmischen Implementierung, der Approximation von Werten mit einem bestimmten Gleichungssystem oder in einigen Fällen einer bestimmten Konfiguration des DUV auftreten. In diesem Kapitel klassifizieren wir das instabile Verhalten als *Überschwingen*, *Unterschwingen* und *undefiniert*. *Überschwingen* bezieht sich auf das DUV-Verhalten, wenn es über den maximal spezifizierten Wert hinausgeht. *Unterschwingen* bezieht sich auf das DUV-Verhalten, wenn es unter den minimal spezifizierten Wert fällt. *Undefiniert* bezieht sich auf das DUV-Verhalten, das bei der ausgewählten *Auflösung* nicht definiert ist. Die *instabilen Abdeckungsziele* behandeln das *Überschwingen* und *Unterschwingen*-Verhalten, und die *Sekundärerweiterung* behandelt das *undefinierte*-Verhalten. Der Prozess ist der gleiche wie zuvor für die *Abdeckungsziele* vorgestellt, und der einzige Unterschied besteht darin, dass die Anzahl der Iterationen *N* auf 10 reduziert wird (Zeile 18). Die Gründe sind: (1) *instabile Abdeckungsziele* erfassen auch das DUV-Verhalten während des *Abdeckungsziels*-Abschlusses, so dass einige Ausführungen bereits erfolgt sind und (2) die *instabilen Abdeckungsziele* sind abgeleitet, um zu identifizieren, ob der RF-Verstärker ein instabiles Verhalten zeigt. Bitte beachten Sie, dass es durchaus möglich ist, dass keines der *instabilen Abdeckungsziele* erreicht wird. Mit anderen Worten, wir definieren hier die Ziele, die im Falle eines korrekten DUV nicht getroffen werden sollten. Im nächsten Abschnitt illustrieren wir den LCDG-Ansatz anhand unseres laufenden Beispiels von LNA aus Abschn. 5.2.1 mit Verstärkung G_2.

Illustration

Wir setzen *N* auf 5, *S* auf 1 und *COUNT* auf 4. Nach der ersten Iteration stellen wir fest, dass die funktionale Abdeckung für die Verstärkung (G_2) in unserem laufenden Beispiel nur 20 % beträgt (Tab. 5.8). Von fünf *Ausgabeabdeckungs-*

behältern ist nur einer abgedeckt. Daher muss laut Abschn. 5.4.2, Fall C1, die Abdeckungsanalyse den Stimuli-Parameter *Auflösung* feinabstimmen. Von fünf Abdeckungslücken wird das erste Abdeckungsloch, d. h. 16,0 dB, als Abdeckungsziel für die nächste Iteration ausgewählt. Die Analyse sucht den nächsten Nachbarn in der DUV-Ausgabespur (Tab. 5.11), d. h. die kleinste *euklidische Distanz*. Es stellt sich heraus, dass es 16,6 dB sind. Der nächste Nachbar wird vom Abdeckungsloch subtrahiert (Gl. 5.5), um die Differenz zu berechnen. Da die Differenz negativ ist, sollte die Auflösung für Iteration 2 verringert werden (Gl. 5.6), d. h. die Schrittgröße sollte größer gemacht werden. Daher wird *res* für die Amplitude um 50 %, d. h. 1,5, angepasst. Neue statische Stimuli-Parameter werden mit der verfeinerten *res* erzeugt und der gesamte Prozess wiederholt sich. Der Ausgabeabdeckungsbericht für die zweite Iteration wird in Tab. 5.12 gezeigt. Wir beobachten keine Zunahme der Abdeckung; daher bleibt das Abdeckungsziel gleich und der gesamte Prozess wiederholt sich. Iteration 3 zeigt keine Zunahme. In Iteration 4 (Tab. 5.13) beobachten wir eine Zunahme der Abdeckung, d. h. 60 %. Darüber hinaus stellen

Tab. 5.12 LNA-Verstärkung (G_2) Ausgabeabdeckungsbericht – Iteration 2

	gain_cvp "gain_values" iteration 1			
	Description	Value	#Hits	Hit
20%	16.0 dB	16.0	0	x
	17.0 dB	17.0	0	x
	18.0 dB	18.0	7	✓
	19.0 dB	19.0	0	x
	20.0 dB	20.0	0	x

Auflösung = 1,0 dB

Tab. 5.13 LNA-Verstärkung (G_2) Ausgabeabdeckungsbericht – Iteration 4

	gain_cvp "gain_values" iteration 1			
	Description	Value	#Hits	Hit
60%	16.0 dB	16.0	5	✓
	17.0 dB	17.0	0	x
	18.0 dB	18.0	7	✓
	19.0 dB	19.0	5	✓
	20.0 dB	20.0	0	x

Auflösung = 1,0 dB

Tab. 5.14 LNA-Verstärkung (G_2) Ausgabeabdeckungsbericht – Iteration 6

	gain_cvp "gain_values" iteration 1			
	Description	Value	#Hits	Hit
100%	16.0 dB	16.0	5	✓
	17.0 dB	17.0	21	✓
	18.0 dB	18.0	7	✓
	19.0 dB	19.0	5	✓
	20.0 dB	20.0	16	✓

Auflösung = 1,0 dB

wir fest, dass nicht nur unser Abdeckungsziel abgedeckt wurde, sondern auch ein anderer Behälter, d. h. 19,0 dB, abgedeckt wurde. In Iteration 5 ändert sich die Abdeckung wieder nicht (nicht gezeigt), und die Analyse erhöht N auf 10. In Iteration 6 (Tab. 5.14) sind alle Ausgabeabdeckungsbehälter abgedeckt.

Für *instabile Abdeckungsziele* beobachten wir die *Überschreitung/Unterschreitung* und *Sekundärerweiterung* Abdeckungsberichte, d. h. Tabellen 5.9 und 5.10, jeweils. Zuerst versucht die Analyse, eine Schließung für *Überschreitung/Unterschreitung* Abdeckungsziele zu erreichen. Nach 10 weiteren Iterationen stellen wir fest, dass die *Überschreitung/Unterschreitung* Abdeckung nicht zugenommen hat. Darüber hinaus werden die *Sekundärerweiterung* Ziele beobachtet (Tab. 5.15), und wir sehen eine 100%ige Abdeckung. Daher ist keine weitere Verfeinerung erforderlich und die Analyse stoppt. Bitte beachten Sie, dass der gesamte LCDG-Ansatz automatisiert ist und keine manuelle Unterstützung benötigt.

Ein Teil des Cross-Coverage-Berichts wird in Tab. 5.16 angezeigt, die die Cross-Coverage zwischen Prüfern, Eingangsleistung und Verstärkung zeigt. Die erste Zeile der Tab. 5.16 kann wie folgt interpretiert werden: Der Prüfer zeigt die korrekte Funktionalität des DUV mit *pass* an, die Eingangsleistung zum Zeitpunkt, als die korrekte Funktionalität beobachtet wurde, betrug 30 dBm und der Ausgangsverstärkung war 17,0 dB. Die funktionale Abdeckung zeigt nicht nur das genaue Verhalten, sondern auch den vollständigen Betriebsbereich des DUV, der allgemein erforderlich ist. Darüber hinaus wird ein Auszug aus einem anderen Cross-Coverage-Bericht in Tab. 5.17 gezeigt, der die Cross-Coverage zwischen Frequenz, Eingangsleistung und Verstärkung zeigt. Eine interessante Beobachtung, die aus Tab. 5.17 hervorgeht, ist, dass bei der gleichen Eingangsleistung von 40 dBm zwei verschiedene Abdeckungsbins abgedeckt sind. Dies liegt daran, dass die Frequenz des Signals geändert wurde. Dies zeigt auch den Vorteil der frühen Verifizierung, da genaue Eingangsreizparameter beobachtet werden können, die ein bestimmtes Verhalten ausüben. Darüber hinaus sehen wir bei Betrachtung der Anzahl der Treffer, dass viele Abdeckungsziele mehrmals getroffen werden (wie erwartet). Dies liegt daran, dass bei Verfeinerung der Auflösung eine Überlappung von Werten zwischen den Iterationen erwartet wird.

5.4.3 Experimentelle Bewertung

In diesem Abschnitt präsentieren wir die Experimente, um die Wirksamkeit unseres vorgeschlagenen LCDG-Ansatzes für die frühzeitige Verifizierung von *linearen, nicht-linearen* und *instabilen* Verhaltensweisen von RF-Verstärkern zu zeigen. Wir betrachten sieben konfigurierbare System-Level-Modelle von LNA, die von unserem industriellen Kollaborationspartner bereitgestellt wurden. Der nächste Abschnitt gibt Details zu den LNA-Modellen und ihren Konfigurationen. Dann präsentieren wir die Ergebnisse, die mit dem vorgeschlagenen LCDG-Ansatz erzielt wurden. Wir haben einen schwerwiegenden Fehler in der zugrunde liegenden Implementierung des LNA mit dem vorgeschlagenen LCDG-Ansatz gefunden, der

Tab. 5.15 LNA-Verstärkung (G_2) – Sekundärerweiterungsziele

	gain_cvp "gain_values" iteration 1			
	Description	Value	#Hits	Hit
100%	16.25 dB	[16.25:16.49]	2	✓
	16.5 dB	[16.5:16.74]	6	✓
	16.75 dB	[16.75:16.99]	6	✓
	17.25 dB	[17.25:17.49]	1	✓
	17.5 dB	[17.5:17.74]	21	✓
	17.75 dB	[17.75:17.99]	3	✓
	18.25 dB	[18.25:18.49]	4	✓
	18.5 dB	[18.5:18.74]	4	✓
	18.75 dB	[18.75:18.99]	7	✓
	19.25 dB	[19.25:19.49]	7	✓
	19.5 dB	[19.5:19.74]	4	✓
	19.75 dB	[19.75:19.99]	4	✓

Auflösung = 0,25 dB, *Intervallauflösung* = 0,24 dB

Tab. 5.16 Cross-Coverage (Auszug) – Prüfer vs. Eingangsleistung vs. Verstärkung

	Checker vs. input power vs. gain		
	Description	#Hits	Hit
92.4%	Pass × 30 dBm × 17.0 dB	23	✓
	Pass × 37 dBm × 18.5 dB	21	✓
	Pass × 40 dBm × 19.0 dB	11	✓
	Pass × 40 dBm × 16.5 dB	21	✓

Tab. 5.17 Cross-Coverage (Auszug) – Frequenz vs. Eingangsleistung vs. Verstärkung

	Frequency vs. input power vs. gain		
	Description	#Hits	Hit
92.4%	5 KHz × 30 dBm × 17.0 dB	23	✓
	11 KHz × 37 dBm × 18.5 dB	21	✓
	8 KHz × 40 dBm × 19.0 dB	11	✓
	14 KHz × 40 dBm × 16.5 dB	21	✓

die umfangreiche Verifizierung durch unseren industriellen Partner übersehen hat. Schließlich zeigen wir die allgemeine Qualität unseres vorgeschlagenen LCDG-Ansatzes für die System-Level-Verifizierung. Dazu injizieren wir einen Fehler in eines der LNA-Modelle und demonstrieren, dass der LCDG-Ansatz in der Lage war, ihn zu erkennen.

LNA-Modelle und experimentelle Einrichtung

In diesem Abschnitt betrachten wir als DUVs sieben System-Level-Industrie-LNA-Modelle. Die Verhaltensmodelle werden in SystemC AMS von unserem Industriepartner mit den bekannten Konzepten aus [19, 81] implementiert. Die Simulationen werden mit dem kommerziellen Tool COSIDE [115] durchgeführt. Die spezifischen Konfigurationen der System-Level-Modelle (bezeichnet von A bis G) entsprechen den Spezifikationen in Tab. 5.18. Spalten 2–4 zeigen Verstärkung (G) in dB, Spalten 5, 6 zeigen den 1 dB Kompressionspunkt, Spalten 7, 8 zeigen den IIP3-Punkt in dBm und Spalten 9, 10 zeigen den IIP2-Punkt in dBm. Spalten 11, 12 zeigen die Frequenz in *Megahertz* (MHz), Spalten 13, 14 zeigen die Eingangs-Ausgangs-Impedanz in *Ohm* und die letzten beiden Spalten zeigen den zulässigen Bereich der Eingangssignal-Amplitude in Volt (v). Bitte beachten Sie, dass verschiedene LNA-Modelle vom Industriepartner bereitgestellt werden, um die Wirksamkeit des vorgeschlagenen ACDG-Ansatzes zu überprüfen. Die Gesamtzahl der Iterationen N wurde auf 50 gesetzt, der Parameter S wurde auf 20 % von N gesetzt und *COUNT* wurde auf 5 gesetzt. Bitte beachten Sie, dass während der Ausführung nur eine Spezifikation als Abdeckungsziel betrachtet wird.

Fallstudie: Taylorreihen-Näherung

In dieser Fallstudie verwenden wir als DUVs alle sieben systemebenen Modelle, die in Tab. 5.18vorgestellt wurden. Die standardmäßigen RF-Spezifikationen von Interesse sind Verstärkung, 1 dB Kompressionspunkt und die Intercept-Punkte – *Eingangs-Zweiter/Dritter-Ordnungs-Intercept*(IIP2/3). Die Tabellen (Tab. 5.19, 5.20, 5.21und 5.22) zeigen die ersten 5 Iterationen des Fortschritts jeder Spezifikation. Spalte 1 zeigt die LNA-Modelle, Spalten 2,3 zeigen die Amplitudenauflösung *(Ares)* und Frequenzauflösung *(Fres),* und Spalte 4 zeigt die gesamte Abdeckung *(cov),* die erreicht wurde, Verstärkungsabdeckung, 1 dB Punkt Abdeckung, IIP3 oder IIP2 Abdeckung, für eine Iteration. Spalten 17 und 18 zeigen die gesamten Iterationen (TI), die erforderlich sind, um die *Abdeckungsziele*zu erreichen, und die dafür benötigte Zeit (*Abdeckungszeit* (CT)), bzw. Die *instabilen Abdeckungsziele,* d. h., *Überschreitungs-/Unterschreitungsabdeckung* (OUC), und *Sekundärerweiterungsabdeckung* (SC) sind in den Spalten 19 und 20 dargestellt. Darüber hinaus zeigt Spalte 21 die Zeit, die benötigt wird, um die *instabilen Abdeckungsziele*zu erreichen. Die letzte Spalte zeigt die gesamte Simulationszeit (T) in Sekunden.

Während der Verstärkungsabdeckungsanalyse (Tab. 5.19 und 5.20) zeigen die Iterationen nur die Änderung der Amplitude. Dies liegt daran, dass die Frequenz erst nach der 10. Iteration zu ändern beginnt. Es dauert 13 Iterationen, um eine 100%ige Abdeckung des Verstärkungsfaktors für *LNA A* in 15 s zu erreichen. Wir stellen fest, dass keine *Überschwingen/Unterschwingen Abdeckungs* ziele erreicht werden. Darüber hinaus sehen wir, dass alle *Sekundärerweiterungs* ziele erreicht werden, d. h., 100 % Abdeckung. Es dauert 8 s, um die *instabilen Abdeckungsziele*

Tab. 5.18 Spezifikationen von sieben industriellen LNAs

LNA	Verstärkung			1 dB		IIP3		IIP2		Frequenz		II (Ohm)	OI (Ohm)	Amplitude	
	min (dB)	typ Tip(dB)	max (dB)	min (dBm)	max (dBm)	min (dBm)	max (dBm)	min (dBm)	max (dBm)	min (MHz)	max (MHz)			min (v)	max (v)
A	17	18.2	20.5	29	34	38	43	42	47	0.005	0.02	50	50	0	5
B	17	19.8	25	20.1	24	29.7	33.6	33	38	0.05	0.1	50	50	0	3.3
C	14	16	17.2	17	20.3	26.4	30	29	34	0.003	0.013	50	50	0	5
D	11.5	13.2	14.2	33	38	42.6	47	45	49.7	5	20	50	50	0	5
E	20	22.1	25.6	30	33	40	42.6	41	44.5	400	500	50	50	0	3.3
F	13.1	15.0	17.8	27.8	33	37	42	40	45	3500	8000	50	50	0	3.3
G	15.8	18.2	20.1	15	19.8	24.6	29.2	29	34	0.005	0.02	50	50	0	1.2
FG	15.8	18.2	20.1	15	19.8	24.6	29.2	29	34	0.005	0.02	50	50	0	1.2

min: Minimum, *typ:* typisch, *max:* Maximum, *II/OI:* Eingangs-Thread-Funktionen implementiert Zweiter-Ordnungs-Intercept-Punkt, *IIP3:* Eingangs-Dritter-Ordnungs-Intercept-Punkt

Tab. 5.19 LNAs Fallstudie – Verstärkung (G) Fortschritt über mehrere Iterationen

LNA	Iterationen															TI	CT (s)	OUC	SC	UCT (s)	TT (s)
	1			2			3			4			5								
	Ares (v)	Fres (MHz)	cov (%)	Ares (v)	Fres (MHz)	cov (%)	Ares (v)	Fres (MHz)	cov (%)	Ares (v)	Fres (MHz)	cov (%)	Ares (v)	Fres (MHz)	cov (%)						
A	1	0.001	21	1.5	0.001	24	2.25	0.001	39	3.37	0.001	42	5	0.001	44	13	15	0	100	8	23
B	1	0.005	14	0.5	0.005	19	0.75	0.005	20	1.12	0.005	28	0.56	0.005	30	15	17.2	0	100	10.1	27.3
C	3	0.006	33	1.5	0.006	33	2.25	0.006	83	1.12	0.006	83	1.68	0.006	100	5	3.5	0	75	18.7	22.2
D	2.5	3	0	1.25	3	20	1.87	3	20	2.81	3	20	1.40	3	29	83	87	31	100	10	97
E	0.5	10	13	0.75	10	13	0.37	10	20	0.19	10	45	0.28	10	45	23	64.3	0	91.6	49.1	113.4
F	1	100	31	1.5	100	31	0.75	100	31	0.37	100	49	0.56	100	49	TO*	107.3	0	100	37.9	145
G	0.3	0.003	21	0.15	0.003	44	0.22	0.003	44	0.11	0.003	50	0.06	0.003	69	6	9.9	0	100	15.3	25.2
FG	0.3	0.003	21	0.15	0.003	44	0.22	0.003	44	0.11	0.003	50	0.06	0.003	69	6	9.9	0	100	15.3	25.2

Ares Amplitudenauflösung, *cov* Gewinnabdeckung, *Fres* Frequenzauflösung, *TI* Gesamtiterationen, *CT* Abdeckungszeit, *UCT* instabile Abdeckungszeit, *TT* Gesamtzeit, *TO* Zeitüberschreitung, *OUC*Überschwingen/Unterschwingen Abdeckung, *SC*Sekundärerweiterungsabdeckung, *TO**Zeitüberschreitung, Neustart mit $N = N \times 2$

Tab. 5.20 LNAs Fallstudie – 1 dB Kompressionspunkt Fortschritt über mehrere Iterationen

LNA	Iterationen															TI	CT (s)	OUC	SC	UCT (s)	TT (s)
	1			2			3			4			5								
	Ares (v)	Fres (MHz)	cov (%)	Ares (v)	Fres (MHz)	cov (%)	Ares (v)	Fres (MHz)	cov (%)	Ares (v)	Fres (MHz)	cov (%)	Ares (v)	Fres (MHz)	cov (%)						
A	1	0.001	21	0.5	0.001	24	0.25	0.001	39	0.375	0.001	42	0.18	0.001	44	10	17.3	0	100	11.6	28.9
B	1	0.005	14	1.5	0.005	19	0.75	0.005	20	0.375	0.005	28	0.56	0.005	30	19	30.6	0	83.3	17.2	47.8
C	3	0.006	33	1.5	0.006	33	0.75	0.006	83	1.12	0.006	83	0.56	0.006	90	7	14.4	0	50	29.1	43.5
D	2.5	3	0	1.25	3	20	0.62	3	20	0.31	3	20	0.15	3	29	89	103.6	6.25	100	27.5	131.1
E	0.5	10	13	0.25	10	13	0.12	10	20	0.19	10	45	0.09	10	45	TO*	191.2	0	100	47.3	238.5
F	1	100	31	0.5	100	31	0.25	100	31	0.37	100	49	0.18	100	49	TO*	153.3	0	100	41.9	195.2
G	0.3	0.003	21	0.15	0.003	44	0.22	0.003	44	0.11	0.003	50	0.06	0.003	69	10	26.9	0	50	38.1	65
FG	0.3	0.003	0	0.15	0.003	0	0.22	0.003	0	0.11	0.003	0	0.06	0.003	0	TO	89.3	–	–	–	89.3

Ares: Amplitudenauflösung, *cov:* Gewinnabdeckung, *Fres:* Frequenzauflösung, *TI:* Gesamtiterationen, *CT:* Abdeckungszeit, *UCT:* instabile Abdeckungszeit, *TT:* Gesamtzeit, *TO:* Zeitüberschreitung, *OUC:* Überschwingen/Unterschwingen Abdeckung, *TO**: Zeitüberschreitung, Neustart mit $N = N \times 2$, *SC* Sekundärerweiterungsabdeckung

Tab. 5.21 LNAs Fallstudie – Eingangs-Intercept-Punkt dritter Ordnung (IIP3) Fortschritt über mehrere Iterationen

LNA	Iterationen															TI	CT (s)	OUC	SC	UCT (s)	TT (s)
	1			2			3			4			5								
	Ares (v)	Fres (MHz)	cov (%)	Ares (v)	Fres (MHz)	cov (%)	Ares (v)	Fres (MHz)	cov (%)	Ares (v)	Fres (MHz)	cov (%)	Ares (v)	Fres (MHz)	cov (%)						
A	1	0.001	10	1	0.0012	13	1	0.0014	22	1	0.0011	22	1	0.0009	22	37	43	0	58.3	32.8	75.8
B	1	0.005	0	1	0.006	0	1	0.0072	0	1	0.0057	0	1	0.0045	35	22	17	0	50	28.1	45.1
C	3	0.006	0	3	0.0048	19	3	0.0038	43	3	0.0046	43	3	0.0036	47	TO*	87	0	83.3	31.5	118.5
D	2.5	3	3	2.5	2.4	24	2.5	1.92	30	2.5	2.30	50	2.5	1.84	50	18	22	6.25	100	9.3	31.3
E	0.5	10	0	0.5	12	0	0.5	9.6	23	0.5	7.68	27	0.5	6.14	38	TO*	95.1	0	100	26.8	121.9
F	1	100	37	1	120	37	1	144	37	1	172.8	44	1	207.36	44	TO*	151	0	100	21.1	172.1
G	0.3	0.003	26	0.3	0.0024	50	0.3	0.0019	68	0.3	0.0015	68	0.3	0.0012	80	9	13	0	100	17.7	30.7
FG	0.3	0.003	26	0.3	0.0024	50	0.3	0.0019	50	0.3	0.0015	50	0.3	0.0018	50	TO	109	–	–	–	109

Ares: Amplitudenauflösung, *cov:* Gewinnabdeckung, *Fres:* Frequenzauflösung, *TI:* Gesamtiterationen, *CT:* Abdeckungszeit, *UCT:* instabile Abdeckungszeit, *TT:* Gesamtzeit, *TO:* Zeitüberschreitung, *OUC:* Überschwingen/Unterschwingen Abdeckung, *TO*:* Zeitüberschreitung, Neustart mit $N = N \times 2$, *SC* Sekundärerweiterungsabdeckung

Tab. 5.22 LNAs Fallstudie – Eingangs-Zweiter-Ordnung-Intercept-Punkt (IIP2) Fortschritt über mehrere Iterationen

LNA	Iterationen															TI	CT (s)	OUC	SC	UCT (s)	TT (s)
	1			2			3			4			5								
	Ares (v)	Fres (MHz)	cov (%)	Ares (v)	Fres (MHz)	cov (%)	Ares (v)	Fres (MHz)	cov (%)	Ares (v)	Fres (MHz)	cov (%)	Ares (v)	Fres (MHz)	cov (%)						
A	1	0.001	13	1	0.0012	19	1	0.0014	19	1	0.0011	32	1	0.0009	32	44	57.3	0	100	19.5	76.8
B	1	0.005	5	1	0.006	17	1	0.0072	17	1	0.0057	25	1	0.0045	29	17	29.7	0	100	11.9	41.6
C	3	0.006	9	3	0.0048	19	3	0.0038	19	3	0.0046	36	3	0.0036	39	TO*	101.4	0	66.6	45.7	147.1
D	2.5	3	10	2.5	2.4	10	2.5	1.92	31.5	2.5	2.30	39	2.5	1.84	43	27	37.8	18.7	0	39.1	76.9
E	0.5	10	0	0.5	12	9	0.5	9.6	15	0.5	7.68	24	0.5	6.14	24	TO*	103.9	0	75	41.5	145.4
F	1	100	15	1	120	30	1	144	30	1	172.8	39	1	207.36	59	TO*	131.8	0	41.6	34.4	166.2
G	0.3	0.003	19	0.3	0.0024	19	0.3	0.0019	35	0.3	0.0015	42	0.3	0.0012	76	14	17.6	0	83.3	27.1	44.7
FG	0.3	0.003	10	0.3	0.0024	10	0.3	0.0019	10	0.3	0.0015	43	0.3	0.0018	68	TO	97.4	–	–	–	97.4

Ares: Amplitudenauflösung, *cov:* Verstärkungsabdeckung, *Fres:* Frequenzauflösung, *TI:* Gesamtiterationen, *CT:* Abdeckungszeit, *UCT:* instabile Abdeckungszeit, *TT:* Gesamtzeit, *TO:* Zeitüberschreitung, *OUC:* Überschwingen/Unterschwingen Abdeckung, *TO*:* Zeitüberschreitung, Neustart mit $N = N \times 2$, *SC* Sekundärerweiterungsabdeckung

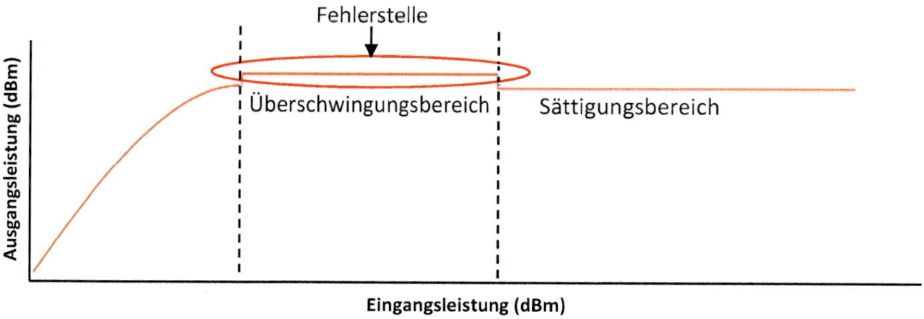

Abb. 5.9 Verstärkungskurve (Ausgangsleistung vs. Eingangsleistung) – Überschwingverhalten aufgrund der Taylor-Reihen-Approximation

zu überprüfen, was die Gesamtsimulationszeit auf 23 s bringt. *LNA C* kann eine 100%ige Abdeckung in nur 5 Iterationen und 3,5 s erreichen. Die *Überschwingen/ Unterschwingen* Abdeckung beträgt 0 %, was zeigt, dass *LNA C* gemäß den Spezifikationen arbeitet, und die *Sekundärerweiterungs* Abdeckung beträgt nur 75 %.

Von 7 LNA-Designs konnte die Analyse für 6 LNAs konvergieren, ohne *N* zu verdoppeln. LNA *F* erreichte die *Abdeckungsziele* in 137 Iterationen, wobei *N* auf 200 erhöht und *COUNT* auf 2 gesetzt wurde. Es wurde beobachtet, dass die Analyse aufgrund eines sehr breiten Frequenzbereichs für LNA F, d. h., 3,5 GHz bis 8 GHz, nicht in den gegebenen Iterationen konvergieren konnte.

Eine interessante Beobachtung aus Tab. 5.19 sind die *LNA D* und seine *Überschwingen/Unterschwingen* Ziele. Wir beobachten eine Abdeckung von 31 %. Wie zuvor motiviert, sollten *Überschwingen/Unterschwingen* Abdeckungsziele während des korrekten Betriebs nicht getroffen werden. Bei genauer manueller Inspektion der Wellenform (Abb. 5.9) beobachteten wir ein leichtes Überschwingen der Verstärkungskurve für eine kurze Dauer, bevor sie sich auf einen stabilen Wert im Sättigungsbereich einstellte. Dieses fehlerhafte Verhalten ist leicht zu übersehen und erfordert Testfälle in einem bestimmten Bereich von Werten und einer bestimmten Konfiguration von DUV, um dieses Verhalten auszuüben. Aus diesem Grund war dieses Verhalten während der Verifizierung anderer LNAs nicht sichtbar. Während der Verifizierung wurde die Amplitude der Eingangstest-Stimuli erhöht, was den Verstärker in den nichtlinearen Bereich trieb. In diesem Bereich konnte der zugrunde liegende Approximationsalgorithmus, der in LNAs verwendet wird, diese Nichtlinearität nicht richtig handhaben. Als Konsequenz sehen wir ein Überschwingen, bevor die Verstärkung auf einen stabilen Wert konvergiert. Wir beobachten, dass 31 % der *Überschwingen/Unterschwingen* Abdeckungsziele abgedeckt wurden. Fälschlicherweise hat der Analogdesigner sich dafür entschieden, die *Taylor-Reihen-Expansion* im Approximationsalgorithmus der LNAs für den Nichtlinearitätsbereich zu verwenden und hat das Auftreten von Polynomen höherer Ordnung nicht berücksichtigt [19]. Dieser Fehler wurde mit unserem industriellen Kooperationspartner besprochen, und sie beschlossen, das

Modell entsprechend mit den Konzepten aus [81] zu korrigieren. Wir erhielten die korrigierten System-Level-Modelle. Jetzt, mit den korrigierten LNA-Modellen, wurden keine weiteren Fehler mit unserem vorgeschlagenen LCDG-Ansatz gefunden.

Darüber hinaus zeigen während der IIP3 (Tab. 5.21) und IIP2 (Tab. 5.22) Abdeckungsanalyse die ersten 5 Iterationen nur die Änderung der Frequenz. Die Amplitude ändert sich nach der 10. Iteration. Beide Spezifikationen zeigen ein ähnliches Verhalten hinsichtlich der Abdeckungsschließung. Bitte beachten Sie, dass die IIP2- und IIP3-Punkte mit einer Mehrton-Signalquelle gemessen werden. Von 7 LNA-Designs konnte die Analyse für 4 LNAs konvergieren, ohne N zu verdoppeln. LNA C, LNA E und LNA F erforderten eine Verdoppelung der N-Iterationen, um eine 100%ige Abdeckung zu erreichen.

Im nächsten Abschnitt analysieren wir die allgemeine Qualität unseres Ansatzes bei der Fehlererkennung.

Fallstudie: Fehlerinjektion und LCDG

Um die allgemeine Qualität unseres vorgeschlagenen LCDG-Ansatzes zur Fehlererkennung zu zeigen, haben wir einen Fehler in *LNA G* injiziert. Der fehlerhafte LNA wird *LNA FG* genannt (Tab. 5.19 – letzte Zeile). Die Art des Fehlers ähnelt dem in Abschn. 5.3.1 gefundenen, d. h., der Fehler verwandelte den LNA FG in ein lineares Gerät; daher wurde es nie gesättigt. Interessanterweise zeigte der in den LNA *FG* injizierte Fehler kein fehlerhaftes Verhalten in Bezug auf den Gewinn; daher sehen wir eine 100%ige Abdeckung. Während der 1 dB Kompressionspunkt Abdeckungsanalyse (Tab. 5.20) erreichte der LNA *FG* nicht 100 % Abdeckung, auch nicht mit einer erhöhten Anzahl von Iterationen. Wir stellten fest, dass die Abdeckung bei 0 % blieb. Bei genauerer Betrachtung stellten wir fest, dass das fehlerhafte Verhalten des LNA *FG* das Gerät nicht sättigen lässt; daher werden 1 dB Kompressionspunkte nie erreicht. Der Gewinn des fehlerhaften LNA *FG* (tatsächlicher Gewinn) und des fehlerfreien LNA *G* (erwarteter Gewinn) stellte sich als ähnlich zu Abb. 5.5 heraus, wo der LNA *FG* nicht mit zunehmender Eingangsleistung gesättigt wird.

Zusammenfassend erhöhte der vorgeschlagene LCDG-Ansatz für RF-Verstärker systematisch und automatisch die Abdeckung, um das *lineare, nicht-lineare* und *instabile* Verhalten von LNA-Modellen zu überprüfen.

5.5 Zusammenfassung

In diesem Kapitel werden zwei verbesserte funktionsabdeckungsgetriebene Methoden vorgeschlagen, um eine gründliche Überprüfung von RF-Verstärkern auf Systemebene zu ermöglichen. Als Vertreter von RF-Verstärkern wurde ein systematisches Modell eines industriellen LNA ausgewählt.

Zunächst schlugen wir den AMS funktionsabdeckungsgetriebenen Verifizierungsansatz vor, der die Hauptkonzepte der digitalen Funktionsabdeckung auf die SystemC AMS Abstraktion erhob. Zwei Abdeckungsverfeinerungsparameter, *Auflösung* und *Intervallauflösung*, wurden eingeführt, um die Stimuli-Parameter und Funktionsabdeckungsbehälter am Eingang und Ausgang zu definieren. Eine AMS-Abdeckungsanalyse wurde vorgeschlagen, die Eingangs- und Ausgangsfunktionsabdeckung und Prüfer kreuzt, um die Verfeinerungsparameter systematisch zu ändern und die Spezifikationen des DUV vollständig zu erfassen. Wir zeigten die Wirksamkeit und Anwendbarkeit unseres Ansatzes an einem industriellen RF-Sender und -Empfängermodell.

Zweitens schlug dieses Kapitel einen leichtgewichtigen CDG-Ansatz vor, um das *lineare, nicht-lineare*und *instabile* Verhalten von RF-Verstärkern auf Systemebene automatisch zu überprüfen. Der Ansatz nutzte Funktionsabdeckungsdaten in Kombination mit dem viel einfacheren *Euklidischen Abstand,* um eine Abdeckungsschließung zu erreichen. Der LCDG-Ansatz legte besonderen Wert auf die Erfassung des instabilen Verhaltens von LNAs während der Verifizierungsphase. Während der umfangreichen Experimente konnte der LCDG-Ansatz einen schwerwiegenden Fehler in der LNA-Implementierung finden. Die ermutigenden Ergebnisse zeigen, dass LCDG effektiv zur Überprüfung des *linearen, nicht-linearen* und *instabilen* Verhaltens der RF-Verstärker frühzeitig in der Entwurfsphase verwendet werden kann.

Kapitel 6
Digitale frühzeitige Sicherheitsvalidierung

Dieses Kapitel diskutiert neuartige Sicherheitsvalidierungsansätze zur Gewährleistung hochwertiger sicherer VPs unter Verwendung statischer und dynamischer Informationsflussanalysen. Wie bereits in Abschn. 1.1 motiviert, haben die zunehmende Funktionalität und Vernetzung von eingebetteten Geräten wie im Internet der Dinge ihre Anforderungen an die Sicherheit erheblich erhöht. Dies ist auf die zunehmende Menge an sensiblen Informationen und persönlichen Daten zurückzuführen, die in diesen Geräten gespeichert werden, sowie auf die sicherheitskritischen Funktionen, die sie ausführen. Sichere eingebettete Systeme können nicht erreicht werden, indem man sich nur auf die Software oder den Hardwareteil konzentriert, sondern erfordern ganzheitliche Ansätze. Da die Anzahl der Schwachstellen in Software/Firmware historisch dominiert, haben Sicherheitsstrategien und Validierungsansätze für eingebettete Software erheblich mehr Aufmerksamkeit erhalten und auch von der traditionellen Software-Sicherheitsforschung profitiert. Formal verifizierte Betriebssysteme (z. B. seL4) und Compiler (z. B. CompCert) oder ausgereifte Informationsflussverfolgungsansätze sind nur einige Beispiele. Allerdings ist die Hardware-Sicherheit mindestens genauso wichtig, da eine potenzielle Hardware-Backdoor, die unprivilegierter Software Zugang zu vertraulichen Daten ermöglicht, alle Software-/OS-Ebene-Schutzmechanismen nutzlos macht. Betrachten Sie zum Beispiel einen kürzlich entdeckten ausnutzbaren Fehler [108] im Actel ProASIC3 FPGA, der als eines der sichersten Geräte in der Branche gilt und in militärischen und anderen kritischen Anwendungsbereichen eingesetzt wird. Eine Backdoor über JTAG ermöglicht es einem Angreifer, Kryptographieschlüssel sowie andere Daten aus dem FPGA zu erhalten.

Darüber hinaus ist die Behebung von Hardware-Sicherheitsproblemen nach der Bereitstellung immer mit sehr hohen Kosten verbunden. Der Grund dafür ist, dass der zugrunde liegende SOC nach der Produktion nicht gepatcht werden kann. Daher ist es für die eingebettete Industrie sehr kritisch, schnell von der Betrachtung der Sicherheit als nachträglichen Gedanken zur Integration in den SOC-

M. Hassan et al., *Erweiterte virtuelle Prototypen für heterogene Systeme*,
https://doi.org/10.1007/978-3-031-53152-1_6

Designprozess überzugehen. Dennoch konzentriert sich die aktuelle Praxis und Forschung zur SOC-Sicherheitsvalidierung hauptsächlich auf die *Register Transfer Level* (RTL) und darunter. Es existieren viele Ansätze zur Identifizierung von Trojanern/Backdoors und zur Erkennung von IC-Fälschungen. Die Verifizierung von Hardware-Sicherheitsarchitekturen (z. B. ARM TrustZone) und Sicherheitsmodulen beginnt erst mit der Verfügbarkeit von RTL-Designs. Während diese Schritte unverzichtbar sind, wurden die zahlreichen Möglichkeiten, Zeit und Kosten zu sparen, indem die Sicherheit bereits auf Systemebene priorisiert wird, noch nicht vollständig ausgeschöpft. Daher würde die VP-basierte Sicherheitsvalidierung ermöglichen, viele SOC-Hardware-Sicherheitsprobleme sehr früh zu erkennen und zu korrigieren. In dieser Hinsicht erweitert dieses Kapitel die allgemeine VP-Verifizierungsumgebung um mehrere Komponenten im rosa Bereich, wie in Abb. 6.1 gezeigt. Die Sicherheitsvalidierungsumgebung verwendet Sicherheitseigenschaften, VP-Ausführungsprotokollprotokolle und eine Kombination von neuartigen statischen und dynamischen Sicherheitsanalysen, um den VP gründlich abzusichern. Als Ergebnis werden eine Vielzahl von Sicherheitslücken abgedeckt.

In Abschn. 6.1 stellen wir einen neuartigen Ansatz zur SOC-Sicherheitsvalidierung auf Systemebene unter Verwendung von VPs vor. Im Mittelpunkt des Ansatzes steht eine skalierbare statische Informationsflussanalyse, die potenzielle Sicherheitsverletzungen wie Datenlecks und unautorisierten Zugriff; Vertraulichkeits- und Integritätsprobleme, erkennen kann. Wir demonstrieren die Anwendbarkeit des Ansatzes auf realen VPs. Dieser Ansatz wurde in [61] veröffentlicht.

Dann erweitern wir in Abschn. 6.2 den statischen Ansatz von Abschn. 6.1 zu einem dynamischen Ansatz. Wir präsentieren die erste dynamische Informationsflussanalyse auf ESL-Ebene. Unser Ansatz ermöglicht es, das Laufzeitverhalten eines gegebenen SOC, der mit VPs implementiert wurde, gegen Sicherheits-

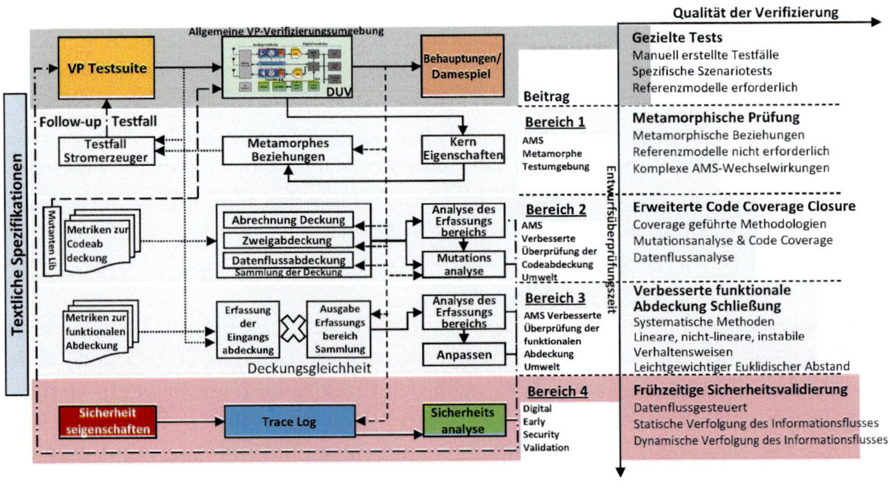

Abb. 6.1 Frühe Sicherheitsvalidierung

bedrohungsmodelle, wie Vertraulichkeit und Integrität, zu validieren. Experimente zeigen die Anwendbarkeit und Wirksamkeit der vorgeschlagenen Methode auf verschiedenen VPs, einschließlich eines realen Systems. Dieser Ansatz wurde in [40] veröffentlicht.

6.1 Statische Informationsflussanalyse

Informationsflussverfolgung (IFT) ist zu einer der Schlüsseltechniken in der Sicherheitsforschung geworden. Die Grundidee besteht darin, zu kontrollieren, wie (gekennzeichnete) Informationen vom betrachteten System weitergegeben werden. Diese Verfolgung ermöglicht es, Richtlinien für den sicheren Informationsfluss wie Vertraulichkeit und Integrität durchzusetzen. In diesem Abschnitt stellen wir einen neuartigen *VP-basierten IFT*-Ansatz vor, der der *erste seiner Art* ist. Im Wesentlichen arbeitet unser Ansatz direkt auf den SystemC VP-Modellen, indem er mehrere Durchläufe der statischen Analyse kombiniert. Die Hauptprobleme, die hier zu bewältigen sind, bestehen darin, mit der anspruchsvollen Sprache C++ umzugehen, auf der SystemC basiert, sowie mit der spezifischen Semantik der TLM-On-Chip-Kommunikation über *TLM-2.0 Payload.* Zu diesem Zweck nutzen wir die flexible Compiler-Infrastruktur, die von LLVM/Clang bereitgestellt wird, um in interleaved Weise Konnektivitätsanalyse, Zugriffskontrollextraktion, Aufrufgraphenanalyse, Datenflussanalyse und statisches Taint-Tracking durchzuführen, um statische Pfade zu identifizieren, die die angegebenen sicheren Informationsflusseigenschaften verletzen. Diese potenziell verwundbaren Pfade werden dem Benutzer zur weiteren Überprüfung gemeldet. Unsere statische Analyse ist *sound,* d. h., sie verpasst nie einen verletzenden Pfad, wenn ein solcher existiert.

6.1.1 Überblick über den Ansatz

In diesem Abschnitt geben wir einen Überblick über unseren Ansatz, beginnend mit dem Bedrohungsmodell, das wir betrachten. Dann diskutieren wir ein motivierendes Beispiel und zeigen den allgemeinen Ablauf des Ansatzes.

Bedrohungsmodell

Bei einem SOC wollen wir Vermögenswerte wie zum Beispiel: kryptographische Schlüssel, digitale Zertifikate, Signaturen, klassifizierten Text, Authentifizierungsdaten von ID-Sensoren oder Register-Einstellungen schützen. Der Transport der sensiblen Daten erfolgt über Busse zwischen den verschiedenen IP-Komponenten des SOC. Daher ist für unseren vorgeschlagenen VP-basierten IFT-Ansatz die

Analyse des Informationsflusses unter Verwendung der TLM-Kommunikation zwischen den IP-Blöcken von besonderem Interesse. In diesem Zusammenhang sind Vertraulichkeit (ein IP erzeugt einen unerwünschten Informationsfluss von einem Ziel-IP, indem es geheime Daten abruft, auf die dieses IP keinen Zugriff hat) und Integrität (ein IP gibt sich als ein anderes IP aus, um einen Informationsfluss zu einem Ziel-IP zu erzeugen und einige Daten zu ändern) wichtige Sicherheitsbedenken.

```
struct MPU1: sc_module {
 //...
 void thread_proc() {
   tlm::tlm_generic_payload* trans = new
          tlm::tlm_generic_payload;
   //...
   trans->set_data_ptr(reinterpret_cast<unsigned
          char*>(&data));
   //...
   socket->b_transport(*trans, delay);
   //...
 }
 int data;
};

struct MPU2 : sc_module {
 //...
 void thread_proc(){
   //...
 }
 //...
};

struct Interconnect : sc_module {
 SC_HAS_PROCESS(Interconnect);
 Interconnect(sc_module_name name) { ... }
 //...
 void b_transport(int id,
        tlm::tlm_generic_payload& trans,
        sc_time& delay) {
   masked_addrs = trans.get_address();
   mpu_nr = (masked_addrs >>16) & 0xFF;
   address = masked_addrs & 0xFF;
   mem_nr = (masked_addrs >> 8) & 0x3;
   if ( (mpu_nr == 1) && (mem_nr == 0) )
   (*initiator_socket[0])->b_transport(trans,delay);
  else if ( (mpu_nr == 2) && (mem_nr == 1) )
    (*initiator_socket[1])->b_transport(trans,delay);
  else
    trans.set_response_status(
           tlm::TLM_OK_RESPONSE );
 }
 sc_dt::uint64 addrs;
 sc_dt::uint64 masked_address;
 unsigned int mem_nr;
 int mpu_nr;
};

struct Memory : sc_module {
 //...
 virtual void b_transport
        (tlm::tlm_generic_payload& trans,
        sc_time& delay) {
   tlm::tlm_command cmd =
          trans.get_command();
   sc_dt::uint64 adr = trans.get_address();
   unsigned char* ptr = trans.get_data_ptr();
   unsigned int len = trans.get_data_length();
   unsigned char* byt =
          trans.get_byte_enable_ptr();
   unsigned int wid =
          trans.get_streaming_width();
   //...
   if ( cmd == tlm::TLM_READ_COMMAND )
    memcpy(ptr, &mem[adr], len);
   else if ( cmd ==
          tlm::TLM_WRITE_COMMAND )
    memcpy(&mem[adr], ptr, len);
   //...
   trans.set_response_status(
          tlm::TLM_OK_RESPONSE );
 }
 int mem[MEMORY_SIZE];
};
```

Auflistung 6.1 SystemC TLM 2.0 Beispiel mit zwei MPUs und zwei Speichern

Motivierendes Beispiel

Wir präsentieren hier ein SystemC TLM-2.0 Beispiel (Auflistung 6.1), das verwendet wird, um die Hauptideen unseres Ansatzes in diesem Abschnitt zu veranschaulichen. Die für das Verständnis des Beispiels notwendigen SystemC TLM-2.0 Konstrukte und Semantiken werden bei Bedarf erklärt. Das Beispiel zeigt einen vereinfachten SOC, bestehend aus einem regulären MPU (Mikroprozessor) (MPU1), einem vertrauenswürdigen MPU (MPU2), einem regulären

Speicher (Memory0) und einem vertraulichen Speicher mit Sicherheitsschlüsseln (Memory1), wie in Abb. 6.2 dargestellt. Der Puffer (Memory2) ist zunächst nicht verfügbar. Die Module sind mit einem Interconnect verbunden, der Transaktionen routet, bei denen die MPUs als Initiator und die Speicher als Ziel fungieren. Die Kommunikation verwendet einen 32-Bit-Adressmodus wie folgt: (1) Bits 0–7 – lokale Adresse innerhalb eines Speichers; (2) Bits 8–15 – Speicheradresse; (3) Bits 16–23 – MPU ID; (4) Bits 24–31 – ungenutzt. Ihr Verhalten wird in Thread-Funktionen implementiert (MPU1: `thread_proc()` Zeile 3 – MPU2: `thread_proc()` Zeile 16), und *b_transport* Funktionen (Interconnect: `b_transport()` Zeile 26 – Memory: `b_transport()` Zeile 46).

Die MPUs führen Anweisungen aus, die TLM-2.0 Transaktionen initiieren (d. h., lesen oder schreiben) zum Speicher. In diesem anschaulichen Beispiel wird das tatsächliche Verhalten der Anweisung abstrahiert, da wir uns nur auf die Kommunikation konzentrieren. Der Interconnect erhält die Transaktion, überprüft die von den MPUs erzeugte Adresse (Zeile 27, bis Zeile 35), und leitet die TLM 2.0 Transaktion entsprechend an den entsprechenden Speicher weiter. Der Speicher erhält die Transaktion, überprüft das *cmd* aus der Transaktion, und schreibt in (Zeile 56) oder liest aus (Zeile 54) dem Speicher.

Eine formellere Darstellung der Informationsflussrichtlinien des SOC wird später in Abschn. 6.1.2 gegeben. Die Intuition hier ist, dass MPU1 nicht in der Lage sein sollte, auf Memory1 zuzugreifen, das die Sicherheitsschlüssel enthält. Die Zugriffskontrollrichtlinien, die im Interconnect implementiert sind, um dies durchzusetzen, sind wie folgt:

1. Wenn ((mpu_nr == 1) && (mem_nr == 0))
2. Wenn ((mpu_nr == 2) && (mem_nr == 1))

Solche Zugriffskontrollrichtlinien werden häufig in Komponenten mit Routing-Funktionen implementiert. Intuitiv würden die Zugriffskontrollrichtlinien, wenn sie richtig implementiert sind, ausreichen, um die Isolation des nicht vertrauenswürdigen MPU1 zu erreichen. Dies wird später durch unsere Analyse bestätigt, wie in Abschn. 6.1.2 detailliert beschrieben. Betrachten Sie nun ein neues Szenario, in dem ein Designer beschließt, einen zusätzlichen Puffer (Memory2) hinzuzufügen, der von beiden MPUs gemeinsam genutzt wird, um Daten für die all-

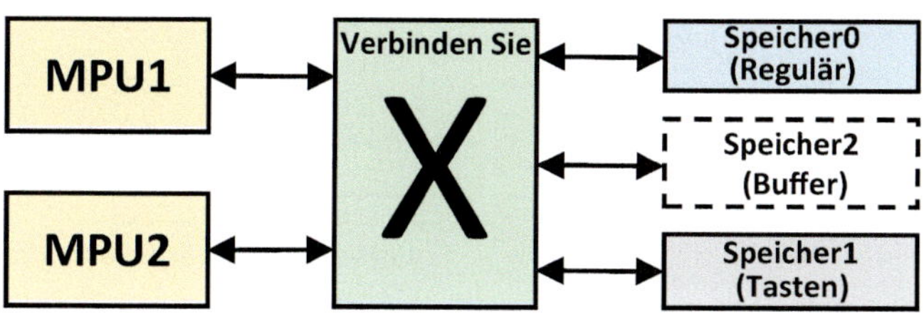

Abb. 6.2 Motivierendes Beispiel

gemeine Leistungssteigerung zu puffern. Mit dem gemeinsam genutzten Puffer besteht jedoch ein indirekter Informationsfluss zwischen Memory1 und MPU1. Ein Software-Gegner kann MPU2 verwenden, um die vertraulichen Schlüssel aus Memory1 zu lesen und sie in den Puffer zu schreiben. Dann kann MPU1 die Schlüssel aus dem Puffer lesen. Ein solcher indirekter Informationsfluss (über ein anderes IP) ist nicht trivial zu erkennen, insbesondere ohne eine automatisierte Analyse wie unseren vorgeschlagenen VP-basierten IFT-Ansatz.

Gesamtworkflow

Der Gesamtworkflow unseres datenflussgesteuerten Informationsflussansatzes für SystemC TLM 2.0 ist in Abb. 6.3 dargestellt. Der Ansatz basiert auf einer statischen Analyse; daher muss er nur einmal ausgeführt werden, um die Sicherheitseigenschaften des Informationsflusses zu validieren. Im Wesentlichen verwendet unser Ansatz Datenflussanalysen, um statische Taint-Analysen durchzuführen, und kombiniert diese Informationen mit Systembindungsinformationen und Aufrufgraphen, um die für einen SOC definierten Sicherheitseigenschaften zu validieren. Zuerst werden die *Sicherheitseigenschaften* gelesen, gefolgt von der Identifizierung von Quelle und Senke (Ziel) jeder zu überprüfenden Eigenschaft in verschiedenen Pfaden. Aus der Ausarbeitungsphase des Systems wird die Konnektivität der VPs identifiziert *(Bindungsinformationen)*. Dies hilft bei der Identifizierung, wie Daten durch das System fließen. Es folgt die Extraktion von *Zugriffskontrollinformationen*. Es identifiziert die Menge aller in einem System implementierten Zugriffskontrollrichtlinien. Im nächsten Schritt wird die Erstellung von Aufrufgraphen durchgeführt, die am Ende in der Analyse verwendet werden. Die *Datenflussanalyse* identifiziert die Menge aller an verschiedenen Punkten in einem System berechneten Datenflusswerte. Aufgrund der statischen Natur berechnet die Analyse eine Überapproximation der Datenflusswerte. Diese Datenflussinformationen werden erweitert, um Taint-Analysen zwischen Quelle und

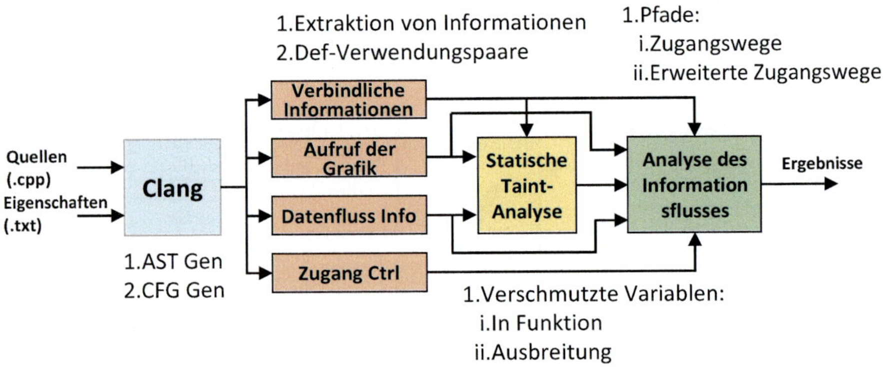

Abb. 6.3 Überblick über die Informationsflussanalyse

Senke jeder Eigenschaft durchzuführen. Alle von der Quelle beeinflussten Variablen werden in Bezug auf SystemC identifiziert.

Im nächsten Schritt werden alle Informationen aus den vorhergehenden Schritten ausgewertet und kombiniert, um die endgültigen Zugriffspfade und erweiterten Pfade zwischen Quelle und Senke für jede Eigenschaft zu erhalten. Beide Pfade werden dann mit Prädikaten gefiltert, um die Validierung der Eigenschaft zu gewährleisten. Im Wesentlichen zeigt das Ergebnis, welche Sicherheitseigenschaften erfüllt wurden und welche am Ende nicht erfüllt wurden. Eine Eigenschaft ist erfüllt, wenn eine der drei folgenden Bedingungen erfüllt ist: (1) Es gibt keine Zugriffswege oder erweiterten Zugriffswege zwischen einer Quelle und einer Senke. (2) Es gibt keine Zugriffswege oder erweiterten Zugriffswege zwischen einer von der Quelle beeinflussten Variablen und der Senke. (3) Die Prädikate der Eigenschaft scheitern vollständig.

Unser Ansatz identifiziert die fehlerhaften Pfade für jede nicht erfüllte Sicherheitseigenschaft und ermöglicht es dem Verifizierungsingenieur, seine Bemühungen auf die Verbesserung des Designs zu konzentrieren, indem er entweder die Zugriffskontrollrichtlinien oder die Informationsflussrichtlinien verbessert.

Im Folgenden erläutern wir die Bestandteile unseres Ansatzes und demonstrieren sie anhand des motivierenden Beispiels.

6.1.2 Datenflussgesteuerte Informationsflussanalyse

Informationsextraktion

Spezifikation der Informationsflusseigenschaft

Der Informationsfluss kann verwendet werden, um verschiedene Sicherheitseigenschaften zu modellieren, z. B. Vertraulichkeit, Integrität, Verfügbarkeit, Isolation und Hardware-Trojaner usw. Unser Ansatz konzentriert sich nur auf zwei weit verbreitete Sicherheitseigenschaften: Vertraulichkeit und Integrität basierend auf dem Prinzip der Nicht-Interferenz. Eine Informationsflusseigenschaft definiert eine Datenflussbeziehung zwischen zwei Entitäten, *Quelle* und *Senke,* bei der die Daten unter bestimmten Bedingungen erlaubt oder nicht erlaubt sind zu fließen. Diese Eigenschaften müssen so definiert werden, dass sie den vollständigen Fluss erfassen, ohne Informationen zu verpassen. Für SystemC TLM 2.0 funktioniert die klassische Eigenschaftsspezifikation nicht, da die klassische Spezifikation immer einen Eingangs- und einen Ausgangsport des Systems als unvertraute/vertraute Informationsquellen betrachtet; während in SystemC TLM 2.0 die VPs durch Transaktionen interagieren; daher müssen die Eigenschaftsspezifikationen und -definitionen angepasst werden. Daher definieren wir eine Informationsflusseigenschaft als ein Tupel *(Quelle, Quellep, op, Senke, Senkep),* das, abhängig von der definierten Eigenschaft (Vertraulichkeit/Integrität), aus den folgenden Elementen besteht:

1. *Quelle* – Der Erzeugungspunkt einer Transaktion/Variablen innerhalb eines VP

2. *Quellep* – Ein Prädikat, das mit *Quelle* verbunden ist und angibt, unter welchen Bedingungen die Daten an der *Quelle* gültig sind
3. *op* – Operator wie *kein Fluss*
4. *Senke* – Der Punkt im Programm, an dem die *Quelle* einen Wert zuweist
5. *Senkep* – Ein Prädikat, das mit *Senke* verbunden ist und angibt, unter welchen Bedingungen die Daten an der *Senke* gültig sind

Es wird gesagt, dass Informationen zwischen *Quelle* und *Senke* fließen, wenn es einen statischen Pfad zwischen den beiden Entitäten gibt und das *Quellep* Prädikat und das *Senkep* Prädikat erfüllt sind, während Informationen nicht fließen sollen, wenn es keinen statischen Pfad gibt, auch wenn *Quellep* und *Senkep* erfüllt sind. Dies könnte auf verschiedene zugrunde liegende Implementierungsprobleme zurückzuführen sein.

Für unsere Analyse konzentrieren wir uns nur auf *op kein Fluss,* der den Informationsfluss zwischen *Quelle* und *Senke* unterbindet, um den VP sicher zu machen. Auch andere *op* wie *Fluss* können als Dual von *kein Fluss* für jeden Fall definiert werden.

VP-Bindungsinformation

In einem SOC sind VPs auf eine bestimmte Weise miteinander verbunden, die beeinflusst, wie Informationen verbreitet werden. Unsere Analyse definiert eine Verbindung von zwei VPs, wenn ihre entsprechenden Sockets *(initiator_socket* und *target_socket)* mit dem SystemC TLM 2.0 *b_transport* Funktionsaufruf verbunden sind. Die Art und Weise, wie diese Funktionen registriert und während der Elaborationsphase gebunden werden, ist von entscheidender Bedeutung, da jeder VP in der TLM 2.0-Einstellung eine *b_transport* Funktion enthält. Wenn keine Bindungsinformationen verfügbar sind, kann die Konnektivität der Module nicht statisch (vor der Ausführung) identifiziert werden. Auch ohne diese Informationen kann ein *b_transport* Funktionsaufruf von einem falschen VP analysiert werden, weil der Funktionsname ähnlich ist, was zu einer weiteren Überapproximation führt. Diese Bindungsinformationen helfen beim Aufbau des Aufrufgraphen.

Extraktion der Zugriffskontrolle

Unsere Analyse extrahiert alle Zugriffskontrollbedingungen aus jeder Funktion eines VP. Eine Zugriffskontrollbedingung wird definiert als eine Bedingung in der *if-else* Kontrollflussstruktur oder in *while* und *for* Schleifen. Unsere Analyse extrahiert diese Informationen, ohne Funktionen zu erweitern und speichert sie. Dies ist nützlich für die Analyse, da es zeigt, welche VPs Zugriff auf welche VPs in einem vollständigen SOC haben dürfen. Zugriffskontrollbedingungen können auf der VP-ID, der VP-Adresse oder der Socket-ID usw. basieren. Im Allgemeinen sind diese Informationen in Interconnects eingebettet, die als Transaktionsrouter in SystemC TLM 2.0 fungieren.

Aufbau des Aufrufgraphen

Unsere statische Analyse führt einmal am Anfang den Aufbau des Aufrufgraphen durch. Aufrufstellen werden in diesem Stadium, d. h. vor der Datenflussanalyse, nicht erweitert. Außerdem werden viele SystemC-spezifische Funktionsaufrufe zum Aufrufgraphen hinzugefügt, aber sie werden nie erweitert. Für die häufig auftretenden Systemfunktionsaufrufe ist ihr Verhalten bereits in der Analyse definiert, z. B. *memcpy()*. Dieser Aufrufgraph wird verwendet, um die Analyse zu leiten, die Informationen zur richtigen Funktion zu propagieren. Daher verwendet es Bindungsinformationen, um den Funktionsaufruf vom richtigen VP korrekt zu identifizieren.

Statische Analyse

Datenflussanalyse

Ein Datenflussanalysealgorithmus nimmt als Eingabe das zu prüfende SOC, um Testziele für jeden VP (d. h., def-use-Paare) zu berechnen. Ein *reaching uses*-Verfahren – eine Instanz von Datenflussanalysetechniken – wird verwendet, um Testziele (d. h., def-use-Paare) für einen VP zu identifizieren, die tatsächlich eine solche Frage beantworten: Für jede definierte Variable, welche Verwendungen können potenziell die Werte verwenden? Unsere Datenflussanalyse ist inspiriert von Abschn. 3.3, aber wir verwenden die Assoziationen nicht wie definiert. Stattdessen definieren wir nur Definition-Nutzung *(def-use)* Paare nach ihrer Klassifizierung, um bei unserer Analyse zu helfen, wie die *def-use* Paare über Threads hinweg. Die Analyse identifiziert alle möglichen *def-use* Paare eines VP durch Durchführung von Intra-Funktionsanalyse und Inter-Thread-Analyse. Inter-Funktionsanalyse wird absichtlich nicht durchgeführt, da sie während der Taint-Analyse kompensiert wird.

Statische Taint-Analyse

Die statische Taint-Analyse identifiziert, wie ein einzelner VP oder eine Variable innerhalb eines VP andere VPs innerhalb eines Systems beeinflusst oder taintet. Die Kernidee hinter der Taint-Analyse im Bezug auf SystemC TLM 2.0 ist, dass jeder VP innerhalb des SOC, wenn er eine Transaktion generiert, alle Entitäten und Pfade, die er nimmt, um das Ziel zu erreichen, ebenfalls kompromittiert sind. Denn wenn die generierte Transaktion bösartig ist, kann der bösartige Wert sich im gesamten System ausbreiten und am Ende einige Daten durchsickern lassen. Nicht nur die Transaktion lässt die Daten durchsickern, sondern auch alle Variablen dazwischen werden zu potenziellen Sicherheitsrisiken. Die statische Taint-Analyse kann als konservative Annäherung an die vollständige Verifizierung der Nicht-Interferenz oder das allgemeinere Konzept des sicheren Informationsflusses angesehen werden. Da der Informationsfluss in einem System nicht durch die Untersuchung einer einzigen Ausführungsspur dieses Systems verifiziert werden kann, werden die Ergebnisse der Taint-Analyse notwendigerweise ungefähre Informationen über die Informationsflusseigenschaften des SOC widerspiegeln, auf das sie angewendet wird. Unsere Taint-Analyse verwendet die Datenflussinformationen *(def-use)* Paare und kombiniert sie mit Sicherheitseigenschaftsinformationen.

Die *Quelle* jeder Eigenschaft fungiert als Taint-Quelle, es kann eine in einem VP generierte Transaktion sein, oder es kann eine interne Variable oder ein Register sein. Das *Ziel* in jeder Eigenschaft fungiert als das endgültige Ziel, wohin sich die Taint-Quelle ausbreitet. Wir definieren eine getaintete Variable als eine Variable, die direkt oder indirekt von der Taint-Quelle beeinflusst wird, z. B. eine direkte Zuweisung von der *Quelle* oder eine Zuweisung von einer Variable, die von der *Quelle* getaintet wurde. Daher ist es für ein Taint nicht notwendig, dass die Taint-Quelle selbst sich ausbreiten muss, sondern jede ihrer getainteten Variablen kann sich auch ausbreiten. Unsere statische Analyse erstellt ein Graph aller getainteten Variablen, die zu einer Taint-Quelle gehören. Die Übertragungsfunktion für Zuweisungen taintet die linke Seite, wenn einer der Operanden auf der rechten Seite getaintet ist. Zuweisungen an Arrays und Speicher werden konservativ behandelt, indem das gesamte Array/Speicher getaintet wird, weil wir zur statischen Zeit nicht die genaue Adressposition kennen, die zugegriffen wird.

Informationsflussanalyse

Unsere Informationsflussanalyse verknüpft Informationen zum Aufrufgraphen, Zugriffskontrollinformationen, VP-Bindungsinformationen, Sicherheitseigenschaften und Datenflussanalysen, um anfällige Pfade zu erkennen. Wir definieren zwei Arten von Pfaden: (1) Zugriffspfade – Ein Pfad zwischen *Quelle* und *Senke;* (2) Erweiterte Zugriffspfade – Eine Kombination von Zugriffspfaden.

Jeder Zugriffspfad wird als Kombination von Knoten definiert, wobei jeder Knoten eine Entität repräsentiert. Ein Knoten kann aus einer der vier Kategorien stammen: (1) Taint-Quellknoten – *tsrc;* (2) Funktionsaufrufknoten – *fcall;* (3) Zugriffskontrollknoten – *actrl;* (4) Taint-Senkenknoten – *tsink.*

Ein Taint-Quellknoten definiert immer einen Startpunkt eines Zugriffspfades und ein Taint-Senkenknoten beendet immer den Zugriffspfad. Wenn keine Taint-Senke gefunden wird (d. h., die Information erreicht sie nicht), wird der Zugriffspfad überhaupt nicht erstellt. Ein Funktionsaufrufknoten wird erstellt, wenn Taint zur nächsten Funktion propagiert, und ein Zugriffskontrollknoten wird erstellt, wenn der Pfad auf eine Zugriffskontrollbedingung trifft. Jeder Knoten trägt einige nützliche Informationen bei sich, die bei der Analyse helfen. Zum Beispiel enthält der Knoten den Namen der Taint-Quelle, den Namen der aufrufenden Funktion, den Namen der aufgerufenen Funktion, ihre entsprechenden Klassen und IDs usw. (siehe Abb. 6.4).

Die Analyse erfolgt in drei Stufen: (1) Vorwärtsanalyse; (2) Rückwärtsanalyse; (3) Prädikation. Die Vorwärtsanalyse wird zuerst durchgeführt, beginnend mit der ersten Funktion, in der die Taint-Quelle definiert ist. Unter Definition einer Taint-Quelle verstehen wir, wann die *Quelle* erstellt wird (formale Parameter einer Funktionsdefinition qualifizieren dafür nicht). Ein Taint-Quellknoten wird als Startpunkt des Pfades hinzugefügt. Dann werden Informationen zur Datenflussanalyse, d. h. Informationen zu def-use-Paaren, verwendet, um zu ermitteln, ob die Taint-Senke in der gleichen Funktion liegt. Wenn dies der Fall ist, wird ein Taint-Senkenknoten zum Pfad hinzugefügt; somit wird ein Zugriffspfad zwischen diesen beiden Punkten erstellt. Wenn die Senke nicht in der gleichen Funktion liegt, werden die Informationen zum Aufrufgraphen mit den Datenflussinformationen kombiniert, um die Taint-Propagation zu finden. Im Falle eines Funktionsaufrufs wird ein Funktionsaufrufknoten zum Pfad hinzugefügt, und die tatsächlichen Parameter werden auf die formalen Parameter der Funktion abgebildet, gefolgt von der Wiederherstellung der Datenflussinformationen des Aufgerufenen. Wenn eine Zugriffskontrolle existiert, wird ein cntsprechender Knoten in den Pfad eingefügt. Sobald die vollständigen Zugriffspfade für alle Sicherheitseigenschaften erstellt sind, beginnt die Rückwärtsanalyse. Während der Erstellung eines Zugriffspfades wird alle irrelevanten Informationen abstrahiert, d. h., wenn eine Funktion ohne Taint-Quelle/Variablen aufgerufen wird, oder wenn es eine Zugriffskontrolle gibt, die die Taint-Quelle/Variable nicht beeinflusst, weil solche Informationen in keiner Weise bei der Informationsflussanalyse helfen.

Der Zweck der Rückwärtsanalyse besteht darin zu erkennen, ob es einen anderen Zugriffspfad gibt, der zur gleichen Taint-Senke führt. Unsere Analyse verwendet Informationen aus der Vorwärtsanalyse und überlappt die Zugriffspfade, um zu prüfen, welcher Zugriffspfad an der Senke endet. Der Startpunkt des Pfades kann jeder Punkt sein, außer der Taint-Quelle, denn in diesem Fall würde eine Schleife entstehen. Wenn der Pfad gefunden wird, wird er zum Pfad hinzugefügt, der durch die Vorwärtsanalyse gefunden wurde. Dann wird überprüft, ob dieser

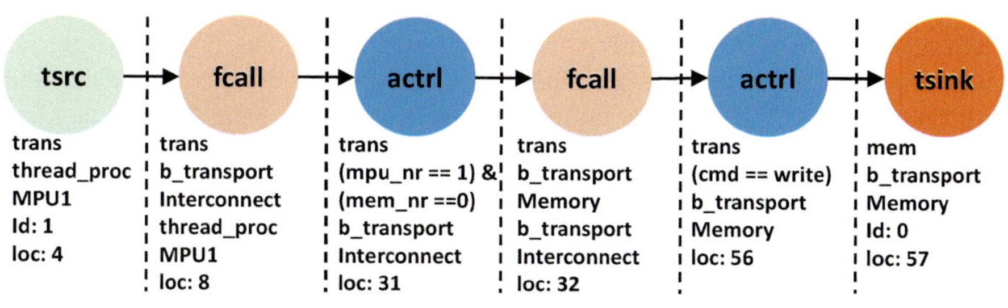

Abb. 6.4 Ein Zugriffspfad zum Beispiel in Auflistung 6.1 gezeigt

neue Pfad diese Information irgendwo anders hin propagiert. Wenn er propagiert, werden die Pfade zum ursprünglichen Pfad hinzugefügt, und am Ende wird ein vollständiger erweiterter Zugriffspfad erstellt. Eines sollte man im Hinterkopf behalten, erweiterte Pfade werden immer gleich oder größer als Zugriffspfade sein, aber nie kleiner, denn im Grunde sind erweiterte Pfade eine Kombination von Zugriffspfaden, und wenn es nur eine Kombination für jeden Pfad gibt, dann sind Zugriffspfade gleich erweiterte Pfade.

In der letzten Stufe wird die Prädikation durchgeführt, indem das *sourcep* Prädikat und das *destp* Prädikat für jede Eigenschaft auf die gefundenen erweiterten Pfade angewendet werden. Eine Eigenschaft ist erfüllt, wenn die Prädikate wahr sind und es keinen statischen Pfad zwischen *Quelle* und *Senke* gibt, oder wenn die Prädikate falsch sind.

Illustration

Wir verwenden das gleiche SystemC TLM 2.0 Beispiel wie in Auflistung 6.1 gezeigt, um unsere Methodik zu veranschaulichen. Die Informationsflusseigenschaften werden aus den in Abschn. 6.1.1 definierten Richtlinien abgeleitet, d. h.:

1. Quelle: trans, sourcep: mpu_nr == 1, op: kein Fluss, Senke: mem, sinkp: mem_nr = 1
2. Quelle: trans, sourcep: mpu_nr == 2, op: kein Fluss, Senke: mem, sinkp: mem_nr = 0

Wenn die Informationsflussanalyse ausgeführt wird, wird die erste Eigenschaft ausgewählt, und alle Pfade mit *trans* als *Quelle* und *mem* als *Senke* werden gesucht. Die Verfügbarkeit von Pfaden bedeutet, dass es einen statischen Pfad zwischen einer *Quelle* und einer *Senke* gibt, er kann innerhalb einer Funktion oder über mehrere Funktionen verteilt sein, und er kann durch verschiedene Zugriffskontrollmechanismen hindurchgehen. Die Analyse identifiziert vier Pfade, die von MPU1 ausgehen, und vier Pfade, die von MPU2 ausgehen. Einer der Pfade, die von MPU1 ausgehen und bei Memory0 enden, ist in Abb. 6.4 dargestellt.

Der Startknoten, d. h., *tsrc*, enthält die Information, dass er die Variable *trans* repräsentiert, und seine Ursprungsfunktion ist *thread_proc,* die zur Klasse MPU1 mit der registrierten ID 1 gehört (ID aus der Elaborationsphase extrahiert). Ähnlich enthalten auch andere Knoten nützliche Informationen.

Im nächsten Schritt wählt die Analyse den ersten Pfad aus und prüft, ob das *Senke* des ersten Pfades mit dem *Senke* eines anderen Pfades überschneidet und stellt fest, dass MPU2 auf *mem* zugreift. Daher wird dieser neue Pfad an den tatsächlichen Pfad angehängt. Im dritten Schritt prüft die Analyse, ob der neu hinzugefügte Pfad an einer anderen Stelle im System auf *Senke, mem* zugreift und stellt fest, dass MPU2 in Memory1 auf *mem* zugreift. Sie prüft rekursiv nach weiteren ähnlichen Pfaden und findet nichts. Die Analyse findet alle erweiterten Pfade auf ähnliche Weise und speichert sie. Das Gleiche wird für die zweite Eigenschaft gemacht. Wir erhalten die folgenden erweiterten Pfade für die erste Eigenschaft:

1. MPU1 → Memory0 → MPU2 → Memory1
2. MPU1 → Memory1 → MPU2 → Memory0
3. MPU2 → Memory0 → MPU1 → Memory1
4. MPU2 → Memory1 → MPU1 → Memory0

Die langen Pfeile symbolisieren den Informationsfluss zwischen zwei VPs. Dieser Informationsfluss könnte durch Zugriffskontrollrichtlinien erfolgen, oder es könnte ein direkter Pfad sein. Zum Beispiel erzeugt für den ersten erweiterten Pfad *trans* in MPU1 und es wird zu *mem* in Memory0 weitergeleitet. Dann kann dieses *mem* in Memory0 von MPU2's *trans* zugegriffen werden. Schließlich kann *trans* in MPU2 zu *mem* in Memory1 weitergeleitet werden. Im Wesentlichen ist jeder in erweitertem Pfad gezeigte VP-Name ein Zugriffspfad, wie in Abb. 6.4 gezeigt. Wenn mehr VPs zwischen *Quelle* und *Senke* verbunden sind, würde dieser erweiterte Pfad auch lang werden.

Am Ende wird die Prädikation durch Anwendung der Quellprädikate *sourcep* und Senkenprädikate *sinkp* durchgeführt. Dieser Prozess reduziert die Anzahl der Pfade, da die Prädikate angewendet werden. Zum Beispiel wird zunächst der erste erweiterte Pfad in Bezug auf die erste Eigenschaft analysiert. Das Prädikat *sourcep* besagt, dass das *trans* von MPU1 stammt; daher wird mit den in den vorherigen Abschnitten gesammelten Informationen festgestellt, dass dieses Prädikat tatsächlich zutrifft. Da *sourcep* erfüllt wurde, wird das nächste Prädikat *sinkp* überprüft, das besagt, dass *mem* in Memory1 sein sollte. Die Analyse findet kein *mem* in MPU1. Sie geht weiter zu Memory0 und passiert dabei die Zugriffskontrollrichtlinien. Sie prüft, ob MPU1 auf Memory0 zugreifen darf (Zeile 31 – Auflistung 6.1) und stellt fest, dass dies erlaubt ist. Dann stellt die Analyse fest, dass Memory0 nicht von MPU2 zugegriffen werden darf (Zeile 33 – Auflistung 6.1) und gibt false zurück. Wenn die Zugriffskontrollbedingung false ist, bedeutet das, dass die Information nicht weiter fließen darf, und daher hören wir auf, diesen Pfad weiter zu suchen. Der zweite Pfad wird analysiert, und wieder wird festgestellt, dass MPU1 nicht auf MEMORY1 zugreifen darf. Daher gibt es keinen Pfad, der es MPU1 erlaubt, auf Memory1 zuzugreifen. Auf ähnliche Weise wird auch Eigenschaft 2 erfüllt. Daher wird das System als sicher eingestuft.

Betrachten Sie nun ein neues Szenario, in dem ein Designer beschließt, einen zusätzlichen Puffer (Memory2), der von beiden MPUs gemeinsam genutzt wird, für die Pufferung von Daten zur allgemeinen Leistungssteigerung hinzuzufügen. Die Funktion *b_transport()* des Interconnects (Zeile 26 – Auflistung 6.1) wird mit den folgenden Informationen aktualisiert, wie in der Auflistung 6.2 gezeigt. Der Rest der Funktionsimplementierung bleibt gleich.

```
....
if ( (mpu_nr == 1) && (mem_nr == 0) )
  (*initiator_socket[0])->b_transport(trans,delay);
else if ( (mpu_nr == 2) && (mem_nr == 1) )
  (*initiator_socket[1])->b_transport(trans,delay);
else if ( mem_nr == 2 ) (*@\label{line:line_cond3}@*)
  (*initiator_socket[2])->b_transport(trans,delay);
else
  trans.set_response_status( tlm::TLM_OK_RESPONSE );
....
```

Auflistung 6.2 SystemC TLM 2.0 Beispiel mit zwei MPUs und drei Speichern

Wenn unsere Analyse erneut ausgeführt wird, stellt sie fest, dass nun beide Sicherheitseigenschaften versagen. Bei der Untersuchung der erweiterten Pfade stellt man fest, dass nun MPU1 über den gemeinsam genutzten *Puffer – Memory2* auf Memory1 zugreifen kann. Ebenso kann MPU2 auf Memory0 zugreifen. Dieser indirekte Informationsfluss (über ein anderes IP) ist nicht trivial zu erkennen. Um das Problem zu lösen, sollte beispielsweise ein weiterer Puffer hinzugefügt werden und das Teilen von Ressourcen wird mit dem in der Auflistung 6.3 gezeigten *b_transport* Code verboten, bei dem jedem Speicher exklusiver Zugriff gewährt wird. Eine allgemeinere Lösung besteht darin, eine Speicherverwaltungseinheit hinzuzufügen.

```
....
if ( (mpu_nr == 1) && (mem_nr == 0) )
  (*initiator_socket[0])->b_transport(trans,delay);
else if ( (mpu_nr == 2) && (mem_nr == 1) )
  (*initiator_socket[1])->b_transport(trans,delay);
else if ( (mpu_nr == 1) && (mem_nr == 2) )
  (*initiator_socket[2])->b_transport(trans,delay);
else if ( (mpu_nr == 2) && (mem_nr == 3) )
  (*initiator_socket[3])->b_transport(trans,delay);
else
  trans.set_response_status( tlm::TLM_OK_RESPONSE );
....
```

Auflistung 6.3 SystemC TLM 2.0 Beispiel mit vier Speichern

Die Eigenschaften des Informationsflusses werden auch mit zwei neuen Eigenschaften aktualisiert:

1. Quelle: trans, sourcep: mpu_nr == 1, op: kein Fluss, Senke: mem, sinkp: mem_nr = 3
2. Quelle: trans, sourcep: mpu_nr == 2, op: kein Fluss, Senke: mem, sinkp: mem_nr = 2

Nach erneuter Durchführung der Analyse werden alle Eigenschaften erneut als erfüllt gefunden. Dieses Beispiel demonstriert die Fähigkeit unseres Ansatzes, das *Fehlen von Zugriffskontrollrichtlinien* zu erkennen.

Implementierungsdetails

In diesem Abschnitt beschreiben wir kurz die Implementierungsdetails unserer Methodik. Die statische Informationsflussanalyse wird mit der LibTooling-Bibliothek für den Clang-Compiler [83] implementiert. Clang erzeugt einen Abstract Syntax Tree (AST) des SystemC TLM 2.0 Quellcodes. Der AST wird geparst, um die benötigten Informationen für die statische Analyse zu extrahieren. Die Implementierung parst den AST mehrmals und extrahiert in jeder Iteration eine andere Informationsmenge. Im Folgenden diskutieren wir wichtige Implementierungsdetails.

In der ersten Iteration werden die VP-Bindungsinformationen extrahiert, indem nach den AST-Knoten gesucht wird, die sich auf die Elaborationsphase beziehen. Die Bindung von VPs ist auf verschiedene Weisen möglich, abhängig von der Implementierung des SystemC-Designs, d. h., mit dem *bind*-Schlüsselwort oder mit AMBA-Bindern.

In den nächsten Iterationen werden Zugriffskontrollinformationen und Aufrufgraphinformationen mit den zuvor genannten Datenextraktionsmethoden extrahiert. Die Orte der *Verwendung* werden ebenfalls extrahiert, um bei der Analyse zu helfen, insbesondere die Grenzen der Zugriffskontrollinformationen, die einen Kontext von Programmanweisungen definieren. Alle extrahierten Informationen werden in Datenstrukturen gespeichert, um Datenflussanalysen, Taint-Analysen und Informationsflussanalysen durchzuführen.

6.1.3 Experimentelle Ergebnisse

In diesem Abschnitt präsentieren wir eine Fallstudie, um unseren Informationsflussanalyseansatz für SystemC zu demonstrieren. Wir betrachten den LEON3-basierten VP SOCRocket [100], der in SystemC TLM 2.0 modelliert wurde. Der vollständige VP besteht aus mehr als 50.000 Codezeilen. Der VP kombiniert mehrere IPs, die zusammen in Master- oder Slave-Modus arbeiten. Der VP ist so konzipiert, dass er *buszentriert* ist, d. h., die IP-Cores sind über einen On-Chip-Bus verbunden. Der AMBA-2.0 AHB/APB (Advanced High-performance Bus/Advanced Peripheral Bus) Bus wird als gemeinsamer On-Chip-Bus verwendet. Im VP ist der LEON3-Prozessor direkt mit AHB als *AHBMaster*-Gerät verbunden, und die AHB/APB-Brücke ist als *AHBSlave*-Controller verbunden, der die Kommunikation zwischen AMBA AHB und AMBA APB-Geräten steuert. Verschiedene TLM-

IPs sind mit dem AMBA APB-Bus verbunden, wie UART, GPTimer und IRQMP. Ein Speichercontroller ist als *AHBSlave* mit dem AHB-Bus verbunden, der mehrere Speicher bedient. Im Wesentlichen sind die AMBA-2.0 AHB/APB-Busse komplexe Interconnects, die die von den verbundenen IPs erzeugten Transaktionen aufnehmen und sie auf der Grundlage der Adresse und/oder Sockets an die beabsichtigte IP weiterleiten. Im Folgenden berichten wir über die Ergebnisse von drei Experimenten, in denen verschiedene IPs in SOCRocket integriert wurden.

CRYPTO AES IP

In der ersten Fallstudie betrachten wir den Fall der Integration von zwei TLM-IPs mit SOCRocket: (1) Eine TLM-IP *CRYPTO-AES*, ein kryptographischer Hardwarebeschleuniger, der den AES-128-Algorithmus implementiert und speziell dafür konzipiert ist, *Chiffretext* für den gegebenen *Klartext* effizient zu berechnen; (2) Eine sichere Speicher-IP *SEC-MEMORY*, die vorab mit Chiffreschlüsseln geladen ist.

Die *CRYPTO-AES*-Engine arbeitet im *Cipher Block Chaining (CBC)*-Modus, d. h., ein *Initialisierungsvektor* und ein *Klartext* werden als Eingabe an die IP gegeben, wobei *Klartext* und *Initialisierungsvektor* vor dem Schreiben auf die Eingabe der IP XOR-verknüpft werden, der *Schlüssel* wird aus dem *SEC-MEMORY* gelesen, und die IP erzeugt einen *Chiffretext*. Dieser *Chiffretext* wird als neuer *Initialisierungsvektor* für die nächste Iteration an die kryptographische Engine zurückgespeist. Die IP *CRYPTO-AES* berechnet ihre Rundenschlüssel on the fly, anstatt sie vorher zu berechnen und im *SEC-MEMORY* zu speichern. Der LEON3-Prozessor initialisiert *CRYPTO-AES* durch Konfiguration seiner Konfigurationsregister.

Aufgrund der Natur des *SEC-MEMORY*, d. h., er speichert kryptographische Schlüssel, ist unsere Informationsflussrichtlinie, dass der LEON3-Prozessor nicht berechtigt sein sollte, diese Schlüssel aus dem *SEC-MEMORY* zu lesen (Vertraulichkeit) oder zu schreiben (Integrität). Daher wird die folgende Sicherheitseigenschaft abgeleitet, die sowohl Vertraulichkeit als auch Integrität abdeckt:

1. Quelle: trans, sourcep: IP_ADDR == 0x1, op: kein Fluss, Senke: memory_buffer, sinkp: MEMORY_ADDR == 0x4

IP_ADDR = 0x1 bezieht sich auf die Adresse von LEON3, und *MEMORY_ADDR = 0x4* auf die Adresse von *SEC-MEMORY*. Mit unserem Ansatz stellten wir fest, dass die Sicherheitseigenschaft nicht erfüllt war. Unsere Methodik konnte den Informationsfluss zwischen LEON3 und *SEC-MEMORY* über die *Debug*-Schnittstelle melden. Normalerweise ist die *Debug*-Schnittstelle darauf beschränkt, begrenzte Informationen oder Dummy-Informationen im Falle von kryptographischen Algorithmen auszugeben, aber das war nicht der Fall. Wir haben den fehlerhaften Pfad behoben, indem wir den Zugriff auf die *Debug*-Schnittstelle auf *CRYPTO-AES* beschränkt haben. Die Eigenschaft wurde bei der nächsten Analyse erfüllt. Manchmal können diese absichtlichen (vermeintlich nicht bösartigen) Fehler in Hardware-Designs auftreten, insbesondere wenn das Designteam undokumentierte Funktionen zur Unterstützung bei Tests einbezieht. Diese Fehler können ausgenutzt werden, um Zugang zu vertrauenswürdigen Daten zu erhalten. Die Analyse meldete eine Berechnung von 37 Zugriffspfaden und 79 erweiterten Zugriffspfaden. In diesen Pfaden erlaubten nur zwei erweiterte Pfade (einer für den Lesezugriff und einer für den Schreibzugriff auf die Debug-Schnittstelle) den Informationsfluss, während die anderen dies nicht taten. Die Analyse benötigte 51,63 s, um die Ergebnisse zu melden. 0 % Falsch-Positive wurden aufgrund konkreter Pfadbedingungen gemeldet.

Near-Field Communication IP

Für die zweite Fallstudie integrieren wir eine *Near-Field Communication* (NFC) Schnittstellen-IP mit SOCRocket. Im Wesentlichen handelt es sich dabei um ein Kommunikationsprotokoll, das zwei Geräten ermöglicht zu kommunizieren, wenn sie in enger Nähe zueinander gebracht werden. NFC wird heute weit verbreitet in Smartphones als Modus für kontaktlose Zahlungssysteme, zum Teilen von Dateien und Fotos zwischen zwei Geräten und als e-ids (elektronische Ausweise), etc. verwendet. Aufgrund der Hochgeschwindigkeitskommunikation werden die Daten im Speicher mittels *Direct Memory Access* (DMA) gespeichert. Die meisten aktuellen SOCs beinhalten DMA zum Speicher durch einen dedizierten DMA-Controller, um die Arbeitslast auf den Prozessorkernen zu reduzieren.

Aufgrund der Natur der NFC IP und der allgemeinen Systemsicherheit besagt die Sicherheitsrichtlinie, dass systemspezifische Adressen (könnten auf Konfigurationsregister von SOC verweisen) im Speicher nicht von der NFC IP (lesen oder schreiben) zugegriffen werden sollten. Daher leiten wir die folgende Sicherheitseigenschaft ab:

1. Quelle: trans, sourcep: IP_ADDR == 0x5, op: kein Fluss, Senke: Hauptspeicher, sinkp: MEM_SPACE_ADDR < 0x000F0000

IP_ADDR = 0x5 bezieht sich auf NFC IP in SOCRocket, während *MEM_SPACE_ADDR < 0x000F0000* die systemspezifischen Adressen klassifiziert, auf die die NFC IP nicht zugreifen darf.

Unser Ansatz erkennt einen Zugriffspfad zwischen NFC und *Hauptspeicher* über DMA; somit wird die Sicherheitseigenschaft verletzt. Der Grund dafür ist, dass die angeforderte DMA-Adresse (von der NFC IP) nicht gegen nicht zulässige Adressbereiche geprüft wird (fehlende Grenzen). Die gemeldeten Zahlen der Zugriffspfade und erweiterten Zugriffspfade waren 37 bzw. 80. Die Analyse dauerte 55,01 s, um die Eigenschaft zu verwerfen. 0 % Falschmeldungen wurden gemeldet, da konkrete Pfadbedingungen vorlagen. Es zeigt deutlich, dass das IP-Entwicklungsteam und das SOC-Integrationsteam aktiv zusammenarbeiten sollten, um solche Sicherheitslücken zu vermeiden.

Smart Card Reader IP

Für die dritte Fallstudie integrieren wir einen Smartcard-Leser in das System. Er liest die Daten von der Karte und speichert sie in einem sicheren Bereich des On-Chip-Speichers (Zugriffskontrolle durch Adressbereichsspezifikation implementiert). Drei Sicherheitsrichtlinien sind festgelegt: (1) Der On-Chip-Prozessor (LEON3) sollte nicht berechtigt sein, diesen sicheren Speicherbereich zu lesen (Vertraulichkeit)/zu schreiben (Integrität). (2) Der Smartcard-Leser sollte nicht SRAM lesen (Vertraulichkeit) oder schreiben (Integrität). (3) Der Smartcard-Leser sollte nicht *Read Only Memory* (ROM) (enthält LEON3-Konfiguration, etc.) lesen (Vertraulichkeit) oder schreiben (Integrität).

Nach Durchführung unserer Analyse stellten wir fest, dass die ersten beiden Sicherheitseigenschaften aufgrund der strengen Zugriffskontrollrichtlinie, die im Speichercontroller *(MCtrl)* in SOCRocket implementiert ist, erfüllt sind. Die dritte Eigenschaft scheitert jedoch. Der *MCtrl* verbietet regulären ROM-Zugriffen durch jede andere IP als LEON3, aber diese Einschränkung besteht nicht für DMA. Diese Verletzung der Sicherheitseigenschaft, die von unserer Analyse gemeldet wurde, könnte potenziell von einem Hardware-Trojaner ausgenutzt werden, um DMA-Zugriff für ROM zu erhalten. Die gemeldeten Zahlen der Zugriffspfade und erweiterten Zugriffspfade waren 37 bzw. 83. Die Analyse dauerte 74,35 s, um alle drei Eigenschaften zu validieren. Aufgrund der Verwendung konkreter Pfadbedingungen wurden 0 % Falschmeldungen gemeldet.

6.2 Dynamische Informationsflussanalyse

In diesem Abschnitt schlagen wir einen VP-basierten IFT-Ansatz vor, der direkt auf den binären VP-Modellen arbeitet, d. h., VP-Modelle von Drittanbietern ohne Quellcode werden mit einer Kombination aus dynamischer IFT und Post-Execution-Analysen analysiert. Dies ist nicht ohne Herausforderungen, d. h., SystemC-spezifische Sprachkonstrukte und die TLM-2.0-Semantik (z. B. *Interoperabilitätsschicht*) und Timing-Modelle. Wir nutzen den *GNU Debugger* (GDB) als virtuelle Ausführungsplattform, um TLM-Transaktionen zu verfolgen, gefolgt von Transaktionsextraktion, Generierung von Sicherheitseigenschaften und schließlich Validierung des VP-Modells gegen Sicherheitseigenschaften, um die TLM-Transaktionen und die dynamischen Pfade, die sie nehmen, um die Sicherheitseigenschaften zu verletzen, zu identifizieren. Der Fokus der vorgeschlagenen Methodik liegt auf der Erkennung von Sicherheitsverletzungen in Bezug auf die am häufigsten auftretenden Bedrohungsmodelle: Vertraulichkeit und Integrität. Die genauen Verletzungspfade werden dem Verifikationsingenieur gemeldet, um entweder das (Drittanbieter-) VP-Modell zu ersetzen oder die Sicherheitsrichtlinie zu aktualisieren.

6.2.1 *Motivierendes Beispiel und Bedrohungsmodelle*

In diesem Abschnitt führen wir die für die dynamische IFT in Betracht gezogenen Bedrohungsmodelle ein und zeigen ein motivierendes Beispiel, um zu demonstrieren, wie die Bedrohungsmodelle die Sicherheit eines SOC beeinflussen.

Bedrohungsmodelle

Um die Bedeutung und Kritikalität der Sicherheitsvalidierung in einem gegebenen SOC-Design zu zeigen, ist es notwendig zu identifizieren: (1) welche Arten von Assets geschützt werden müssen und (2) gegen welche Art von Bedrohungen wir schützen. Assets, wie sensible Konfigurationsregister, Kryptographieschlüssel, digitale Signaturen, etc., sind die kritischen und vertraulichen Informationen, die vor unbefugtem Zugriff geschützt werden müssen. Nach [34, 61] können die Bedrohungsmodelle des Informationslecks in einem gegebenen SOC-Design auf ESL in zwei Hauptkategorien unterteilt werden:

- **Vertraulichkeit:** Daten der sicheren IP (z. B. Daten in einem sicheren Speicher) werden von einer unberechtigten IP abgerufen.
- **Integrität:** Daten der sicheren IP werden von einer unberechtigten IP modifiziert.

Für ein gegebenes SOC-Design sind zwei häufige potenzielle Quellen der oben genannten Bedrohungsmodelle: (1) Das Design enthält keine (starken) Sicherheitsrichtlinien (d. h., Zugriffskontrolle oder Informationsflussrichtlinie). Dies macht das Design anfällig für Schwachstellen. Zum Beispiel, wenn ein SOC eine Hardware-IP enthält, die von einem nicht vertrauenswürdigen Drittanbieter gekauft wurde, kann die IP einen bösartigen Teil enthalten, um die vertraulichen Daten zu leaken. Auf die gleiche Weise kann eine falsche Initialisierung (entweder durch einen am IP-Designprozess beteiligten Gegner oder unbeabsichtigt) der SOC-Firmware (z. B. Speicherkonfigurationsdatei) dazu führen, dass eine unberechtigte IP auf die sensiblen Daten im sicheren Speicher zugreift. In beiden Fällen könnte eine gut implementierte Sicherheitsrichtlinie im SOC verhindern, dass die sensiblen Daten geleakt werden. (2) Das bestehende SOC wird erweitert/modifiziert, aber seine Sicherheitsrichtlinie wird nicht aktualisiert. Insbesondere in dem Fall, dass das Designteam beschließt, das bestehende SOC durch Hinzufügen neuer IPs (z. B. ein Beschleuniger, ein Prozessor oder ein Speicher) zu verbessern, sind die vorherigen Sicherheitsrichtlinien möglicherweise nicht ausreichend, um die sensiblen Daten vor Leckagen zu schützen. Daher muss für ein gegebenes SOC die Sicherheitsvalidierungsanalyse durchgeführt werden, um sicherzustellen, dass die sicheren Assets nicht entweder mit *direktem Zugriff* (direkte Kommunikation von zwei IPs) oder durch *indirekten Zugriff* (IP-Kollusion) abgeleitet werden können.

```
void foo_64 (fstream &init_key){
  /* ... */
  unsigned char key1[8] = init1;
  unsigned char key2[8] = init2;
  unsigned char final_key[8] = {0};
  /* ... */
  final_key = key_gen (key1,key2);
  /* ... */
  return ;
}
/*The function is upgraded to generate more robust key*/
void foo_256 (fstream &init_key){
  /* ... */
  unsigned char key1[32] = init1;
   unsigned char key2[32] = init2;
   unsigned char key3[32] = init3;
   unsigned char final_key[32];
  /* ... */
   final_key = key_gen (key1,key2,key3);
  /* ... */
   return;
}
```

Auflistung 6.4 Ein Teil der *RISC-CPU*, die die Software des motivierenden Beispiels ausführt.

Motivierendes Beispiel

Betrachten Sie das *RISC-32 SOC* Modell, das in Abb. 6.5 dargestellt ist. Der Hardwareteil besteht aus zwei Initiator-Modulen: *RISC-CPU* und *Initiator_0*, einem generischen, locker getakteten Interconnect *LT_BUS* und zwei Speichern *M0_regular* (regulärer Speicher) und *M2_secure* (sicherer Speicher). Das Interconnect-Modul ist eine ausführbare Binärdatei [7] (d. h., der Quellcode ist nicht verfügbar) begleitet von einem Spezifikationsblatt. Es kann bis zu vier Initiatoren und acht Zielmodule unterstützen, basierend auf der folgenden Konfiguration: (1) Die Zielmodule, die an die *LT_BUS* Initiator-Ports 1 und 8 angeschlossen sind, sind nur zugänglich für Initiator-Module, die an die *LT_BUS* Ziel-Ports 1 und 4 angeschlossen sind, und (2) die Zielmodule, die an die *LT_BUS* Initiator-Ports 2 bis 7 angeschlossen sind, werden mit allen vier Initiatoren geteilt. *M2_secure* speichert sensible Daten (angeschlossen an Initiator-Port 1 des *LT_BUS*), und *M0_regular* (angeschlossen an Initiator-Port 8 des *LT_BUS*) wird verwendet, um normale Berechnungsergebnisse zu speichern. Das *RISC-CPU* Modul (angeschlossen

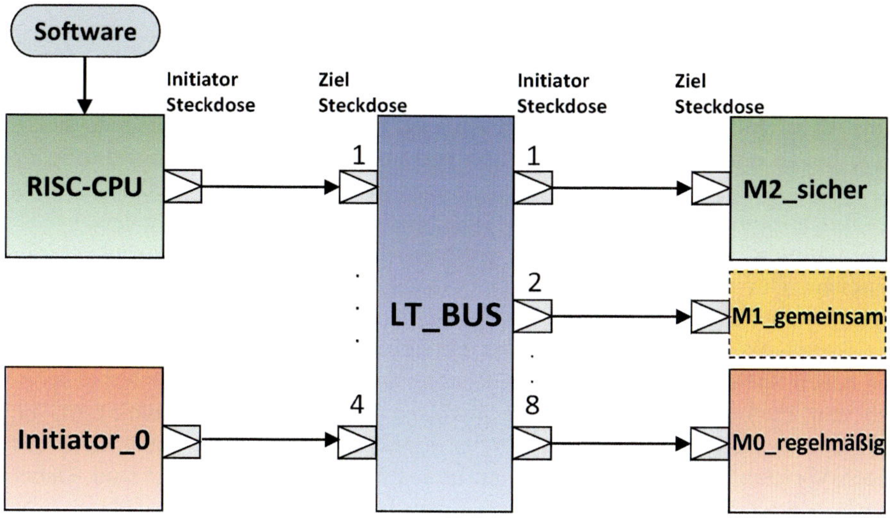

Abb. 6.5 Die Architektur des Motivationsbeispiels *RISC-32 SOC*

an Ziel-Port 1 des *LT_BUS*) ist eine standardmäßige kommerzielle 32-Bit RISC-CPU, bereitgestellt von [2] und erweitert, um TLM-2.0 und C++ als seine laufende Software zu unterstützen. Der Initiator *Initiator_0* ist ein Verarbeitungselement, das an Ziel-Port 4 des *LT_BUS* angeschlossen ist. Der Speicher *M1_shared* (angeschlossen an Initiator-Port 2 des *LT_BUS*) ist zunächst nicht verfügbar.

Der Softwareteil (läuft auf der *RISC-CPU*) beinhaltet eine Schlüsselgenerierungsroutine für einen Verschlüsselungsalgorithmus (um zu vereinfachen, wird die tatsächliche Funktionalität abstrahiert), einen Compiler (um die Software in *RISC-CPU* Anweisungen zu übersetzen), und eine Speicherkonfigurationsdatei (vom Compiler für die Speicherzuweisung verwendet). Die Speicherkonfigurationsdatei für die *RISC-CPU* beinhaltet zunächst die Information, dass der einzige verfügbare Speicher *M2_secure* ist. Um das Risiko von Laufzeitfehlern aufgrund von Speicherverwaltung zu reduzieren, wird Speicher zur Kompilierzeit zugewiesen, der hauptsächlich in SOC-Designs verwendet wird. Listing 6.4 zeigt einen Teil der laufenden Software *foo_64* (Zeilen 1–10) der *RISC-CPU*, die einen 64-Bit-Verschlüsselungsschlüssel generiert. Die Variablen *key*1 (Zeile 3) und *key*2 (Zeile 4) werden durch *init*1 und *init*2 initialisiert, die aus der *init_key* (Zeile 1) Datei extrahiert werden. Der endgültige Schlüssel *final_key* (Zeile 7) wird nach einigen Zwischenberechnungen durch die *key_gen* Funktion generiert. Da *M2_secure* der einzige verfügbare Speicher für die *RISC-CPU* in der Speicherkonfigurationsdatei ist, werden alle Variablen vom Compiler in diesen Speicher gemappt.

Gemäß der oben genannten Konfiguration in Bezug auf die Interconnect-Spezifikation werden die folgenden Sicherheitsrichtlinien für das *RISC-32 SOC* Design erfüllt:

- *M0_regular* ist nur zugänglich durch *initiator_0*.
- *M2_secure* ist nur zugänglich durch *RISC-CPU*.

Betrachten Sie nun das Szenario, dass die Software aktualisiert wird (*foo_256* – Zeile 12 in Auflistung 6.4), um einen robusteren Schlüssel zu erzeugen, indem seine Länge erhöht (von 64 Bit auf 256 Bit) und die *key_gen*-Funktion (Zeile 19 in Auflistung 6.4) modifiziert wird, indem ein weiterer Initialschlüssel *key*3 zu seinen Eingabeargumenten hinzugefügt wird. Nach dem Kompilieren der neuen Software wird ein Fehler vom Compiler generiert, der besagt, dass der Speicher nicht ausreicht. Um dieses Problem zu überwinden und die Gesamtleistung des Designs zu erhöhen, wird der Speicher *M1_shared* zum *RISC-32 SOC* hinzugefügt. Die Speicherkonfigurationsdatei muss aktualisiert werden, damit der Compiler den neuen Speicherplatz zur Datenzuordnung nutzen kann. Daher könnte es möglich sein, dass einige Variablen (wie *final_key* – Zeile 19 in Auflistung 6.4), die die sicheren Daten enthalten (die bereits in *M2_secure* vor dem Hinzufügen des neuen Speichers platziert wurden), nun in den *M1_shared* abgebildet sind. Daher kann während der Laufzeit ein unerwünschter Informationsfluss dazu führen, dass sensible Daten aus dem sicheren Speicher gelesen und dann in den gemeinsamen Speicher geschrieben werden. Der Hauptgrund für diese Anfälligkeit ist, dass die Sicherheitsrichtlinie für die Verbindung nicht aktualisiert wird, nachdem ein neues IP (im vorliegenden Beispiel *M1_shared*) eingefügt wurde. Daher kann die zugrunde liegende Hardware von einer nicht privilegierten Software als Gateway verwendet werden, um die vertraulichen Daten zu leaken. Da die Sicherheitsrichtlinie des *LT_BUS* nicht aktualisiert wurde, kann die laufende Software (d. h. Anwendung) den *RISC-CPU* verwenden, um die sensiblen Daten aus *M2_secure* zu lesen und sie in *M1_shared* zu schreiben. Anschließend kann *initiator_0* die sicheren Daten aus *M1_shared* lesen.

Die Erkennung dieser Art von indirektem Zugriff ist selbst für ein einfaches SOC-Modell keine triviale Aufgabe, da er weder durch funktionale Verifikationsmethoden (da die Funktionalität des SOC-Modells immer noch korrekt ist) noch durch statische Sicherheitsvalidierungsanalysen erkannt werden kann. Falls die Adresse von Transaktionen zur Laufzeit definiert wird, z. B. entweder explizit durch Initiator-Module (basierend auf einer dynamischen Berechnung) oder implizit durch ihre laufende Software (wie im obigen Beispiel), sind statische Analyseansätze nicht in der Lage, diese Sicherheitsverletzung zu erkennen. Daher ist eine dynamische Informationsflussanalyse erforderlich, um das Laufzeitverhalten eines gegebenen SOC gegen die Bedrohungsmodelle in beiden *direkten Zugriffs* und *indirekten Zugriffs* Fällen zu verifizieren.

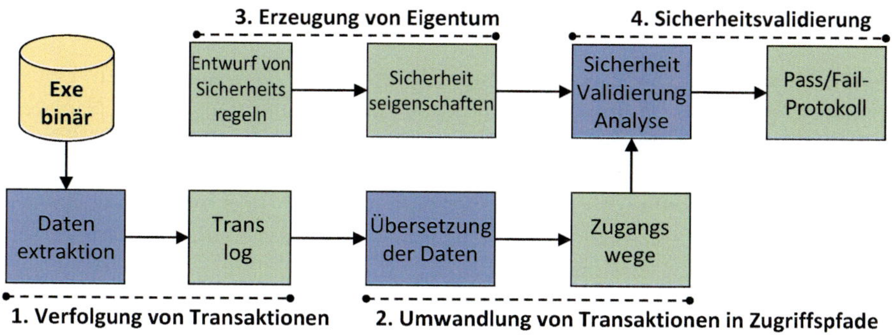

Abb. 6.6 Die Architektur der vorgeschlagenen Methodik

6.2.2 Dynamische IFT-Methodik

Gesamt-Workflow

Abb. 6.6 gibt einen Überblick über die vorgeschlagene Methodik. Wie man sehen kann, besteht die Methodik aus vier Hauptphasen:

1. Verfolgung von Transaktionen eines gegebenen VP-Modells zur Laufzeit
2. Übersetzung der Transaktionen in einen Satz von Zugriffspfaden
3. Generierung von Sicherheitseigenschaften aus den Sicherheitsregeln des Designs
4. Validierung des übersetzten Modells des Designs gegen die Sicherheitseigenschaften

Die Informationen zu jeder Transaktion werden nur einmal während der Ausführungszeit extrahiert und in einen Satz von Zugriffspfaden übersetzt. Jeder Pfad identifiziert einen Informationsfluss von der *Quelle* (dem Erstellungspunkt einer Transaktion durch ein Initiator-IP) und dem *Ziel* (dem Endpunkt der Transaktion, der in einem Ziel-IP liegt). Die Sicherheitsregeln des Designs werden in einen Satz von Sicherheitseigenschaften übersetzt, basierend auf den Szenarien des direkten und indirekten Zugriffs. In der letzten Phase stellt die Sicherheitsvalidierungsanalyse sicher, dass es keinen Pfad gibt, bei dem eine nicht autorisierte *Quelle* mit einem geschützten *Ziel* verbunden ist. Die Methodik identifiziert die fehlerhaften Pfade für jede nicht erfüllte Sicherheitseigenschaft, was dem Designteam ermöglicht, sich auf die genauen Schwachstellen des Designs zu konzentrieren und es zu verbessern, entweder durch Verbesserung der Zugriffskontrollrichtlinien oder der Informationsflussrichtlinien. Im Folgenden wird jede Phase der vorgeschlagenen Methode im Detail erklärt und anhand des motivierenden Beispiels von Abschn. 6.2.1 veranschaulicht.

Verfolgung von Transaktionen

IPs in einem SOC auf VP-Ebene kommunizieren über TLM-Transaktionen. Um zu bestätigen, dass keine Informationen durchsickern, ist eine vollständige Nachverfolgung aller Transaktionen erforderlich. Insbesondere der *indirekte Zugriff* kann nur erkannt werden, wenn das gesamte Verhalten des Designs einschließlich aller Zwischenkommunikationen der IPs analysiert wird. Um dies zu tun, nutzen wir den GDB als virtuelle Ausführungsplattform, um auf die Laufzeitinformationen eines gegebenen TLM-Designs zuzugreifen.

Wie in Abb. 6.7 dargestellt, werden zunächst die Debug-Symbole des Designs analysiert, um die statischen Informationen zu extrahieren. Dies bezieht sich auf den Namen der Module, entsprechende Mitgliedsfunktionen und Transaktionsobjekt und seine Attribute. Die statischen Informationen werden verwendet, um den Debugger zu programmieren, um Transaktionen zur Laufzeit zu verfolgen. Daher wird eine Kombination der extrahierten statischen Informationen mit den Grundbefehlen von GDB (z. B., Setzen von Haltepunkten für eine Funktion basierend auf ihrem Namen, Ausdrucken des Namens, Typs und Wertes ihrer Variablen) verwendet, um automatisch eine *GDB-Befehlsdatei* (GDB-Skript) zu generieren. Zum Beispiel, um alle Transaktionen im Zusammenhang mit dem *RISC-32 SOC*-Zielmodul `Memory0_regular` zu extrahieren, müssen alle Funktionen des Moduls, in denen ein Transaktionsobjekt referenziert wird, verfolgt werden. Dies wird durch das Finden von Blöcken durchgeführt, die die Informationen der Modulfunktion aus den Debug-Symbolen des Designs enthalten (z. B., Abb. 6.7a). Die Eingabeargumente und lokalen Variablen der Funktion befinden sich ebenfalls im Block. Basierend auf den extrahierten Daten muss die `b_transport`-Funktion des Moduls sowie das als Eingabeargument definierte Transaktionsobjekt `trans` verfolgt werden. Um die Funktion zu verfolgen, wird ein Haltepunkt am Anfang des Funktionskörpers gesetzt (Abb. 6.7b, Zeile 3). Für diesen Haltepunkt ist ein Satz von Befehlen (Zeilen 4–11, Abb. 6.7b) definiert, der immer dann ausgeführt wird, wenn der Haltepunkt zur Laufzeit ausgelöst wird. Die zu extrahierenden Informationen können innerhalb dieser Befehle definiert werden und enthalten Informationen wie den Instanznamen des Moduls (Zeilen 5 und 6, Abb. 6.7b) oder die Referenzadresse der Transaktion und das Adressattribut (Zeilen 8–11, Abb. 6.7b).

Zweitens wird die Ausführung durch den vorprogrammierten GDB gesteuert, um automatisch die Laufzeitinformationen des Designs zu extrahieren und in einer Protokolldatei zu speichern. Unser Informationsextraktionsprozess ist inspiriert von [41], aber wir extrahieren nicht die gesamte Transaktionslebensdauer (d. h., die Informationen von der Erstellung bis zum Ende), wie definiert. Vielmehr ist der GDB so programmiert, dass er nur die dynamischen Informationen im Zusammenhang mit der *Quelle* und dem *Ziel* einer Transaktion abruft und protokolliert. Darüber hinaus extrahieren wir für jede Transaktion nur die Attribute, z. B. Adresse und *Datenlänge,* und ihre zugehörigen Parameter wie Referenzadresse

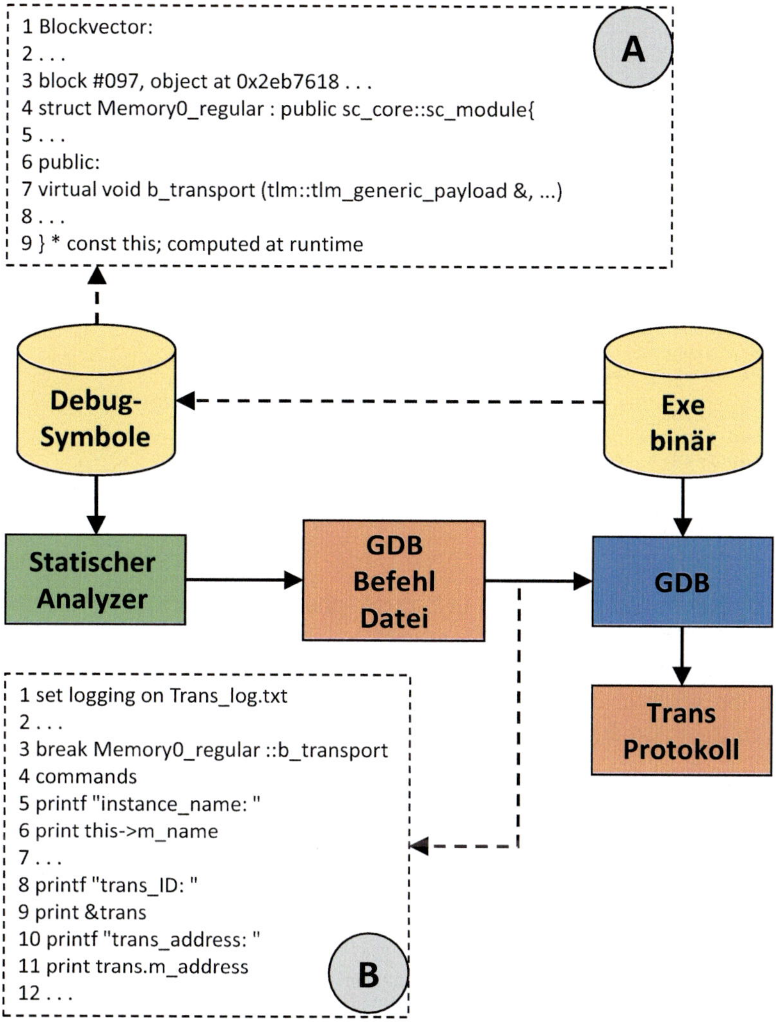

Abb. 6.7 Datenextraktion. (**a**) Teil der generierten *Debug-Symbole* und (**b**) Teil der generierten *GDB-Befehlsdatei* des *RISC-32 SOC*-Modells

des Transaktionsobjekts, Übergangsphase und Rückgabewert des Funktionsaufrufs, die für unsere Sicherheitsvalidierungsanalyse erforderlich sind. Dies beschleunigt unsere Informationsflussanalyse, da die Menge der zu extrahierenden Daten reduziert wird.

```
AP_RISC32-SOC = {
P1=(0x6761B0_0 -> initiator_0::init_0::
thread_process -> READ -> M0_regular::mem0::
b_transport-> 0x004 -> 4-> 0ns),

P2=(0x683C10_0 -> RISC-CPU::init_1::
thread_process -> READ -> M2_secure::mem2::
b_transport-> 0x010 -> 4-> 100ns),

P3=(0x6761B0_1 -> initiator_0::initi_0::
thread_process -> WRITE -> M0_regular::mem0::
b_transport-> 0x008 -> 4-> 200ns),

P4=(0x683C10_1 -> RISC-CPU::init_1::
thread_process -> WRITE -> M1_shared::mem1::
b_transport-> 0x004 -> 4-> 300ns),

P5=(0x6761B0_2 -> initiator_0::init_0::
thread_process -> READ -> M1_shared::mem1::
b_transport-> 0x004 -> 4-> 400ns)}
```

Auflistung 6.5 Ein Teil des generierten Zugriffspfads des *RISC-32-SOC*-Designs

Übersetzung von Transaktionen in Zugriffspfade

Das SOC-Verhalten kann in Form von abstrakten Kommunikationspfaden gesehen werden, die veranschaulichen, wie Transaktionen durch das System fließen (von *Quelle* zu *Ziel*). Da die Sicherheitsregeln eines gegebenen Designs auf der Kommunikation zwischen dem Initiator und den Zielmodulen basieren, muss jeder Zugriffspfad auf den Informationen bezüglich der *Quelle* und des *Ziels* der entsprechenden Transaktion definiert werden.

Das Verhalten eines gegebenen TLM-Designs wird auf Basis eines Satzes von *Zugriffspfaden* (AP) definiert, die die folgende Definition verwenden.

Definition 1

$$\begin{aligned} AP = \{P_i \mid P_i = \{&TID \rightarrow IM \rightarrow cmd \rightarrow TM \rightarrow \\ &adrs \rightarrow L \rightarrow ST\}\ ;\ 1 \leq i \leq n_T\}, \end{aligned} \tag{6.1}$$

wo:

- *TID* ist die Transaktions-ID einschließlich der Transaktionsreferenzadresse (um die generierten Transaktionen verschiedener Initiator-Module zu unterscheiden).
- *IM*/*TM* ist das Initiator-/Zielmodul, das aus seinem Root-Namen, dem Instanznamen und dem Namen seines Funktionsaufrufs besteht (der den Start-/Endpunkt der Transaktion definiert).
- *cmd* ist das Befehlsattribut der Transaktion.
- *adrs* ist das Adressattribut der Transaktion (zeigt die Transaktionsadresse in *TM* an).

- L ist das *data_length*-Attribut der Transaktion.
- ST ist der Simulationszeitstempel der Transaktionen.
- n_T ist die Anzahl der Transaktionen.

Die Protokolldatei wird analysiert, um alle in der Lebensdauer der Transaktionen eingebetteten Zugriffspfade zu extrahieren und sie auf Basis von Definition 1 darzustellen. Jedes Mitglied des *AP*-Sets in (6.1) zeigt einen direkten Informationsfluss zwischen *IM* und *TM* an und wird daher als direkter Pfad bezeichnet. Eine Kombination von drei direkten Pfaden definiert einen indirekten Informationsfluss, wenn sie einem Initiator den Zugriff auf die Daten eines Ziels ermöglicht, das direkt nicht zugänglich ist. Zum Beispiel zeigt Listing 6.5 einen Teil der generierten Zugriffspfade des *RISC-32-SOC*-Designs. In diesem Set präsentieren *P*1, *P*2, ... und *P*5 fünf direkte Pfade. Die Pfade *P*1, *P*3 und *P*5 zeigen drei Transaktionen an, die von *initiator_0* generiert wurden, um auf Daten von regulären und gemeinsam genutzten Speichern *M0_regular* und *M1_shared* zuzugreifen. Für den indirekten Pfad betrachten Sie die Kombination der Pfade *P*2, *P*4 und *P*5, die einen indirekten Datenfluss zwischen *initiator_0* und *M2_secure* erzeugen. Es zeigt, dass in Pfad *P*2 der *RISC_CPU* eine Transaktion generiert, um Daten aus dem sicheren Speicher *M2_secure* zu lesen. In Pfad *P*4 schreibt der *RISC_CPU* die gelesenen sicheren Daten in den gemeinsam genutzten Speicher *M1_shared* und schließlich wird in Pfad *P*5 die sichere Daten von *initiator_0* gelesen. So könnte *initiator_0* auf die sicheren Daten zugreifen, indem er *RISC_CPU* verwendet.

```
Data: targets' lists of initiator modules TL_IM
Result: Security properties to validate direct access paths DSP
DTL ← extracting all target modules of design form TL_IM;
i ← 0;
DSP ← ∅;
foreach target list TL of initiator module IM in TL_IM do
    FTL_IM ← DTL − TL;
    foreach target T in FTL_IM do
        p_i ← (IM, T, {R/W});
        add(DSP, p_i);
        i ← i + 1;
```

Algorithmus 2: Direkte Sicherheitseigenschaftserzeugung

```
Data: Secure target list STL and targets' lists of initiator modules TL_IM
Result: Security properties to validate indirect acess paths ISP
DTL ← extracting all target modules of design form TL_IM;
i ← 0;
ISP ← ∅;
foreach target module T in STL do
    foreach initiator module IM in TL_IM do
        if T in target list TL of IM then
            seq1 ← (IM, T, {R});
            foreach target module T' in DTL − STL do
                if T' in target list TL of IM then
                    seq2 ← (IM, T', {W});
                    foreach initiator module IM' in TL_IM − IM do
                        if T' in target list TL of IM' then
                            seq3 ← (IM', T', {R});
                            p_i ← (seq1, seq2, seq3);
                            add(ISP, p_i);
                            i ← i + 1;
```

Algorithmus 3: Indirekte Sicherheitseigenschaftserzeugung

Sicherheitseigenschaftserzeugung

Die Sicherheitsregeln für das Design müssen in einem gut definierten Format ausgedrückt werden, um das SOC zu validieren. Die Sicherheitsregeln werden normalerweise in einer Lehrbuchspezifikation (definiert als Referenzmodell) geschrieben, wo Designer sie verwenden, um die Zugriffskontrollrichtlinien des Interconnect-Moduls oder andere Mechanismen zur Verhinderung von Informationslecks zu implementieren. Die Sicherheitsregeln des SOC werden als Eingabe gegeben. Dies beinhaltet zwei Elemente: (1) *Zielliste des Initiator-Moduls* (TL_ IM). Für jeden Initiator enthält es eine Liste von Zielmodulen, auf die zugegriffen werden darf. (2) *Sichere Zielliste* (STL) einschließlich der Zielmodule, die kritische Daten enthalten. Die formale Definition der Designspezifikation in der Datei *Sicherheitsregeln für das Design* lautet wie folgt:

Definition 2

$$\begin{aligned} STL &= \{t_i \mid t_i \text{ is a secure memory}\ ;\ 1 \leq i \leq n\} \\ TL\_IM &= \{IM_i \mid IM_i \rightarrow \{t_j\ ;\ 1 \leq j \leq m\}\ ;\ 1 \leq i \leq n_I\} \end{aligned} \tag{6.2}$$

wo n und m die Anzahl der sicheren Zielmodule und die Anzahl der Ziele darstellen, auf die das Initiator-Modul IM_i zugreifen darf, jeweils. n_I gibt die Anzahl der Initiator-Module des Designs an.

Algorithmus 1 veranschaulicht den Algorithmus zur Erzeugung der *Direkten Sicherheitseigenschaft* (DSP) aus den *Sicherheitsregeln für das Design*. Zunächst wird die *TL_IM*-Liste analysiert, um alle Zielmodule des Designs zu extrahieren und sie in der *Design-Zielliste* (DTL) zu speichern (Zeile 1). Für jedes Initia-

Tab. 6.1 Experimentelle Ergebnisse für alle Fallstudien

VP-Modell[a]	LoC	TM	SSc	#IP			#Trans	#ISP			#DSP			Zeit (m:s)			CET (s)
				Gesamt	SI	SM		Gesamt	Bestanden	Nicht bestanden	Gesamt	Bestanden	Nicht bestanden	ET	VT	Gesamt	
Routing-Modell[b]	656	LT	S1	9	2	2	150	24	20	4	5	4	1	0:41	0:15	0:56	1.9
RISC32-SOC[b,c]	3150	LT	S1	6	1	1	110	1	0	1	2	2	0	0:35	0:4	0:39	2.7
AES128-SOC[b]	4742	AT	S1,S2	10	2	3	350	33	31	2	13	8	5	3:28	0:34	4:02	16.2
RISC32-SOC[b,c]	4850	AT	S1	19	3	3	733	324	304	20	36	34	2	9:16	0:52	10.08	23.8
Locking-two[b]	5830	LT/AT	S2	13	2	2	450	48	39	9	14	10	4	6:42	0:29	7:11	22.2
Locking-auto[b]	6959	LT/AT	S2	15	2	3	370	96	85	11	20	18	2	8:33	0:39	9:12	22.7
SOCRocket[d,e]	>50000	LT/AT	S2	21	1	3	1100	180	168	12	30	28	2	25:56	1:44	27:40	43.1

[a]Die VP-Modelle werden bereitgestellt von [b][7], [c][2], [d][100] [e][99] und modifiziert mit einer unterschiedlichen Kombination von Initiator- und Zielmodulen zur Unterstützung verschiedener Sicherheitsszenarien

LOC: Zeilen Code, *TM:* Timing-Modell, *SSc:* Sicherheitsszenario, *#IP:* die Anzahl der geistigen Eigentumsrechte, *SI:* sicherer Initiator, *SM:* sicherer Speicher, *#Trans:* die Anzahl der Transaktionen, *ISP:* indirekte Sicherheitseigenschaft, *DSP:* direkte Sicherheitseigenschaft, *ET:* Extraktionszeit der vorgeschlagenen Methode (Phase 1), *VT:* Validierungszeit der vorgeschlagenen Methode (Phasen 2–4), *CET:* Kompilierungs- und Ausführungszeit jedes VP-Modells mit GCC

tor-Modul *IM* des Designs wird eine *Verbotene Zielliste* (FTL_{IM}) erzeugt, die die Zielmodule enthält, auf die der Initiator keinen Zugriff hat (Zeilen 4 und 5). Dies wird durch Eliminieren der *Zielliste* (TL) des Initiators *IM* (definiert in *TL_IM*) aus *DTL* durchgeführt. Schließlich wird für jedes Ziel in *FTL* eine Eigenschaft erzeugt, die den Namen des Initiators, den Namen des Ziels und den Zugriffsmodus enthält (Zeilen 6–9). Jede direkte Sicherheitseigenschaft p_i in DSP identifiziert, dass es keinen Fluss (z. B. Lese- oder Schreibzugriff) vom Initiator *IM* zum Ziel *T* geben darf (Zeilen 7 und 8).

Die Erzeugung der *Indirekten Sicherheitseigenschaft* (ISP) wird in Algorithmus 2 erklärt. Ähnlich wie bei Algorithmus 1 beginnt es mit der Extraktion der Zielmodule des Designs aus dem *TL_IM*-Set (Zeile 1). Um das indirekte Szenario zu erkennen, muss die erzeugte ISP drei Sequenzen wie folgt enthalten:

- Die erste Sequenz (seq_1) zeigt einen Lesezugriff von einem sicheren Initiator (d. h. dem Initiator-Modul, das Zugriff auf einen sicheren Speicher hat) auf sein sicheres Ziel an (Zeilen 4–7).
- Die zweite Sequenz (seq_2) identifiziert einen Schreibzugriff vom sicheren Initiator von seq_1 auf einen nicht sicheren Speicher (Zeilen 8 und 9).
- Die dritte Sequenz (seq_3) ist ein Lesezugriff von einem nicht sicheren Initiator (d. h. dem Initiator-Modul, das keinen Zugriff auf einen sicheren Speicher hat) auf das Ziel von seq_2 (Zeilen 10 und 11).

Betrachten Sie das laufende Beispiel *RISC-32-SOC* (Abb. 6.5). Die Datei *Sicherheitsregeln für das Design* ist wie folgt definiert:

$$\begin{aligned} STL &= \{M2\_secure\} \\ TL\_IM &= \{Initiator\_0 \rightarrow \{M0\_regular, M1\_shared\}, \\ &\qquad RISC\_CPU \rightarrow \{M1\_shared, M2\_secure\}\} \end{aligned} \tag{6.3}$$

Basierend auf seinen *Sicherheitsregeln für das Design* werden die *DSP* und *ISP* wie folgt erzeugt:

$$\begin{aligned} DSP &= \{p_1, p_2 \mid p_1 \rightarrow (Initiator\_0, M2\_secure, \{R/W\}), \\ &\qquad p_2 \rightarrow (RISC\_CPU, M0\_regular, \{R/W\})\} \\ ISP &= \{p_1 \mid p_1 \rightarrow ((RISC\_CPU, M2\_secure, \{R\}), \\ &\qquad (RISC\_CPU, M1\_shared, \{W\}), \\ &\qquad (Initiator\_0, M1\_shared, \{R\}))\} \end{aligned} \tag{6.4}$$

Beachten Sie, dass wenn ein Teil des Speichers (Bereich der Speicheradressen) als sicherer Teil definiert ist, die *Sicherheitsregeln für das Design* modifiziert werden können, um dies zu unterstützen.

Algorithmus 4: Erkennung von Sicherheitsverletzungen

```
Data: set of access paths AP and security properties DSP and ISP
Result: violated access paths V_AP
/* validating AP against direct security properties */
1  foreach direct property dp in DSP do
2      foreach path p in AP do
3          if (dp in p) then
4              add(V_AP, p);

/* validating AP against indirect security properties */
5  foreach indirect property ip in ISP do
6      foreach path p in AP do
7          if (ip.seq1 in p) then
8              foreach path p' in AP do
9                  if (ip.seq2 in p') & (p.ST > p'.ST) then
10                     add(V_AP.suspected, (p, p'));
11                     foreach path p'' in AP do
12                         if (ip.seq3 in p'') & (p'.ST > p''.ST) & (ip.seq2.adrs == ip.seq3.adrs)
                           then
13                             add(V_AP, (p, p', p''));
```

Sicherheitsüberprüfung

Im Falle eines *direkten Zugriffs*, wird für jede Eigenschaft in *DSP* das *AP*-Set durchlaufen (Algorithmus 3 – Zeilen 1–4), um eine Verletzung der Sicherheitsrichtlinie zu finden. Die Erkennung einer Eigenschaftsverletzung in diesem Fall bedeutet, dass es einen direkten Pfad zwischen einem nicht sicheren Initiator-Modul und einem sicheren Speicher gibt. Alle verletzten Pfade werden im *Verletzter Zugriffspfad* (V_{AP}) Set gespeichert, um den Designern gemeldet zu werden. Um eine Eigenschaftsverletzung im Zusammenhang mit *indirektem Zugriff* (Zeilen 5–13) zu erkennen, wird das *AP*-Set des Designs analysiert, um eine Kombination von direkten Zugriffspfaden zu finden, in denen die gesamten oder ein Teil der sicheren Daten durchgesickert sind. Wir teilen die Sicherheitsverletzung in diesem Fall in zwei Fälle auf, die als *verdächtig* und *verletzt* bezeichnet werden.

Ersteres bezieht sich auf die zwei sequenziellen Zugriffe eines Initiators, bei denen er sensible Daten aus einem sicheren Speicher liest und dann die Daten in einen unsicheren Speicher schreibt. Wir definieren diese beiden Zugriffe als einen Verdachtsfall, da sie zu Informationslecks führen können. Der *verdächtige* Fall wird erkannt, wenn die ersten beiden Sequenzen (seq_1 und seq_2) einer indirekten Sicherheitseigenschaft verletzt werden (Zeilen 7–10). Die Pfade, die mit dieser Verletzung in Zusammenhang stehen, werden im V_{AP}.*verdächtig* Set gespeichert. Wenn ein unsicherer Initiator die sensiblen Daten aus dem unsicheren Speicher liest, die vom sicheren Initiator geschrieben wurden (Zeilen 11–13), wird der *verdächtige* Fall zu einer echten indirekten Sicherheitsverletzung, die als *verletzter* Fall definiert wird. Daher meldet die Analyse die Pfade der verletzten Eigenschaften im V_{AP} Set, z. B. die Überprüfung des *AP* Sets des laufenden Beispiels

RISC-32-SOC (Auflistung 6.5) gegen seine Sicherheitseigenschaften zeigt, dass ein ISP verletzt ist. Die von der Analyse gemeldeten Zugriffspfade zeigen, dass die sicheren Daten durch eine Kombination von direkten Pfaden $\{P2, P4, P5\}$ durchgesickert sind.

Um zu wissen, wie viel der geheimen Informationen durchgesickert sind (als Tiefenanalyse des Lecks betrachtet), gibt das Datenlängenattribut (L) der Transaktion die Größe der Daten an, die vom Initiator-Modul aus dem Speicherblock gelesen oder in diesen geschrieben werden. Falls die verletzte Eigenschaft ein DSP ist, bedeuten die Parameter *adrs* und L (im zugehörigen Pfad) die Tiefe des Lecks. Bezüglich des *indirekten Zugriffs* muss die Analyse auf mehr als einem Pfad durchgeführt werden, da der verletzte ISP drei Sequenzen umfasst. Die Zugriffspfade der letzten beiden Sequenzen seq_2 und seq_3 enthalten die Informationen über das Schreiben der sicheren Daten in einen unsicheren Speicher und das Lesen davon aus einem unsicheren Speicher, jeweils. Der *adrs* Parameter beider Sequenzen identifiziert den vom Initiator zugegriffenen Speicherblock. Wenn die Datenlänge in seq_3 (L_3) gleich oder kleiner als die Datenlänge in seq_2 (L_2) ist, ist die Tiefe des Lecks gleich L_3, sonst ist sie L_2.

6.2.3 *Experimentelle Bewertung*

Die experimentelle Bewertung des vorgeschlagenen Ansatzes wurde an verschiedenen VP-Modellen durchgeführt, die in SystemC TLM-2.0 implementiert sind. Die Experimente decken sowohl die Allgemeingültigkeit als auch die Skalierbarkeit der vorgeschlagenen Methode ab. Ersteres bezieht sich auf die Sicherheitsüberprüfung von Designs [7], die verschiedene Aspekte des TLM-2.0-Standards implementieren (Kernschnittstellen, das Basisprotokoll und Codierungsstile). Letzteres bezieht sich auf die Sicherheitsüberprüfung eines realen VP-basierten SOC [100].

Um die Qualität der vorgeschlagenen Methode zu bewerten, betrachten wir zwei mögliche Sicherheitsszenarien, die sowohl Vertraulichkeits- als auch Integritätsbedrohungsmodelle abdecken:

- S1: Modifizierung eines SOC ohne Aktualisierung seiner Sicherheitsrichtlinien (ähnlich dem Motivationsbeispiel-Szenario in Abschn. 6.2.1)
- S2: Falsche Initialisierung oder Aktualisierung der SOC-Firmware (d. h., Speicherkonfigurationsdatei)

Wir wenden die oben genannten Sicherheitsszenarien auf VP-Modelle an und überprüfen ihre Sicherheitsrichtlinien gegen ihre Sicherheitsregeln. Alle Experimente werden auf einem PC mit 8 GB RAM und einem Intel Core i7-2760QM CPU mit 2,4 GHz durchgeführt.

Fallstudien

Die experimentellen Ergebnisse für verschiedene Arten von SOC-Benchmarks sind in Tab. 6.1 dargestellt. Die ersten beiden Spalten listen die Namen und Codezeilen für jedes VP-Modell auf. Beachten Sie, dass das Originalmodell jedes SOC durch die Integration verschiedener Initiator- und Zielmodule mit seinem Interconnect modifiziert wird, um verschiedene Sicherheitsszenarien zu unterstützen. Die Spalte *TM* zeigt das Timing-Modell jedes Designs. Die Spalte *SSc* zeigt das auf jedes VP-Modell angewendete Sicherheitsszenario. Die Spalte *#IP* listet die Anzahl der IPs für jedes VP-Modell auf, gefolgt von der Gesamtzahl der IPs, sicheren Initiator und sicheren Speicher in *Total*, *SI* und *SM*, jeweils. Die Spalte *#Trans* zeigt die Anzahl der extrahierten Transaktionen für jedes Design. Die Spalten *#ISP* und *#DSP* präsentieren das Ergebnis der Überprüfung jedes VP-Modells gegen die indirekten und direkten Sicherheitseigenschaften, jeweils. Für beide Spalten illustrieren *Total*, *Pass* und *Fail* die Anzahl der generierten, erfüllten und verletzten Eigenschaften, jeweils. Die Ausführungszeit der vorgeschlagenen Methode wird in der Spalte *Time* berichtet, einschließlich der Datenextraktion *ET*, des Validierungsprozesses *VT* und der Gesamtausführungszeit *Total* der Methode. Die in *VT* berichtete Zeit deckt die Phasen 2–4 der vorgeschlagenen Methode ab. Spalte*CET* zeigt die Gesamtzeit jeder Designkompilierung und -ausführung ohne jegliche Instrumentierung.

Für ein reales Experiment haben wir den auf LEON3 basierenden VP SOCRocket [100] modifiziert, indem wir drei TLM-2.0 IPs mit seinem AMBA-2.0 AHB (Advanced High-performance Bus) integriert haben: (1) eine synthetisierbare SystemC IP *AES_core* [99], die als Hardwarebeschleuniger zur Implementierung des AES-128-Verschlüsselungsalgorithmus verwendet wird, (2) zwei sichere Speicher *Mem_Secure1* und *Mem_Secure2*, die jeweils mit *Kryptografieschlüsseln* und *Klartexten* initialisiert werden. Der VP selbst ist in SystemC TLM-2.0 implementiert und besteht aus mehr als 50.000 Codezeilen. Er beinhaltet mehrere IPs, die zusammen in Master- (z. B. Initiator-Module *LEON3* Prozessor, *ahbin1* und *ahbin2*) oder Slave-Modus (z. B. Zielmodule *AHBMem1* und *AHBMem2*) arbeiten und mit dem On-Chip-Bus AMBA-2.0 verbunden sind. Die Kommunikation verwendet einen 32-Bit-Adressmodus, bei dem die 12 signifikantesten Bits zur Spezifizierung der Speicheradresse verwendet werden. Aus Gründen der Kürze verzichten wir auf eine detaillierte Einführung in den gesamten VP. Die für das Verständnis des Experiments notwendigen Teile werden bei Bedarf erklärt.

Die erwarteten Sicherheitsrichtlinien des VP sind wie folgt:

- *Mem_Secure1* und *Mem_Secure2* sind sichere Speicher und nur von *AES_core* zugänglich.
- *AHBMem1* und *AHBMem2* sind reguläre Speicher und nur von *LEON3, ahbin1* und *ahbin2* zugänglich.

Anfangs ist der Speicher *AHBMem2* nicht verfügbar, und die Speicherkonfiguration wird auf Basis der oben genannten Sicherheitsrichtlinien definiert. Zu Beginn der Ausführung lesen die Initiator-Module die Speicherkonfigurationsdatei, um den Bereich der Speicheradressen zu extrahieren, auf die sie Zugriff haben. Das Modul *AES_core* führt den Standard-AES-128-Verschlüsselungsalgorithmus aus, indem es die *initialisierten Schlüssel* und *Klartexte* verwendet, die jeweils in den sicheren Speichern *Mem_Secure1* und *Mem_Secure2* gespeichert sind.

Um die Gesamtleistung des Systems zu erhöhen, betrachten Sie das Szenario, in dem das Designteam beschließt, *AHBMem2* mit dem *AT-Bus* (AHB) zu integrieren. Um den neuen Speicher für andere Initiatoren zugänglich zu machen, muss die Speicherkonfigurationsdatei aktualisiert werden. Die erwartete Aktualisierung des Designteams für die Speicherkonfiguration ist wie folgt: in *AHBMem2*, Speicherblöcke:

- (0xA0000000 bis 0xA0000BB4) werden zwischen *LEON3*, *ahbin1* und *ahbin2* geteilt.
- (0xA0000BB5 bis 0xA0000DE6) sind nur von *AES_core* zugänglich.
- (0xA0000DE7 bis 0xA0000FFF) werden zwischen *ahbin1* und *ahbin2* geteilt.

Das Sicherheitsszenario ist, dass die Speicherkonfigurationsdatei falsch aktualisiert wird (entweder durch einen böswilligen Insider im Designteam oder unbeabsichtigt), wobei in *AHBMem2*, Speicherblöcke:

- (0xA0000000 bis 0xA0000BB4) werden zwischen *LEON3*, *ahbin1* und *ahbin2* geteilt.
- (**0xA0000BA5** bis 0xA0000DE6) sind nur von *AES_core* zugänglich.
- (0xA0000DE7 bis 0xA0000FFF) werden zwischen *ahbin1* und *ahbin2* geteilt.

Die falsche Speicherkonfiguration in diesem Fall ist schwer zu erkennen durch herkömmliche Funktionstests aus zwei Gründen: Erstens, dieser Fehler beeinflusst nicht die Funktionalität des Systems, da die Speicherung von Variablen nur im gleichen Speicher verschoben wird. Zweitens, aus funktionaler Sicht, ist *AHBMem2* für alle erwarteten Initiatoren erreichbar, und die Transaktionsdaten werden immer noch im erwarteten Speicher *(AHBMem2)* gespeichert. Aus Sicherheitssicht müssen die sicheren Speicher *Mem_Secure1, Mem_Secure2* und *AHBMem2* (0xA0000BB5 bis 0xA0000DE6) vor unbefugtem Zugriff geschützt werden. Daher sind die *Design-Sicherheitsregeln* des *SOCRocket* wie in (6.5) dargestellt definiert:

$$\begin{aligned}
&STL = \{Mem_Secure1, Mem_Secure2, AHBMem2\ (0 \times A0000BB5-\\
&0 \times A0000DE6)\}\\
&TL_IM = \{AES_core \rightarrow \{Mem_Secure1, Mem_Secure2,\\
&AHBMem2\ (0 \times A0000BB5 - 0 \times A0000DE6)\},\\
&LEON \rightarrow \{AHBMem1, AHBMem2\ (0 \times A0000000 - 0 \times A0000BB4)\},\\
&ahbin1 \rightarrow \{AHBMem1, AHBMem2\ (0 \times A0000000 - 0 \times A0000BB4;\\
&\ 0 \times A0000DE7 - 0 \times A0000FFF)\},\\
&ahbin2 \rightarrow \{AHBMem1, AHBMem2\ (0 \times A0000000 - 0 \times A0000BB4;\\
&\ 0 \times A0000DE7 - 0 \times A0000FFF)\}\}
\end{aligned} \tag{6.5}$$

Die vorgeschlagene Methode erzeugt 210 Sicherheitseigenschaften (30 DSPs und 180 ISPs) in Bezug auf die *Design-Sicherheitsregeln*. Sie erkennt 16 Verstöße gegen Sicherheitseigenschaften, einschließlich zwei DSPs und 14 ISPs. Der Hauptgrund für dieses Sicherheitsproblem ist die schwache Sicherheitsrichtlinie von AMBA-2.0 AHB. Die einzige in AMBA-2.0 AHB implementierte Richtlinie ist, dass sie bei Empfang von Transaktionen, die von Master-IPs generiert wurden, überprüft, ob die Transaktionsadresse im Bereich der Speicheradressen liegt. Wir haben diese Sicherheitslücke in AMBA-2.0 AHB behoben, indem wir Zugriffskontrollrichtlinien hinzugefügt haben, die den Zugriff von nicht autorisierten Master-IPs auf die sicheren Speicher einschränken. Dies kann durch Überprüfung der Adresse der empfangenen Transaktionen erfolgen, ob sie den erwarteten Adressbereich in Bezug auf die Design-Sicherheitsregeln erfüllen oder nicht. Die Eigenschaften wurden bei der nächsten Analyse erfüllt. Eine allgemeinere Lösung besteht darin, eine Speicherverwaltungseinheit zum AMBA-2.0 AHB hinzuzufügen.

Zum Beispiel ist die V_{AP}-Menge, die sich auf die verletzte DSP bezieht, wie folgt:

$$\begin{aligned} V_{AP} &= \{P14, P21 \mid \\ P14 &= (0x69C450\_4 \rightarrow ahbin1 :: init1 :: gen\_frame \rightarrow READ \\ &\quad \rightarrow AHBMem2 :: trg2 :: exec\_func \rightarrow 0xA0005BA7 \rightarrow 4 \rightarrow 6071ns), \\ P21 &= (0x6A9B20\_2 \rightarrow ahbin2 :: init2 :: gen\_frame \rightarrow READ \\ &\quad \rightarrow AHBMem2 :: trg2 :: exec\_func \rightarrow 0xA0005BB1 \rightarrow 4 \rightarrow 8043ns) \end{aligned} \tag{6.6}$$

Pfad $P14$ in (6.6) zeigt, dass die Instanz *init1* des Initiator-Moduls *ahbin1* eine Transaktion mit der Funktion *gen_frame* erzeugt, um von der Speicheradresse 0xA0005BA7 zu lesen, die sich auf die Instanz *trg2* des Zielmoduls *AHBMem2* bezieht. Das Zielmodul *AHBMem2* sendet die Antwort mit *exec_func* zur Simulationszeit 6071 ns. Auf die gleiche Weise zeigt Pfad $P21$, dass die Instanz *init2* des Initiator-Moduls *ahbin2* eine Transaktion mit der Funktion *gen_frame* erzeugt, um von der Speicheradresse 0xA0005BB1 zu lesen, die sich auf die Instanz *trg2* des Zielmoduls *AHBMem2* bezieht. Das Zielmodul *AHBMem2* sendet die Antwort mit *exec_func* zur Simulationszeit 8043 ns. Die Analyse der Lecktiefe an V_{AP} in (6.6) zeigt, dass für beide Pfade $P14$ und $P21$ der Parameter *adrs* gleich 0xA0005BA7 und 0xA0005BB1 ist, jeweils. Der Parameter L ist für alle Pfade gleich 4 Bytes.

Ein Teil der V_{AP}-Menge in Bezug auf die ISP ist wie folgt:

$$
\begin{aligned}
V_{AP} = \{(&P411,\ P532,\ P565) \mid \\
P411 = (&0x1DBCD00\_21 \rightarrow AES\_core :: aes\_master :: gen\_frame \\
&\rightarrow READ \rightarrow Mem\_Secure1 :: mem\_sec1 :: exec\_func \\
&\rightarrow 0xB0000010 \rightarrow 4 \rightarrow 999550ns), \\
P532 = (&0x1DBCD00\_54 \rightarrow AES\_core :: aes\_master :: gen\_frame \\
&\rightarrow WRITE \rightarrow AHBMem2 :: trg2 :: exec\_func \\
&\rightarrow 0xA0000BA9 \rightarrow 4 \rightarrow 1007190ns) \\
P565 = (&0x6A9B20\_19 \rightarrow ahbin2 :: init2 :: gen\_frame \\
&\rightarrow READ \rightarrow AHBMem2 :: trg2 :: exec\_func\_func \\
&\rightarrow 0xA0000BA9 \rightarrow 4 \rightarrow 1008680ns)\}
\end{aligned}
\tag{6.7}
$$

Wie in (6.7) dargestellt, erzeugt eine Kombination der Pfade $P411$, $P532$ und $P565$ einen indirekten Datenfluss zwischen *ahbin2* und *Mem_Secure1*, der gegen die erwarteten Sicherheitsregeln verstößt. Im Pfad $P411$ erzeugt die Instanz *aes_master* des Initiator-Moduls *AES_core* eine Transaktion, um von der Speicheradresse 0xB0000010 zu lesen, die sich auf das sichere Zielmodul *Mem_Secure1* bezieht, mit der Funktion *gen_frame*. Im Pfad $P532$ erzeugt das *AES_core* eine Transaktion, um in der Speicheradresse 0xA0000BA9 zu schreiben, die sich auf das Zielmodul *AHBMem2* bezieht, wenn die Simulationszeit von 999550 auf 1007190 ns voranschreitet. Schließlich liest in Pfad $P565$ die Instanz *init2* des Initiator-Moduls *ahbin2* von der Speicheradresse 0xA0000BA9 zur Simulationszeit 1008680 ns.

Für dieses Experiment beträgt die Anzahl der extrahierten Transaktionen 1100, und die gesamte Analyse dauert etwa 28 Minuten, um die Ergebnisse zu melden.

6.3 Zusammenfassung

In diesem Kapitel haben wir zwei neuartige Ansätze vorgeschlagen, die die Informationsflussanalyse nutzen, um eine frühzeitige Sicherheitsvalidierung von VPs zu ermöglichen.

Zunächst haben wir den ersten VP-basierten IFT-Ansatz für die Sicherheitsvalidierung vorgestellt. Im Mittelpunkt des Ansatzes steht eine skalierbare statische Informationsflussanalyse, die direkt auf den SystemC VP-Modellen arbeitet. Die Analyse führt in verflochtener Weise eine Konnektivitätsanalyse, Zugriffskontrollextraktion, Aufrufgraphenanalyse, Datenflussanalyse und statisches Taint-Tracking durch, um statische Pfade zu identifizieren, die die angegebenen sicheren Informationsflusseigenschaften verletzen. Diese potenziell anfälligen Pfade werden dem Benutzer zur weiteren Überprüfung gemeldet. Wir haben die Anwendbarkeit des Ansatzes am realen VP SOCRocket demonstriert.

Zweitens haben wir die erste dynamische VP-basierte IFT-Methode für die Sicherheitsvalidierung vorgestellt. Die IFT wird durch Programmierung eines Debuggers durchgeführt, um automatisch und unauffällig das Laufzeitverhalten (TLM-Transaktionen) eines gegebenen SOC zu extrahieren. Die extrahierten Transaktionen und die Design-Sicherheitsregeln werden automatisch in einen Satz von Zugriffspfaden und Sicherheitseigenschaften übersetzt. Die vorgeschlagene Methode validiert die generierten Zugriffspfade gegen die Sicherheitseigenschaften und meldet die anfälligen Pfade (die die angegebenen vertraulichen Informationsflusseigenschaften verletzen) dem Benutzer zur weiteren Überprüfung. Die Methode ist in der Lage, den genauen Punkt und die Menge der durchgesickerten Informationen zu erkennen. Experimentelle Ergebnisse bestätigen die Anwendbarkeit unseres Ansatzes auf verschiedene VP-Modelle, einschließlich des realen VP SOCRocket.

Kapitel 7
Schlussfolgerung

In dem letzten Jahrzehnt hat IOT die Anforderungen an heterogene SOCs erheblich verändert. Die enge Integration von analogen und digitalen IPs auf einem einzigen Die, während oben Software läuft, hat die Funktionalität erheblich erhöht und die Fläche des SOC reduziert. Die gestiegene Designkomplexität ist jedoch zu einem Engpass für das erfolgreiche Co-Design von sicheren multidisziplinären heterogenen SOCs geworden, die enge Interaktionen zwischen HW/SW-Systemen und ihrer analogen physischen Umgebung aufweisen. Da die TTM kürzer wird, wird die Fähigkeit, komplexe heterogene SOCs zu modellieren und zu simulieren, bei denen digitale HW/SW funktional mit AMS-IPs verflochten ist, immer wichtiger. Wenn solche Gesamtsystem- und Architekturebenenmodelle so früh wie möglich im Designzyklus verfügbar sind, können die Architekturerkundungs- und Designprobleme sowie Sicherheitslücken drastisch reduziert werden.

Um dieses Problem zu lösen, werden heutzutage VP-basierte Design- und Verifizierungsflüsse für heterogene SOCs stark genutzt. Es nutzt das Konzept des *Shifting Left,* um HW/SW-Co-Design zu ermöglichen. Infolgedessen wird eine ausführbare Beschreibung bereitgestellt, die als goldener Referenzpunkt sowohl für die (frühe) eingebettete SW-Entwicklung als auch für die HW-Verifizierung verwendet wird. Daher ist die funktionale Korrektheit und Sicherheitsvalidierung von VPs sehr wichtig, und der gesamte VP und seine einzelnen Komponenten, d. h. Hochgeschwindigkeits-RF, AMS und digitale IPs, unterliegen einer strengen Verifizierung. Dieser moderne VP-basierte Designfluss hat jedoch immer noch Mängel, insbesondere aufgrund des erheblichen manuellen Aufwands für Verifizierungs- und Analyseaufgaben, der sowohl zeitaufwändig als auch fehleranfällig ist. Dieses Buch schlägt mehrere neuartige Ansätze vor, um den modernen VP-basierten Verifizierungsfluss von heterogenen SOCs stark zu verbessern. Insbesondere wurden die Beiträge des Buches in vier Bereiche unterteilt, die im Folgenden kurz zusammengefasst werden:

1. AMS Metamorphic Testing Umgebung
2. AMS Enhanced Code Coverage Verification Umgebung

M. Hassan et al., *Erweiterte virtuelle Prototypen für heterogene Systeme*,
https://doi.org/10.1007/978-3-031-53152-1_7

3. AMS Enhanced Functional Coverage Verification Umgebung
4. Digitale Frühe Sicherheitsvalidierung

Der erste Beitrag verbessert den modernen Verifizierungsfluss für AMS VPs durch Einführung einer neuen Methodik, die *Metamorphic Testing* für SystemC/AMS-basierte Designs nutzt. Zunächst schlug dieses Buch einen neuen MT-Ansatz für die Verifizierung von *linearen* und *nicht-linearen* Verhaltensweisen von RF-Verstärkern auf Systemebene vor. Es identifizierte eine Reihe von hochwertigen MRs, um nicht-triviale Fehler ohne die Notwendigkeit von Referenzmodellen zu erkennen. RF-Verstärker sind jedoch analoge Geräte, und klarerweise ist dies nicht ausreichend, da die wahre Komplexität aus den Interaktionen zwischen digitalen und analogen Signalen in AMS-Systemen resultiert. Daher erweiterte dieses Buch den MT-Ansatz, um komplexe AMS-Systeme zu verifizieren, insbesondere einen industriellen PLL. Mit Hilfe einer Reihe von hochwertigen MRs wurde das PLL-Verhalten auf Komponenten- und Systemebene verifiziert, einschließlich analog-zu-digital, digital-zu-analog und digital-zu-digital Verhaltensweisen. Als Vorteil ergänzt der MT-basierte Ansatz Regressionstests, da die Referenzmodelle nicht benötigt werden, um die Korrektheit für verschiedene Versionen von VP zu gewährleisten.

Der zweite Beitrag verbessert den modernen Verifizierungsfluss für AMS VPs durch Vorschlag neuer Code-Coverage-Closure-Methoden. Es führte zu einer Steigerung von bis zu 30 % in der Verifizierungsqualität des VP. Insbesondere schlug das Buch eine Methodik für die SW-Testqualifikation der IP-Integration in einem softwaregesteuerten Verifizierungsfluss vor. Es nutzte *Mutationsanalyse* und grundlegende Code-Coverage-Metriken, um die Verifizierungsqualität des VP zu verbessern. Trotz der Verbesserung der Qualität von VP, bleibt es kurz, wenn man die Interaktionen zwischen verschiedenen Variablen betrachtet. Daher sind alternative Ansätze erforderlich, die SDV ergänzen. Daher berücksichtigte dieses Buch auch stärkere Coverage-Metriken wie *Data Flow Testing* (DFT) Techniken, die auf Testfallgenerierung und Simulation basieren. Es schlug DFT-Ansätze für SystemC/AMS-basierte VPs und SystemC/AMS-spezifische Coverage-Kriterien vor. Als Ergebnis werden hochwertige Testbänke und gründlich verifizierte VPs erhalten.

Der dritte Beitrag sind die Verbesserungen in den funktionalen Coverage-Closure-Methoden für AMS-Systeme, insbesondere RF-Verstärker. Zunächst schlug das Buch einen AMS funktionalen Coverage-getriebenen Verifizierungsansatz vor, der die Konzepte der digitalen funktionalen Coverage auf die SystemC AMS Abstraktion erhob. Der Ansatz ist sehr effektiv, um die RF-Verstärker systematisch zu verifizieren; jedoch hat er zwei Mängel: (1) manuelle Analyse (2) und Unfähigkeit, instabile Verhaltensweisen von RF-Verstärkern zu erkennen. Daher schlug dieses Buch auch einen *Lightweight Coverage-Directed Stimuli Generation* (LCDG) Ansatz vor, der über *lineare/nicht-lineare* Verhaltensweisen von AMS-Systemen hinausgeht, d. h., es erweiterte CDG, um die instabilen Verhaltensweisen von RF-Verstärkern auf Systemebene zu verifizieren. Es verwendete einfache *Euklidische Distanz* anstelle von komplexen probabilistischen Modellen, um

Coverage-Closure zu erreichen. Dies macht den vorgeschlagenen Ansatz *leichtgewichtig.* Die vorgeschlagenen Verbesserungen erzielten eine signifikante Verbesserung von bis zu 30% in der Verifizierungsqualität.

Der vierte und letzte Beitrag dieses Buches sind zwei Ansätze zur Sicherheitsvalidierung von VPs auf Systemebene. Der erste Ansatz ist eine skalierbare statische Informationsflussanalyse, die direkt auf den SystemC VP-Modellen arbeitet. Die Analyse führt eine verflochtene Datenflussanalyse und statische Taint-Tracking durch, um statische Pfade zu identifizieren, die festgelegte sichere Informationsflusseigenschaften verletzen. Während dieser Ansatz sehr effektiv bei der Suche nach Schwachstellen ist, treten manchmal Sicherheitslecks zur Laufzeit auf. Daher ist zusätzlicher Schutz erforderlich. Daher schlug das Buch auch einen dynamischen Informationsflussanalyseansatz vor. Der Ansatz wird durch Programmierung eines Debuggers durchgeführt, um automatisch und nicht-intrusiv das Laufzeitverhalten (TLM-Transaktionen) eines gegebenen VP zu extrahieren.

Alle Ansätze wurden implementiert, diskutiert und ausgiebig mit mehreren Experimenten bewertet.[1] Zusammenfassend verbessern diese Beiträge den modernen VP-basierten Verifizierungsfluss erheblich, indem sie die Verifizierungsqualität drastisch verbessern und gleichzeitig den gesamten Verifizierungsaufwand aufgrund der umfangreichen Automatisierung reduzieren.

7.1 Zukünftige Richtungen

Die erzielten Ergebnisse demonstrieren deutlich die Wirksamkeit und Vorteile der vorgeschlagenen Ansätze. Dennoch besteht noch Raum für zusätzliche Verbesserungen und Erweiterungen. Insbesondere die folgenden vier Richtungen sind sehr vielversprechend und wichtig, um diese Bucharbeit weiter zu fördern und zu ergänzen:

- Untersuchen und validieren Sie den MT-Ansatz auf SPICE-Ebene mit den gleichen MRs, die auf Systemebene identifiziert wurden. Als Konsequenz kann eine übergeordnete Verifizierung von DUV durchgeführt werden. Ein einmaliger Aufwand ist erforderlich, um die MRs zu erstellen; daher wird die Gesamtverifizierungszeit reduziert. Darüber hinaus werden die Referenzmodelle nicht benötigt. Darüber hinaus kann der in Kap. 3 eingeführte MT-Ansatz auf mehr Designklassen erweitert werden, um ihr Verhalten zu überprüfen. Eine weitere interessante Richtung besteht darin, Lösungen für die Bestimmung der Vollständigkeit eines MR-Sets zu entwickeln.
- Nutzen Sie Code-Coverage-Metriken, um Code-Coverage-Anomalien in AMS VPs zu erkennen. Eine 100%ige Code-Abdeckung ist im Allgemeinen aufgrund von Abdeckungsanomalien, z. B. totem Code – Code, der von keiner Test-

[1] Für unsere neuesten VP-basierten Ansätze, besuchen Sie www.systemc-verification.org.

suite ausgeführt wird, unpraktisch; daher sind Techniken erforderlich, um solche Anomalien zu identifizieren. Eine Richtung in dieser Hinsicht ist die tote Code-Analyse, die statisch die Teile von DUV identifiziert, die überhaupt nicht verwendet werden. Darüber hinaus können diese Code-Coverage-Metriken in Kombination mit Slicing-Techniken zur Lokalisierung von Bugs verwendet werden.

- Erforschen Sie verschiedene Techniken, um die funktionsorientierte Abdeckungsverifizierung in Richtung AMS zu verbessern und zu erweitern. Insbesondere kann der Prozess der Identifizierung benachbarter Ereignisse in Abschn. 5.4 verbessert werden. Einige vielversprechende Richtungen sind: (1) semantische Ähnlichkeit zum Abdeckungsziel, (2) basierend auf der Struktur des Ziels (z. B. Unähnlichkeit mindestens einer Dimension im Kreuzprodukt-Abdeckungsmodell), (3) Verwendung von statischen Analysetechniken zur Identifizierung von Zielen, die getroffen werden müssen, bevor das ausgewählte Ziel getroffen wird, usw. Schließlich kann der Prozess der Auflösungsschätzung durch Umwandlung in ein Optimierungsproblem mit dem Ziel, die Gewichte der statischen Parameter zu finden, überarbeitet werden.
- Berücksichtigen Sie Sicherheitsaspekte in einem AMS VP-basierten Designfluss, um eine frühzeitige Sicherheitsvalidierung zu ermöglichen. Insbesondere sind Datenintegrität und Vertraulichkeitseigenschaften sowie Nebenkanäle ein wichtiges Gebiet. Angesichts der weit verbreiteten Nutzung von Analogtechnik in einem komplexen Geschäftsmodell, in dem die Funktionalität (d. h. physische Schnittstellen, Sensoren, Aktuatoren, drahtlose Kommunikation usw.) in den meisten zeitgenössischen Systemen zum Einsatz kommt, besteht ein alarmierender Mangel an Verständnis und ein dringender Bedarf an einer umfassenden Untersuchung des Bedrohungs- und Lösungsraums im AMS/RF-Bereich. Darüber hinaus ist das heimliche Stehlen sensibler Informationen durch in Analog-/RF-ICs eingebettete Hardware-Trojaner eine weitere Richtung, die erweitert werden kann.

Bibliography

1. Accellera, SystemC analog/mixed-signal user's guide (2020)
2. Accellera Systems Initiative (2016). http://www.accellera.org/downloads/standards/systemc
3. H. Agrawal, R.A. DeMillo, B. Hathaway, W. Hsu, W. Hsu, E.W. Krauser, R.J. Martin, A.P. Mathur, E. Spafford, Design of mutant operators for the C programming language. Technical report, Purdue University, 1989
4. R.T. Alexander, J. Offutt, A. Stefik, Testing coupling relationships in object-oriented programs. Softw. Testing Verif. Reliab. **20**(4), 291–327 (2010)
5. Analog Devices. Fundamentals of phase locked loops (PLLs). *MT–086 Tutorial* (2009)
6. Apple. *Small Chip. Giant Leap* (Apple Inc., 2020)
7. J. Aynsley, TLM-2.0 base protocol checker. https://www.doulos.com/knowhow/systemc/tlm2 . Accessed 30 Jan 2018
8. E. Barke, D. Grabowski, H. Graeb, L. Hedrich, S. Heinen, R. Popp, S. Steinhorst, Y. Wang, Formal approaches to analog circuit verification, in *2009 Design, Automation & Test in Europe Conference & Exhibition* (IEEE, Piscataway, 2009), S. 724–729
9. M. Barnasconi, SystemC AMS extensions: solving the need for speed (2010)
10. M. Barnasconi, K. Einwich, C. Grimm, T. Maehne, A. Vachoux, Advancing the SystemC analog/mixed-signal (AMS) extensions. *Open SystemC Initiative* (2011)
11. M. Barnasconi, K. Einwich, C. Grimm, T. Maehne, A. Vachoux, et al., Standard SystemC AMS extensions 2.0 language reference manual. *Accellera Systems Initiative* (2013)
12. M. Barnasconi, C. Grimm, M. Damm, K. Einwich, M. Louërat, T. Maehne, F. Pecheux, A. Vachoux, SystemC AMS extensions user's guide. *Accellera Systems Initiative* (2010)
13. M. Barnasconi, C. Grimm, M. Damm, K. Einwich, M. Louërat, T. Maehne, F. Pecheux, A. Vachoux, SystemC AMS extensions user's guide. *Accellera Systems Initiative* (2010)
14. J.S. Barros, V.H. Schulz, D.V. Lettnin, An adaptive closed-loop verification approach in UVM-SystemC for AMS circuits, in *2018 31st Symposium on Integrated Circuits and Systems Design* (IEEE, Piscataway, 2018), S. 1–6
15. N. Bombieri, F. Fummi, V. Guarnieri, G. Pravadelli, F. Stefanni, T. Ghasempouri, M. Lora, G. Auditore, M.N. Marcigaglia, Reusing RTL assertion checkers for verification of SystemC TLM models. J. Electron. Testing Theory Appl. **31**(2), 167–180 (2015)
16. N. Bombieri, F. Fummi, G. Pravadelli, A mutation model for the SystemC TLM 2.0 communication interfaces, in *Design, Automation and Test in Europe* (2008), S. 396–401

M. Hassan et al., *Erweiterte virtuelle Prototypen für heterogene Systeme*,
https://doi.org/10.1007/978-3-031-53152-1

17. N. Bombieri, F. Fummi, G. Pravadelli, On the mutation analysis of SystemC TLM-2.0 standard, in *IEEE International Workshop on Microprocessor Test and Verification* (2009), S. 32–37
18. T.A. Budd, R.J. Lipton, R. DeMillo, F. Sayward, The design of a prototype mutation system for program testing, in *AFIPS* (1978), S. 623–627
19. J.E. Chen, Modeling RF systems. *The Designer's Guide Community*, 2005
20. T.Y. Chen, F.-C. Kuo, H. Liu, P.-L. Poon, D. Towey, T. Tse, Z.Q. Zhou, Metamorphic testing: a review of challenges and opportunities. ACM Comput. Surv. **51**(1), 4 (2018)
21. T.Y. Chen, F.-C. Kuo, Y. Liu, A. Tang, Metamorphic testing and testing with special values, in *International Conference on Software Engineering, Artificial Intelligence, Networking, and Parallel/Distributed Computing* (2004), S. 128–134
22. C.-N. Chou, Y.-S. Ho, C. Hsieh, C.-Y. Huang, Symbolic model checking on SystemC designs, in *Design Automation Conf.* (2012), S. 327–333
23. M. Cieplucha, Metric-driven verification methodology with regression management. J. Electron. Testing **35**(1), 101–110 (2019)
24. A. Cimatti, I. Narasamdya, M. Roveri, Software model checking SystemC. IEEE Trans. Comput. Aided Design Circuits Syst. **32**(5), 774–787 (2013)
25. COSEDA Technologies GmbH. PLL example for COSIDE® 2.5. https://www.coseda-tech.com/files/coside/user_files/Files/PLL_Example_for_COSIDE_2.5.zip
26. R.A. DeMillo, R.J. Lipton, F.G. Sayward, Hints on test data selection: help for the practicing programmer. IEEE Comput. **11**(4), 34–41 (1978)
27. G. Denaro, A. Margara, M. Pezzè, M. Vivanti, Dynamic data flow testing of object oriented systems, in *International Conference on Software Engineering* (2015), S. 947–958
28. A. Devices, Relative humidity measurement system. http://www.analog.com/media/en/reference-design-documentation/reference-designs/CN0346.pdf
29. A. Dias, Phase locked loop simulator in SystemC-AMS. https://americodias.com/docs/systemc-ams/pll.md
30. H. Do, G. Rothermel, On the use of mutation faults in empirical assessments of test case prioritization techniques. IEEE Trans. Softw. Eng. **32**(9), 733–752 (2006)
31. A.F. Donaldson, A. Lascu, Metamorphic testing for (graphics) compilers, in *Proceedings of the 1st International Workshop on Metamorphic Testing* (2016), S. 44–47
32. Z.J. Dong, M.H. Zaki, G. Al Sammane, S. Tahar, G. Bois, Checking properties of PLL designs using run-time verification, in *International Conference on Microelectronics* (2007), S. 125–128
33. K. Einwich, Introduction to the SystemC AMS extension standard, in *IEEE Workshop on Design and Diagnostics of Electronic Circuits and Systems* (2011), S. 6–8
34. A. Ferraiuolo, R. Xu, D. Zhang, A.C. Myers, G.E. Suh, Verification of a practical hardware security architecture through static information flow analysis. ACM SIGARCH Comput. Archit. News **45**, 555–568 (2017)
35. T. Ferrere, *Assertions and measurements for mixed-signal simulation*. Ph.D. Thesis, Université Grenoble-Alpes, France, 2016
36. S. Fine, A. Ziv, Coverage directed test generation for functional verification using Bayesian networks, in *Design Automation Conf.* (2003)
37. A. Fürtig, G. Gläser, C. Grimm, L. Hedrich, S. Heinen, H.-S. L. Lee, G. Nitsche, M. Olbrich, C. Radojicic, F. Speicher, Novel metrics for Analog Mixed-Signal coverage, in *IEEE Workshop on Design and Diagnostics of Electronic Circuits and Systems* (2017), S. 97–102
38. F.M. Gardner, *Phaselock Techniques* (Wiley, London, 2005)
39. M. Goli, R. Drechsler, *Automated Analysis of Virtual Prototypes at the Electronic System Level: Design Understanding and Applications* (Springer Nature, 2020)
40. M. Goli, M. Hassan, D. Große, R. Drechsler, Security validation of VP-based SoCs using dynamic information flow tracking. Inform. Technol. **61**(1), 45–58 (2019)

41. M. Goli, J. Stoppe, R. Drechsler, Automatic protocol compliance checking of SystemC TLM-2.0 simulation behavior using timed automata, in *Int'l Conf. on Comp. Design* (2017)
42. M. Goli, J. Stoppe, R. Drechsler, Automated nonintrusive analysis of electronic system level designs. IEEE Trans. Comput.-Aided Design Integr. Circuits Syst. **39**(2), 492–505 (2020)
43. C. Grimm, M. Barnasconi, A. Vachoux, K. Einwich, An introduction to modeling embedded analog/mixed-signal systems using SystemC AMS extensions, in *Design Automation Conf.*, vol. 23 (2008).
44. C. Grimm, M. Barnasconi, A. Vachoux, K. Einwich, An introduction to modeling embedded analog/mixed-signal systems using SystemC AMS extensions, in *Open SystemC Initiative* (2008)
45. D. Große, R. Drechsler, *Quality-Driven SystemC Design* (Springer, Berlin, 2010)
46. D. Große, U. Kühne, R. Drechsler, Analyzing functional coverage in bounded model checking. IEEE Trans. Comput. Aided Design Circuits Syst. **27**(7), 1305–1314 (2008)
47. D. Große, H.M. Le, M. Hassan, R. Drechsler, Guided lightweight software test qualification for IP integration using virtual prototypes, in *Int'l Conf. on Comp. Design* (2016), S. 606–613
48. B.J. Grun, D. Schuler, A. Zeller, The impact of equivalent mutants, in *International Conference on Software Testing, Verification, and Validation Workshops* (2009), S. 192–199
49. S. Gupta, B.H. Krogh, R.A. Rutenbar, Towards formal verification of analog designs, in *International Conference on Computer-Aided Design* (2004), S. 210–217
50. F. Haedicke, H.M. Le, D. Große, R. Drechsler, CRAVE: An advanced constrained random verification environment for SystemC, in *International Symposium on System-on-Chip* (2012), S. 1–7
51. D. Haerle, Trends and challenges in Analog and Mixed-Signal verification, in *Frontiers in Analog CAD Keynote Address* (2018)
52. R.G. Hamlet, Testing programs with the aid of a compiler. IEEE Trans. Softw. Eng. **SE-3**(4), 279–290 (1977)
53. M. Hampton, S. Petithomme, Leveraging a commercial mutation analysis tool for research, in *Testing: Academic and Industrial Conference Practice and Research Techniques—MUTATION* (2007), S. 203–209
54. W. Hartong, N. Luetke-Steinhorst, R. Schweiger, Coverage driven verification for mixed signal systems, in *ANALOG Conference* (2008)
55. M. Hassan, D. Große, R. Drechsler, System-level verification of linear and non-linear behaviors of RF amplifiers using metamorphic relations, in *ASP Design Automation Conf.* (2021)
56. M. Hassan, D. Große, R. Drechsler, System level verification of phase-locked loop using metamorphic relations, in *Design, Automation and Test in Europe* (2021)
57. M. Hassan, D. Große, H.M. Le, R. Drechsler, Data flow testing for SystemC-AMS timed data flow models, in *Design, Automation and Test in Europe* (2019), S. 366–371
58. M. Hassan, D. Große, H.M. Le, T. Vörtler, K. Einwich, R. Drechsler, Testbench qualification for SystemC-AMS timed data flow models, in *Design, Automation and Test in Europe* (2018), S. 857–860
59. M. Hassan, D. Große, T. Vörtler, K. Einwich, R. Drechsler, Functional coverage-driven characterization of RF amplifiers, in *Forum on Specification and Design Languages* (2019), S. 1–8
60. M. Hassan, V. Herdt, H.M. Le, M. Chen, D. Große, R. Drechsler, Data flow testing for virtual prototypes, in *Design, Automation and Test in Europe* (2017), S. 380–385
61. M. Hassan, V. Herdt, H.M. Le, D. Große, R. Drechsler, Early SoC security validation by VP-based static information flow analysis, in *International Conference on Computer-Aided Design* (2017), S. 400–407

62. J. Havlicek, S. Little, Realtime regular expressions for analog and mixed-signal assertions, in *Int'l Conf. on Formal Methods in CAD* (2011), S. 155–162
63. V. Herdt, D. Große, R. Drechsler, Closing the RISC-V compliance gap: looking from the negative testing side, in *Design Automation Conf.* (2020)
64. V. Herdt, D. Große, R. Drechsler, *Enhanced Virtual Prototyping: Featuring RISC-V Case Studies* (Springer, Berlin, 2020)
65. V. Herdt, D. Große, R. Drechsler, Fast and accurate performance evaluation for RISC-V using virtual prototypes, in *Design, Automation and Test in Europe* (2020), S. 618–621
66. V. Herdt, D. Große, R. Drechsler, RVX—a tool for concolic testing of embedded binaries targeting RISC-V platforms, in *International Symposium on Automated Technology for Verification and Analysis* (Springer, Berlin, 2020), S. 543–549
67. V. Herdt, D. Große, R. Drechsler, Towards specification and testing of RISC-V ISA compliance, in *Design, Automation and Test in Europe* (2020), S. 995–998
68. V. Herdt, D. Große, R. Drechsler, C. Gerum, A. Jung, J.-J. Benz, O. Bringmann, M. Schwarz, D. Stoffel, W. Kunz, Systematic RISC-V based firmware design, in *Forum on Specification and Design Languages* (2019), S. 1–8
69. V. Herdt, H.M. Le, R. Drechsler, Verifying SystemC using stateful symbolic simulation, in *Design Automation Conf.* (2015), S. 49:1–49:6
70. V. Herdt, H.M. Le, D. Große, R. Drechsler, Compiled symbolic simulation for SystemC, in *International Conference on Computer-Aided Design* (2016), S. 52:1–52:8
71. IEEE Std. 1666, *IEEE Standard SystemC LRM* (2011)
72. IEEE Std. 1800, *IEEE SystemVerilog* (2005)
73. O.S. Initiative et al., IEEE standard SystemC language reference manual. IEEE Comput. Soc. 1666–2005 (2006)
74. D.C. Jarman, Z.Q. Zhou, T.Y. Chen, Metamorphic testing for Adobe data analytics software, in *International Workshop on Metamorphic Testing* (IEEE, Piscataway, 2017), S. 21–27
75. Y. Jia, M. Harman, An analysis and survey of the development of mutation testing. IEEE Trans. Softw. Eng. **37**(5), 649–678 (2011)
76. H. Kai, P. Zhu, R. Yan, X. Yan, Functional testbench qualification by mutation analysis. VLSI Design **2015**, 256474:1–256474:9 (2015)
77. K. Karnane, G. Curtis, R. Goering, Solutions for mixed-signal SoC verification, in *Cadence Design Systems* (2009)
78. A.G. Kimura, K.-W. Liu, S. Prabhu, S.B. Bibyk, G. Creech, Trusted verification test bench development for phase-locked loop (PLL) hardware insertion, in *IEEE International Midwest Symposium on Circuits and Systems* (IEEE, Piscataway, 2013), S. 1208–1211
79. P. Kocher, J. Horn, A. Fogh, D. Genkin, D. Gruss, W. Haas, M. Hamburg, M. Lipp, S. Mangard, T. Prescher, et al., Spectre attacks: exploiting speculative execution, in *2019 IEEE Symposium on Security and Privacy (SP)* (2019), S. 1–19
80. D. Kulkarni, A.N. Fisher, C.J. Myers, A new assertion property language for analog/mixed-signal circuits, in *Forum on Specification and Design Languages* (2013)
81. K. Kundert, Accurate and rapid measurement of IP2 and IP3. *The Designer's Guide Community*, 2002
82. J.W. Laski, B. Korel, A data flow oriented program testing strategy. IEEE Trans. Softw. Eng. **9**(3), 347–354 (1983)
83. C. Lattner, LLVM and Clang: next generation compiler technology, in *The BSD Conference* (2008), S. 1–2
84. H.M. Le, D. Große, R. Drechsler, Automatic TLM fault localization for SystemC. IEEE Trans. Comput. Aided Design Circuits Syst. **31**(8), 1249–1262 (2012)
85. H.M. Le, D. Große, V. Herdt, R. Drechsler, Verifying SystemC using an intermediate verification language and symbolic simulation, in *Design Automation Conf.* (2013), S. 116:1–116:6

86. H.M. Le, V. Herdt, D. Große, R. Drechsler, Towards formal verification of real-world SystemC TLM peripheral models—a case study, in *Design, Automation and Test in Europe* (2016), S. 1160–1163
87. E. Lefeuvre, D. Audigier, C. Richard, D. Guyomar, Buck-boost converter for sensorless power optimization of piezoelectric energy harvester. IEEE Trans. Power Electron. **22**(5), 2018–2025 (2007)
88. R. Leupers, F. Schirrmeister, G. Martin, T. Kogel, R. Plyaskin, A. Herkersdorf, M. Vaupel, Virtual platforms: breaking new grounds, in *Design, Automation and Test in Europe* (2012), S. 685–690
89. M. Lipp, M. Schwarz, D. Gruss, T. Prescher, W. Haas, A. Fogh, J. Horn, S. Mangard, P. Kocher, D. Genkin, et al., Meltdown: reading kernel memory from user space 973–990 (2018)
90. L. Liu, S. Vasudevan, Efficient validation input generation in RTL by hybridized source code analysis, in *Design, Automation and Test in Europe* (2011), S. 1596–1601
91. M. Lora, S. Vinco, E. Fraccaroli, D. Quaglia, F. Fummi, Analog models manipulation for effective integration in smart system virtual platforms. IEEE Trans. Comput. Aided Design Circuits Syst. **37**(2), 378–391 (2018)
92. O. Maler, D. Ničković, Monitoring properties of analog and mixed-signal circuits. Softw. Tools Technol. Transf. **15**(3), 247–268 (2013)
93. Mentor Graphics. Coverage Cookbook, 2013. https://verificationacademy.com/cookbook/coverage
94. F. Pêcheux, C. Grimm, T. Maehne, M. Barnasconi, K. Einwich, SystemC AMS based frameworks for virtual prototyping of heterogeneous systems, in *IEEE International Symposium on Circuits and Systems* (2018), S. 1–4
95. R. Pelánek, Fighting state space explosion: Review and evaluation, in *International Workshop on Formal Methods for Industrial Critical Systems* (Springer, Berlin, 2008), S. 37–52
96. A. Piziali, *Functional Verification Coverage Measurement and Analysis* (Springer, Berlin, 2007)
97. C. Radojicic, F. Schupfer, M. Rathmair, C. Grimm, Assertion-based verification of signal processing systems with affine arithmetic, in *Forum on Specification and Design Languages* (2012), S. 20–26
98. S. Rapps, E.J. Weyuker, Selecting software test data using data flow information. IEEE Trans. Softw. Eng. **11**(4), 367–375 (1985)
99. B.C. Schafer, A. Mahapatra, S2CBench: Synthesizable SystemC benchmark suite for high-level. IEEE Embedded Syst. Lett. **6**(3), 53–56 (2014)
100. T. Schuster, R. Meyer, R. Buchty, L. Fossati, M. Berekovic, SoCRocket—a virtual platform for the European Space Agency's SoC development, in *International Symposium on Reconfigurable and Communication-Centric Systems-on-Chip* (2014), S. 1–7. http://github.com/socrocket
101. S. Segura, G. Fraser, A.B. Sanchez, A. Ruiz-Cortés, A survey on metamorphic testing. IEEE Trans. Softw. Eng. **42**(9), 805–824 (2016)
102. S. Segura, Z.Q. Zhou, Metamorphic testing 20 years later: a hands-on introduction, in *International Conference on Software Engineering* (2018), S. 538–539
103. A. Sen, Mutation operators for concurrent SystemC designs, in *IEEE International Workshop on Microprocessor Test and Verification* (2009), S. 27–31
104. A. Sen, Concurrency-oriented verification and coverage of system-level designs. ACM Trans. Design Autom. Electron. Syst. **16**(4), 37 (2011)
105. Y. Serrestou, V. Beroulle, C. Robach, Functional verification of RTL designs driven by mutation testing metrics, in *EUROMICRO Symposium on Digital System Design* (2007), S. 222–227
106. S. Simon, D. Bhat, A. Rath, J. Kirscher, L. Maurer, Coverage-driven mixed-signal verification of smart power ICS in a UVM environment, in *European Test Symposium* (IEEE, Piscataway, 2017), S. 1–6

107. S. Simon, G. Pelz, L. Maurer, Accelerating coverage collection for mixed-signal systems in a UVM environment, in *Forum on Specification and Design Languages* (2015), p. 31
108. S. Skorobogatov, C. Woods, Breakthrough silicon scanning discovers backdoor in military chip, in *International Workshop on Cryptographic Hardware and Embedded Systems* (Springer, Berlin, 2012), S. 23–40
109. S. Steinhorst, L. Hedrich, Formal methods for verification of analog circuits, in *Simulation and Verification of Electronic and Biological Systems* (Springer, Berlin, 2011), S. 173–192
110. S. Steinhorst, L. Hedrich, Equivalence checking of nonlinear analog circuits for hierarchical AMS system verification, in *2012 IEEE/IFIP 20th International Conference on VLSI and System-on-Chip (VLSI-SoC)* (IEEE, Piscataway, 2012), S. 135–140
111. T. Su, Z. Fu, G. Pu, J. He, Z. Su, Combining symbolic execution and model checking for data flow testing, in *International Conference on Software Engineering* (2015), S. 654–665
112. Synopsys. Certitude, 2015. https://www.synopsys.com/Tools/Verification/FunctionalVerification/Pages/certitude-ds.aspx
113. Q. Tao, W. Wu, C. Zhao, W. Shen, An automatic testing approach for compiler based on metamorphic testing technique, in *ASP Design Automation Conf.* (2010), S. 270–279
114. S. Tasiran, K. Keutzer, Coverage metrics for functional validation of hardware designs. IEEE Design Test Comput. **18**(4), 36–45 (2001)
115. C. Technologies. COSIDE®. http://www.coseda-tech.com
116. Texas Instruments. Disentangle RF amplifier specs: output voltage/current and 1db compression point, 2016
117. M. Vivanti, A. Mis, A. Gorla, G. Fraser, Search-based data-flow test generation, in *International Symposium on Software Reliability Engineering* (2013), S. 370–379
118. P. Vizmuller, *RF Design Guide: Systems, Circuits, and Equations* (Artech House, 1995)
119. T. Vörtler, K. Einwich, M. Hassan, D. Große, Using constraints for SystemC AMS design and verification, in *Design and Verification Conference & Exhibition Europe* (2018)
120. D. Walter, S. Little, C. Myers, N. Seegmiller, T. Yoneda, Verification of analog/mixed-signal circuits using symbolic methods. IEEE Trans. Comput. Aided Design Circuits Syst. **27**(12), 2223–2235 (2008)
121. M.H. Zaki, S. Tahar, G. Bois, Formal verification of analog and mixed signal designs: a survey. Microelectron. J. **39**(12), 1395–1404 (2008)
122. C. Zivkovic, C. Grimm, Symbolic simulation of SystemC AMS without yet another compiler, in *Forum on Specification and Design Languages* (2018), S. 5–16
123. C. Zivkovic, C. Grimm, Nubolic simulation of AMS systems with data flow and discrete event models, in *Design, Automation and Test in Europe* (2019)

Printed by Printforce, the Netherlands